"十四五"普通高等教育本科系列教材

华北电力大学工程管理一流专业建设项目资助

绿色建筑与能效管理

主编 袁家海

编写 杨晓文 张军帅 张垚 李忻颖

主审 张时聪

中国电力出版社
CHINA ELECTRIC POWER PRESS

内 容 提 要

　　本书在总结绿色建筑发展现状的基础上，对绿色建筑的技术、设计、施工、运营、管理各个阶段进行了详细的知识梳理与总结，并且对绿色建筑全寿命周期的成本与效益的计算进行了系统的阐述。同时，本书详细介绍了国内外较为认可的几种评价体系和现行的绿色建筑法律法规。此外，气候变化与能源转型问题近年来备受关注，绿色建筑的合同管理与能效管理研究成为学术界的重要研究领域之一，本书对相关内容也进行了详细的阐述。

　　本书可供从事绿色建筑领域设计、施工、运营管理等专业人员，从事绿色建筑、能效管理相关研究的科研人员以及相关专业的高等院校师生使用。

图书在版编目（CIP）数据

绿色建筑与能效管理／袁家海，张军帅主编 . —北京：中国电力出版社，2021.2（2024.1 重印）
"十四五"普通高等教育本科系列教材
ISBN 978-7-5198-5227-6

Ⅰ．①绿…　Ⅱ．①袁…②张…　Ⅲ．①生态建筑 - 高等学校 - 教材　Ⅳ．① TU-023

中国版本图书馆 CIP 数据核字（2020）第 250925 号

出版发行：中国电力出版社
地　　址：北京市东城区北京站西街 19 号（邮政编码 100005）
网　　址：http://www.cepp.sgcc.com.cn
责任编辑：陈　硕
责任校对：王小鹏
装帧设计：王红柳
责任印制：吴　迪

印　　刷：北京天泽润科贸有限公司
版　　次：2021 年 2 月第一版
印　　次：2024 年 1 月北京第二次印刷
开　　本：787 毫米 ×1092 毫米　16 开本
印　　张：13.75
字　　数：333 千字
定　　价：42.00 元

前　　言

建筑，对人和自然意味着什么？从最开始的满足遮风、避雨、御寒等基本空间需求，到现在建筑逐渐发展成人们高效工作、享受生活的载体，人们对建筑所提供的空间有了更高的舒适性需求。而这一需求被满足的过程背后，是自然资源的大量消耗、污染物的大量排放。随着生态环境恶化的后果越来越明显，人们开始探寻人、自然和建筑的和谐共处的可持续发展之路。20 世纪 60 年代，建筑师保罗·索勒瑞首次将生态与建筑合称为"生态建筑"，成为"绿色建筑"的初始概念。随后的 20 世纪 70 年代，石油危机爆发，能源成本、能源利用效率受到密切广泛的关注，各种建筑节能技术应运而生，节能成为建筑行业发展的导向。1992 年，联合国环境与发展大会通过的《里约热内卢宣言》正式提出绿色建筑概念和发展倡议。随着人们对全球生态环境的普遍关注和对可持续发展理念的广泛探讨，建筑所需做出的响应从能源方面，扩展到需全面审视在全寿命周期内对居住者生活环境和自然生态环境的影响。1990 年英国 BREEAM（Building Research Establishment Environment Assessment Method，建筑研究院环境评估法）和 1998 年美国 LEED（Leadership in Energy and Enviromental Design，能源与环境设计先锋）的推出，使绿色建筑的概念变得越来越清晰并有了可以量化评估的标准体系，绿色建筑在全球范围内得到推广并获得积极响应。与此对应的，建筑行业节能领域发展的导向从单体建筑的节能延伸至建筑全寿命周期的能效管理。

中国发展绿色建筑及能效管理有着巨大的潜力和机遇。在全球范围内，能源消耗和以 CO_2 为主的温室气体排放最大的来源之一，就是建筑的开发建设。长期以来，开发建设意味着清理土地，破坏生态，消耗资源生产建筑材料，排放大量污染，而建筑的使用过程也伴随着能源的消耗和环境的污染。根据相关数据统计，2017 年，我国建筑运行能源消耗由 2006 年的约 5 亿吨标准煤增长至 9.47 亿吨标准煤，占全国总能源消耗的比例达到 21%，再加上建筑材料生产、建筑物建造过程中的能源消耗，占比达到 40% 以上。高能源消耗对应着高资源消耗和高二氧化碳排放，导致能源短缺，威胁能源安全，引发气候变化。特别是碳排放方面，碳减排已成为世界各国的共识。由碳排放引起的、以全球变暖为主要特征的全球气候变化，促使 2015 年世界各国共同参与通过了《巴黎协定》，提出：要将全球平均气温升幅控制在工业化前水平 2℃ 以内，并争取控制在 1.5℃ 以内；各国应尽快达到温室气体排放峰值，在 21 世纪下半叶实现净零排放。中国在提交的国家自主贡献（Nationally Determined Contributions，NDC）文件中提出：到 2030 年，单位 GDP（Gross Domestic Product，国内生产总值）的 CO_2 排放比 2005 年下降 60%～65%，碳排放争取尽早达到峰值。我国是世界上最大的 CO_2 排放国，建筑业的 CO_2 排放量占我国总排放量的 40% 以上，《巴黎协定》背景下中国 NDC 碳减排目标将成为限制建筑业减排的硬性约束。另外，每年产生的建筑垃圾占城市垃圾总量的比例高达 40% 左右，这些垃圾绝大多数无法直接回收利用且难以降解。建筑产生的高生态环境负荷对应的却是低质量的空间供给，传统建筑所提供空间的室内环境仍有较大提升空间。发挥绿色建筑在节能减排、环境保护、健康宜居等方面的重要促进作用，将成为我国建筑全产业链发展的必然趋势。

我国绿色建筑发展较晚，由建筑节能起步，与政策联系紧密。1986 年 JGJ 26—1986《民用建筑节能设计标准（采暖居住建筑部分）》发布，建筑节能率目标是 30％，随后将节能率逐步提升，建筑节能工作在全国范围内展开。截至 2015 年，城镇新建建筑执行节能强制性标准比例基本达到 100％。20 世纪 90 年代开始，绿色建筑概念开始被引入我国，绿色建筑技术、评价体系等研究逐步兴起。2006 年，GB/T 50378—2006《绿色建筑评价标准》出台，第一次为绿色建筑贴上了官方标签。随后一段时间，我国在政策、标准、技术、推广等方面均形成了相对健全的体系。全国省会以上城市保障性安居工程、政府投资公益性建筑、大型公共建筑开始全面执行绿色建筑标准，北京、天津、上海、重庆、江苏、浙江、山东、深圳等地开始在城镇新建建筑中全面执行绿色建筑标准。从绿色建筑发展趋势来看，发展理念已经完成从传统单体建筑到单体节能建筑的转变，继而过渡到从单体节能建筑向单体绿色建筑的阶段，逐渐步入向全领域、全过程、全产业链的绿色建筑，向生态城市建设的发展路径。从发展机遇看，我国国家政策持续加码，党中央、国务院提出的推进能源生产与消费革命，走新型城镇化道路，全面建设生态文明，把绿色发展理念贯穿城乡规划建设管理全过程等发展战略，为绿色建筑发展指明了方向；广大人民群众节能环保意识日益增强，对建筑居住品质及舒适度、建筑能源利用效率及绿色消费等有了更高的要求，为绿色建筑和能效管理发展奠定了坚实的群众基础；我国城镇化进程处于窗口期，建筑总量仍将持续增长。在此基础上，通过政策和市场双轮驱动推广绿色建筑，通过技术创新应用，提高建筑节能标准，实施既有建筑节能改造，能源信息化管理等措施提升能源利用效率，将成为我国未来相当一段时期内建筑行业发展的主基调。

绿色建筑的本质是要提高建筑全寿命周期内的资源利用效率。绿色建筑除节能外，还要求节水、节地和节材，为人们提供健康、舒适和高效的使用空间，与自然和谐共生的建筑物。当下，无论是发达国家还是发展中国家，应对气候变化和低碳经济转型都是当前重要的议题。如何在有限的资源、生态环境维护、节能减排压力、低碳经济转型的基础上应对经济快速发展和城镇化进程，是一项严峻的挑战。绿色建筑作为重要手段被寄予厚望并获得了长足的发展。目前绿色建筑研究的热点集中在绿色建材、评价标准、建筑节能、指标体系、绿色施工、LEED、生态建筑、增量成本等领域。结合这些研究的热点领域、前沿问题，本书分为 12 章，系统介绍了绿色建筑的全寿命周期管理理论、行业发展情况，以及与绿色建筑与能效管理关系重大的前沿知识。

第 1 章——绿色建筑概论，讲述了绿色建筑的概念及总体发展现状。

第 2 章——绿色建筑技术，筛选了为实现绿色建筑目标所需的特色技术并勾勒了绿色建筑相关技术的发展趋势。

第 3 章——绿色建筑设计管理，整理了绿色建筑设计的原则、要点，梳理了绿色建筑目标的实现途径。

第 4 章——绿色施工管理，介绍了绿色建筑施工过程的管理要点，为各参与单位的协同提供了理论平台和切入渠道。

第 5 章——绿色建筑运营管理，探讨了绿色建筑运营过程的各参与主体、管理标准、管理体系，为绿色建筑的使用和目标的实现提供了理论参考。

第 6 章——绿色建筑费用效益分析，研究了绿色建筑全寿命周期成本的概念、增量成本及效益，构建了增量成本效益模型，从技术经济的角度证明了绿色建筑的有效性和可行性。

第 7 章——合同能源管理，介绍并分析了一种基于市场运作的节能机制，为绿色建筑与能效管理的推广提供了切实可行的推广路径。

第 8 章——建筑能效标识，介绍了能效标识的概念、国内外建筑能效标识制度，并为我国建筑能效标识数据进行了深入分析。

第 9 章——中国绿色建筑评价体系，介绍了我国推行的绿色建筑评价标准，解读了对我国绿色建筑的发展提供标准支撑和市场引导的评价机制。

第 10 章——LEED，详细介绍并探讨了当下在世界范围内最有影响力、应用范围最广的评价体系之一"能源与环境设计先锋"，从而使读者能够深入理解绿色建筑与能效管理及其量化评价。

第 11 章——国际绿色建筑评价体系，梳理了世界范围内绿色建筑与能效管理典范国家的绿色建筑评价体系及其相关政策，并从多维度进行对比分析，为了解国际绿色建筑与能效管理理念和中国绿色建筑的推广、标准的完善提供了重要参考和思路。

第 12 章——绿色建筑与能效管理法律法规，系统梳理了我国绿色建筑与能效管理的法律法规体系、发展历程和激励政策，同时介绍了典范国家的相关内容，为理解并完善绿色建筑与能效管理政策环境、市场环境提供了导向。

本书由袁家海、张军帅担任主编。本书具体编写分工如下：第 1、4 章由李忻颖编写，第 2、3 章由张垚编写，第 5、6、8、9 章由杨晓文编写，第 7、10、11、12 章由张军帅编写。全书统稿、修改定稿由张军帅负责。

由于绿色建筑与能效管理涉及的知识面广、发展日新月异，加之时间有限，书中难免存在疏漏和不足之处，恳请广大读者批评指正。

编　者

2020 年 11 月

目　　录

前言

第1章　绿色建筑概论 ··· 1

1.1　绿色建筑的定义与内涵 ··· 1

1.2　国内外绿色建筑的发展情况 ·· 3

1.3　绿色建筑管理的内涵 ·· 6

1.4　中国绿色建筑发展现状 ··· 9

习题 ··· 11

第2章　绿色建筑技术 ··· 12

2.1　绿色建筑节能技术 ··· 12

2.2　绿色建筑节水技术 ··· 16

2.3　绿色建筑室内环境控制技术 ·· 20

2.4　绿色建筑声、光环境保障技术 ······································ 22

2.5　热湿环境及其保障技术 ··· 26

2.6　绿色建筑技术的集成 ·· 27

2.7　绿色建筑技术应用案例 ··· 31

习题 ··· 34

第3章　绿色建筑设计管理 ··· 35

3.1　绿色建筑设计的原则和程序 ·· 35

3.2　绿色建筑设计管理要点 ··· 37

3.3　绿色建筑节能设计要点 ··· 42

3.4　绿色建筑设计案例 ··· 47

习题 ··· 50

第4章　绿色施工管理 ··· 51

4.1　组织管理 ·· 51

4.2　规划管理 ·· 54

4.3　实施管理 ·· 55

4.4　评价管理 ·· 56

4.5　人员安全与健康管理 ·· 57

4.6　绿色施工应用案例 ··· 57

　　　　习题 ……………………………………………………………………… 65

第5章　绿色建筑运营管理 ……………………………………………… 66

　5.1　绿色建筑运营管理的概念 …………………………………………… 66

　5.2　绿色建筑运营管理标准 ……………………………………………… 69

　5.3　绿色建筑运营管理评价 ……………………………………………… 72

　5.4　绿色建筑运营管理现状及对策 ……………………………………… 75

　　　　习题 ……………………………………………………………………… 79

第6章　绿色建筑费用效益分析 ………………………………………… 80

　6.1　绿色建筑增量成本的概念 …………………………………………… 80

　6.2　绿色建筑增量成本的构成与计算 …………………………………… 81

　6.3　绿色建筑增量效益 …………………………………………………… 87

　6.4　绿色建筑增量成本效益模型 ………………………………………… 98

　　　　习题 ……………………………………………………………………… 103

第7章　合同能源管理 …………………………………………………… 106

　7.1　合同能源管理概述 …………………………………………………… 106

　7.2　合同能源管理项目 …………………………………………………… 108

　7.3　节能服务公司 ………………………………………………………… 112

　7.4　合同能源管理在中国的发展概况 …………………………………… 114

　7.5　合同能源管理项目案例 ……………………………………………… 116

　　　　习题 ……………………………………………………………………… 118

第8章　建筑能效标识 …………………………………………………… 120

　8.1　国内建筑能效标识制度 ……………………………………………… 120

　8.2　我国建筑能效标识数据分析 ………………………………………… 123

　8.3　国外建筑能效标识制度 ……………………………………………… 127

　　　　习题 ……………………………………………………………………… 129

第9章　中国绿色建筑评价体系 ………………………………………… 130

　9.1　中国绿色建筑评价体系的发展历程 ………………………………… 130

　9.2　中国内地绿色建筑评价标识 ………………………………………… 131

　9.3　中国绿色建筑评价标准 ……………………………………………… 133

　　　　习题 ……………………………………………………………………… 136

第10章　LEED …………………………………………………………… 137

　10.1　LEED 的概念 ………………………………………………………… 137

　10.2　LEED v4 认证体系 ………………………………………………… 139

　10.3　LEED v4 BD+C：新建建筑与重大改造 ………………………… 146

　10.4　LEED 前沿 …………………………………………………………… 156

　　10.5　LEED 与《绿色建筑评价标准》 ··· 159

　　10.6　LEED 认证项目案例 ·· 160

　　习题 ··· 164

第 11 章　国际绿色建筑评价体系 ··· 165

　　11.1　英国 BREEAM ··· 165

　　11.2　日本 CASBEE ·· 169

　　11.3　德国 DGNB System ·· 174

　　11.4　主要国家绿色建筑评价体系对比 ··· 179

　　习题 ··· 181

第 12 章　绿色建筑与能效管理法律法规 ·· 182

　　12.1　中国相关法律法规 ·· 182

　　12.2　美国相关法律法规 ·· 192

　　12.3　英国相关法律法规 ·· 194

　　12.4　德国相关法律法规 ·· 195

　　12.5　日本相关法律法规 ·· 197

　　12.6　中国相关激励政策 ·· 198

　　习题 ··· 201

附录 A　绿色施工项目自评价表 ·· 202

附录 B　LEED v4 BD＋C 项目得分表 ·· 205

参考文献 ··· 207

第1章 绿色建筑概论

1.1 绿色建筑的定义与内涵

建筑行业是国民经济发展的重要内容。回顾人类的建筑史，从最初的遮风避雨、抵御恶劣自然环境的掩蔽所到今天四季如春的智能化建筑，建筑行业的发展不但促进了经济的发展和进步，也优化了人们的生活环境，满足了人们日益增长的各种需求。然而，随着人口的不断增加，建筑规模不断扩大，对环境造成的污染与破坏也与日俱增。人们在享受现代文明的同时，也逐渐意识到建筑物的建设及其运行对环境的巨大影响与破坏，由此掀起了一场世界范围内关于"绿色建筑"的热潮。

1.1.1 绿色建筑的定义

绿色建筑并不只是指建筑周围的绿化或者建设屋顶花园，也不止步于强调低能源消耗（以下简称能耗）或零能耗，而是代表一种概念：对环境无害，能充分利用环境自然资源，并且在不破坏基本生态平衡条件下建造的空间（见图 1-1）。真正意义上的绿色建筑是解决日益严峻的环境问题挑战的一种方式，旨在让人们在健康、舒适和高效的人工环境基础上最大限度地节约资源和保护环境生态系统，以达到人与自然的和谐共生及可持续发展的目标。

(a)清华大学低能耗示范楼　　　　　　　　(b)上海生态示范办公楼

图 1-1　低能耗示范楼

根据 GB/T 50378—2019《绿色建筑评价标准》所给的定义，绿色建筑是指"在全寿命周期内，节约资源、保护环境、减少污染，为人们提供健康、适用、高效的使用空间，最大限度地实现人与自然和谐共生的高质量建筑"。评价绿色建筑的性能涉及建筑安全耐久、健康舒适、生活便利、资源节约（节能、节地、节水、节材）和环境宜居等方面的综合性能。其中节能、节地、节水、节材和保护环境（即"四节一环保"）是我国绿色建筑发展和评价的核心内容。

1.1.2　绿色建筑的内涵

从绿色建筑的定义上看，其内涵可概括为以下几个方面。

1. 全寿命周期

绿色建筑的全寿命周期（Life Circle）是建筑物从规划、设计、施工、运行使用直至最终拆除的过程。建筑物全寿命周期间，既要充分考虑建筑项目立项及规划设计和施工建设，又要考虑在此过程中对生态环境产生的影响，同时还包括建材环保性、交通便捷性及建筑材料的可回收利用性等一系列问题。

2. 节约资源

绿色建筑要求最大限度地降低建筑能耗，节约资源，包含了上面所提到的节能、节地、节水、节材。在建筑的建造和使用过程中，需要消耗大量的自然资源，而资源的储量却是有限的，所以需要减少各种资源的浪费。据统计，2016 年，中国建筑能耗总量为 8.99 亿 tce，占全国能耗总量的 20.6%。发展绿色建筑刻不容缓。

3. 保护环境和减少污染

近 20 年来，我国建筑业取得了飞速发展，但建筑行业总体上技术落后。采用粗放式模式发展，对环境造成了严重污染。据统计，与建筑有关的空气污染、光污染、电磁污染等占环境总污染的 34%。保护环境成为绿色建筑的基本要求。绿色建筑工程项目施工建设过程中，应当尊重生态自然、本土文化及气候环境条件，减少废水、温室气体及垃圾的排放，并在此基础上提高环境质量，尽可能实现环境污染物的零排放。

4. 满足人们使用上的要求

绿色建筑应满足人们使用上的要求，为人们提供"健康""适用""高效"的使用空间。2017 年，住房和城乡建设部发布的《建筑节能与绿色建筑发展"十三五"规划》（建科〔2017〕53 号）提出："要坚持以人为本，满足人民群众对建筑舒适性、健康性不断提高的要求，使广大人民群众切实体验到发展成果。"

5. 与生态环境和谐相处

一般的建筑设计理念是封闭的，将建筑与外界进行隔离，绿色建筑与外界交叉相连，内外自动调节。尽可能利用建筑物当地的环境特色与相关的自然因素，如地势、气候、阳光、空气、水流，使之符合人类居住，并且降低各种不利于人类身心的任何环境因素作用，同时尽可能不破坏当地环境因素，实现人、建筑、自然三者和谐统一、友好相处。

总结起来，绿色建筑指基于建筑物全寿命周期，从其规划设计、施工建造、运营使用到维护拆除整个过程中，最高效率地利用自然资源，并对环境的负影响最小，遵循"以人为本"与"可持续发展"的核心思想，为人类提供一个健康、舒适的活动空间。

1.1.3　绿色建筑与传统建筑对比

绿色建筑与传统建筑对比见表 1-1。

表 1-1　　　　　　　　　　　　绿色建筑与传统建筑对比

区别项	传统建筑	绿色建筑
结构设计	趋向于封闭空间	与外界环境相连通
建造模式	一律化、单调化、缺乏特色	因地制宜、因时而变、就地取材
经济利益	追求经济利益最大化	追求综合效益最大化

续表

区别项	传统建筑	绿色建筑
全寿命周期	项目的设计策划、组织施工、运营管理、维修拆除	原材料的开采、运输、生产、设计、施工、运营、拆除、回收利用
能源利用率	忽视能源利用率	利用绿色生态关键技术减少能耗

1. 结构设计

传统建筑设计思想保守，在结构上趋向于封闭，在设计上力求与自然环境相隔离，室内环境往往不利于健康。而绿色建筑设计思想开放，讲求与外界环境相连通，利用自然能源有效改善室内环境。

2. 建造模式

传统建筑追求统一的现代化建筑风格，建筑风格呈现一律化、单调化，缺乏特色性。而绿色建筑在规划设计方面遵循因地制宜、因时而变的原则。考虑现场实际情况，结合当地自然、人文、气候及社会等条件，提倡就地取材。尽可能地利用建筑物所处的大资源环境，实现与周边生态环境的互利互惠。因此，随着气候、自然资源和地区文化的差异而呈现出不同的建筑风貌。

3. 经济利益

传统建筑往往不顾环境资源的限制，片面追求批量化生产、低成本建设，往往只关注投资者的经济利益，以追求利润最大化为核心目标；而绿色建筑在此基础上，将经济效益与社会效益、环境效益相融合，在广泛的领域追求综合利益的最大化。

4. 全寿命周期

传统建筑通常仅在建造或使用过程中考虑对环境的影响，缺乏对建筑全寿命周期的考虑。传统建筑将建筑物寿命周期定义为从项目的设计策划、组织施工、运营管理到维修拆除。绿色建筑将寿命周期的起始点延伸到原材料的开采、运输、生产，将结束点拓展到拆除材料的回收利用，实现从被动地减少对自然的干扰，到主动地创造环境的丰富性，减少资源需求。

5. 能源利用率

传统建筑为追求建筑的功能与性价比，忽视能源利用率。绿色建筑通过可再生能源回收利用、循环材料使用、低碳空气调节整体方案、微观气候创造等一系列绿色生态关键技术极大地减少了能耗，甚至可以自身产生能源。加上可再生能源的合理配置，有可能创造出"零能耗"和"零排放"的建筑。

1.2　国内外绿色建筑的发展情况

1.2.1　国外绿色建筑的发展情况

早在 20 世纪初，西方已经开始考虑建筑如何适应地域和气候的影响。1913 年，为了充分利用太阳能，法国住宅部官员 A. 雷研究了 10 个大城市住宅的日照问题。1932 年，英国皇家建筑师协会在协会期刊上发表了名为《建筑定位》（*The Orientation of Building*）的研究成果。20 世纪 40～50 年代，气候和地域条件成为一些设计师设计的重要影响因素，许多建筑作品中体现了这一点（见图 1-2）。

(a)路易斯·康设计的印度经济管理学院　　　　　　(b)保罗·鲁道夫设计的绿色住宅

图 1-2　20 世纪 40～50 年代经典建筑

20 世纪 60 年代，美国建筑师保罗·索勒瑞提出了生态建筑的新理念。1963 年，维克托·奥戈亚在《设计结合气候：建筑地方主义的生物气候研究》中，提出建筑设计与地域、气候相协调的设计理论。1969 年，美国建筑师伊安·麦克哈格在其著作《设计结合自然》一书中，提到人、建筑、自然和社会应协调发展并探索了建造生态建筑的有效途径与设计方法，这标志着生态建筑学的正式诞生。

20 世纪 70 年代，石油危机的爆发使人们意识到，以牺牲生态环境为代价的高速文明发展史是难以为继的，因而工业发达国家开始注重建筑节能的研究，太阳能、地热、风能等各种建筑节能技术应运而生，节能建筑成为建筑发展的导向。

1980 年，世界自然保护组织首次提出"可持续发展"的口号，同时节能建筑体系逐渐完善，并在德国、英国、法国、加拿大等发达国家广泛应用。1987 年，联合国环境规划署发表《我们共同的未来》报告，确立了可持续发展的思想。节能建筑体系逐渐完善的同时，建筑物密闭性提高后产生的室内环境问题逐渐显现。

1990 年，世界首个绿色建筑标准在英国发布；1992 年的联合国环境与发展大会使可持续发展思想得到推广，绿色建筑逐渐成为发展方向；1993 年，美国创建绿色建筑协会；1994 年，美国绿色建筑协会（US Green Building Council，USGBC）提出了能源与环境设计先锋（Leadership in Energy and Enviromental Design，LEED）绿色建筑评价标准；1996 年，中国香港地区推出了 HK-BEAM（HK Building Environmental Assessment Method，香港建筑环境评估法）绿色建筑认证标准；1999 年，中国台湾地区推出 EEWH（Ecology，Energy Saving，Waste Reduction and Health）绿色建筑评价系统；2000 年，加拿大推出 GB Tool（后更名为 SB Tool）绿色建筑评价标准。20 世纪 90 年代，一系列重要的事件极大地推动了绿色建筑运动的普及，加深了专业人士与普通大众对绿色建筑的认识，并且最终产生了各国具有里程碑意义的绿色建筑评价标准，使绿色建筑事业走上标准化、规模化、可操作化的道路。

绿色建筑观念在进入 21 世纪后深入人心。建筑业界人士及相关人员非常关注绿色建筑思想，普通民众对绿色环保的认识及对居住环境的要求也有了提高。相应的绿色建筑行业在实践中取得了巨大的进步，相关的理论、新技术、新材料层出不穷，评价标准在不同国家也都有了进一步的完善（见表 1-2），越来越多的国家和地区将绿色建筑评价标准作为强制性规定。

表 1-2　　　　　　　　世界部分国家和地区的主要绿色建筑评价体系

国家（地区）	体系拥有者	体系名称	参考网站
英国	BRE	BREEAM	http://www.breeam.org
美国	USGBC	LEED	http://www.usgbc.org
巴西	GBC Brasil	LEED Brasil	https://www.gbcbrasil.org.br/
日本	日本可持续建筑协会	CASBEE	http://www.ibec.or.jp/CASBEE
加拿大	iiSBE CaGBC	SB Tool LEED Canada	http://www.worldgbe.org https://www.cagbc.org
德国	DGNB	DGNB System	http://www.enev-online.de
澳大利亚	GBCA	Green Star	https://new.gbca.org.au/green-star/
新西兰	NZGBC	Green Star NZ	https://www.nzgbc.org.nz/GreenStar
中国	住房和城乡建设部	绿色建筑评价标准	http://www.cin.gov.cn
印度	IGBC	LEED India	https://igbc.in/igbc
葡萄牙		Lider A	http://www.lidera.info/
丹麦	SBI	BEAT	http://www.by-og-byg.dk
法国	HQEGBC	HQE	https://www.behqe.com
芬兰	VTT	PromisE	https://www.vtt.fi
中国香港	HK Envi Building Association	HK-BEAM	http://www.hk-beam.org
意大利	ITACA	ProtocolloItaca	http://www.itaca.org
挪威	NBI	Eco-profile	http://www.buggforsk.org
荷兰	DGBC	BREEAM Netherlands	https://www.dgbc.nl
瑞典	KTH Infrastructure &Planning	Eco-effect	http://www.infra.kth.se/BBA
马来西亚	GBI	Green Building Index（GBI）	https://new.greenbuildingindex.org/
南非	GBCSA	Green Star SA	https://gbcsa.org.za

1.2.2　国内绿色建筑的发展情况

中国绿色建筑的发展迟于西方发达国家，但就在有限的发展时间里，中国绿色建筑取得了长足的进步，其中重要的事件如下。

自 20 世纪 90 年代绿色建筑的概念开始引入中国，1992 年参加巴西里约热内卢联合国环境与发展大会以来，中国政府相继颁布了若干相关纲要、导则和法规，大力推动绿色建筑的发展。2004 年 9 月，建设部启动"全国绿色建筑创新奖"，标志着国内开始进入绿色建筑全面发展阶段。2005 年 3 月召开的首届国际智能与绿色建筑技术研讨会暨首届国际智能与绿色建筑技术与产品展览会（其后每年举办一次）公布了"全国绿色建筑创新奖"获得单位。2006 年，住房和城乡建设部正式颁布了我国第一部绿色建筑评价标准——GB/T 50378—2006《绿色建筑评价标准》，同年 3 月，国家科技部和建设部签署了"绿色建筑科技行动"合作协议，为绿色建筑技术发展和科技成果产业化奠定基础。2007 年，建设部又出台了绿色建筑评价的管理办法和评价细则，逐步完善适合中国国情的绿色建筑评价体系。2008 年，住房和城乡建设部组织推动绿色建筑评价标识和绿色建筑示范工程建设等一系列措施，同年 3 月，成立中国城市科学研究会节能与绿色建筑专业委员会，对外以中国绿色建筑委员会的名义开展工作。2009 年，中国建筑科学研究院环境测控优化研究中心成立，协助地方政府和业主方申请绿色建筑标识。2011 年，中国绿色建筑评价标识项目数量得到了大幅度的增长，绿色建筑技术水平不断提高，呈现出良性发展的态势。2012 年，国家财政部发布《关于加快推动中国绿色建筑发展的实施意见》（财建〔2012〕167号），2012年绿色建筑项目数和面积均相当于2008~2011年的总和。2013年，国务院发布了《国务院办公厅关于转发发展改革委、住房城乡建设部绿色建筑行动方案的通知》（国办发〔2013〕1号），提出"十二五"期间完成新建绿色建筑10亿㎡；到2015年末，20%的城镇新建建筑达到绿色建筑标准要求。同时还对绿色建筑的方案、政策支持等予以明确。2014年，GB/T 50378—2014《绿色建筑评价标准》、GB/T 50908—2013《绿色办公建筑评价标准》、GB/T 50878—2013《绿色工业建筑评价标准》等国家绿色建筑评价标准相继发布，从而推动国内绿色建筑产业进入新一轮高速发展阶段。

《建筑节能与绿色建筑发展"十三五"规划》明确指出，到2020年，全国城镇绿色建筑占新建建筑比例超过50%，新增绿色建筑面积20亿㎡以上；城镇新建建筑中绿色建材应用比例超过40%；城镇装配式建筑占新建建筑比例超过15%。旨在建设节能低碳、绿色生态、集约高效的建筑用能体系，推动住房城乡建设领域供给侧结构性改革。我国绿色建筑行业虽然起步较晚、发展迅速，但中国关于绿色建筑的建设和管理还处于研究探索和实验阶段，许多相关的技术研究领域还是空白。随着可持续发展理念在国际社会的认可和推行，绿色建筑理念在我国日益受到重视，绿色建筑已成为我国今后建筑发展的一个重要战略导向。

1.3 绿色建筑管理的内涵

绿色建筑管理的内涵主要包括技术应用、设计管理、施工管理和运营管理。绿色建筑的发展并不是简单的建筑设计和技术方面的问题，有效的管理在发展绿色建筑上也起着非常重要的作用。绿色建筑管理是一项庞大的系统工程，涉及每个阶段中的所有参与方，不是哪一个部门能够单独完成的，需要不同单位的不同部门共同参与。只有构建一个和谐、协同的绿色建筑管理模式，在全社会形成一种"绿色氛围"，才能保证绿色建筑在我国的健康发展。

绿色建筑管理是全面的管理，具体包括5个方面的内容：一是全方位推进，包括在法规政策、标准规范、推广措施、科技攻关等方面开展工作；二是全过程监管，包括在立项、规划、设计、审图、施工、监理、检测、竣工验收、维护使用等环节加强监管；三是全领域展开，在资源能耗的各个领域中制定并强制执行包括节能、节地、节水、节材和环境保护等方面的标准规范；四是全行业联动，绿色建材、绿色能源技术、绿色照明，以及绿色建筑的设计、关键技术攻关和新产品示范推广等；五是全团队参与，从政府部门到建筑设计、施工和监理公司，房地产开发和物业管理企业等共同参与。

1.3.1 技术应用

绿色建筑技术坚持以绿色可持续发展作为基本理念。在保证产品质量的前提下尽量不增加生产的成本，在建设及运营过程中率先采用先进的生产技术及对环境危害极小或者无害且产品能耗较低、资源利用率较高的材料。按照目标可将绿色建筑技术划分为节能技术、节地技术、节水技术、节材技术和室内环境控制技术，具体内容如下。

1. 节能技术

节能技术是指在确保建筑物室内热质量及建筑使用功能所需能源的前提下，尽可能降低在建筑物全寿命周期尤其是运营阶段能耗的技术。常见的节能技术：节能外围护结构，包括墙体、屋面保温隔热、门窗和遮阳等技术和产品；太阳能、风能、地热能和沼气等可再生能源的开发利用；绿色照明及智能化控制系统等。

2. 节地技术

由于土地资源日趋紧张，在建筑行业实行节地技术对社会和经济的可持续发展具有重要的意义。要提高土地使用效率，需要在规划设计阶段合理选址，充分利用地下空间，充分利用原有场地上的自然生态条件，注重建筑与自然生态环境的协调等措施，在土地使用过程中实现可持续发展战略。

3. 节水技术

节水技术是指在满足居民的生活用水及建筑物日常环境用水的前提下，通过采取合适的措施，合理配置和优化水资源，合理用水，降低不必要的浪费，提高水资源的利用效率。目前我国在节水技术方面采取的关键技术包括节水器具、非传统水源利用（中水用于绿化浇灌、道路广场冲洗等）及雨水再利用系统（如屋顶花园、雨水先积蓄再利用系统）等。

4. 节材技术

节材技术原则：以相对较低的资源和能耗、环境污染作为代价生产出高性能的传统建筑材料；生产所需的原料大量使用可处理的废渣、垃圾、废液等废弃物；产品的设计是以改善生产环境、提高生活质量为宗旨，即产品不仅不损害人体健康，还应有益于人体健康，产品具有多功能化；产品可循环利用或回收利用；材料能够大幅度地减少建筑能耗；避免使用会释放污染物的材料并将包装减少到最低程度等。

5. 室内环境控制技术

在绿色建筑的发展过程中，要坚持以人为本，因此要注重提高人居环境的质量。目前我国采取的相应措施，对建筑环境中的化学污染、声光热环境、景观绿化、放射污染及生物污染等方面开展系统性研究，寻求适合我国发展的技术、材料和设备等，为改善和提升我国的人居环境做出努力。

1.3.2 设计管理

设计为绿色施工和形成绿色建筑提供可能。绿色建筑的设计管理即对绿色建筑方案设计过程的管理。绿色建筑项目在设计阶段应充分分析场地周围环境，做好场地规划；统筹考虑自然日照、通风、周围交通和地质环境等因素；要以资源和能源的高效利用为指导，统筹兼顾建筑的间距、朝向、结构体系、维护体系等要素；尽可能利用可再生能源、材料；考虑在以后施工和运行中减少废气、废渣、废水和固体废弃物的排放与处置，保证建筑室内环境质量。

项目的设计过程是一个循序渐进的过程，不同设计阶段关注的焦点不同。绿色建筑项目设计阶段可以划分为初步设计、深化设计、结构设计、施工图设计和设计评价标识申报 5 个阶段。

1. 初步设计阶段

初步设计阶段应进行整体设计理念策划分析，分析项目适合采用的技术措施与实现策略；进行项目设计目标的确认；通过对项目资料分析整理，明确项目施工图及相关方案的可变更范围；根据设计目标及理念，完成项目初步方案、投资估算和绿色标识星级自评估；向业主方提供绿色建筑预评估报告。

2. 深化设计阶段

深化设计阶段应根据甲方确认的星级目标及绿色建筑星级自评估结论，确定项目所要达到的技术要求；根据项目工作计划与进度安排，完成建筑设计、机电设计、景观设计、室内设计及其他相关专业深化设计；完成设计方案的技术经济分析，并落实采用技术的技术要点、经济分析、相关产品等；完成绿色建筑星级认证所需要完成的各项模拟分析，并提供相应的分析报告，向业主方提供项目绿色建筑设计方案技术报告。

3. 结构设计阶段

结构设计阶段应包括合理的体系选型与结构布置，正确的结构计算与内力分析，周密合理的细部设计与构造，确定建筑物的柱、墙、梁等结构的布置与设计。

4. 施工图设计阶段

施工图设计文件，应满足设备材料采购、非标准设备制作和施工需要。针对以上阶段出现的问题进行修改和调整，形成完整的施工图纸，并对各种实施策略进行最终的评估。

5. 设计评价标识申报阶段

设计评价标识申报阶段应按照绿色建筑评价标准要求，完成各项方案分析报告。协助业主完成绿色建筑设计评价标识认证的申报工作，编制和完善相关申报材料，进行现场专家答辩，与评审单位进行沟通交流，对评审意见进行反馈及解释。

1.3.3　施工管理

绿色施工作为建筑全寿命周期中的重要组成部分，是可持续发展理念在项目施工阶段的应用，对建筑业的发展具有重要意义。相比传统施工方法会产生较大的噪声和较多的废弃物，绿色施工则通过采用多种新技术与新工艺节约建材、减少施工噪声与粉尘，采用新的组织管理及方案、分项管理的方法强化施工管理，以提高施工效率，最大限度地减少对环境的不利影响，减少不必要的浪费。

绿色施工管理应明确各部门的管理职责，针对施工阶段的特点从组织、规划、实施、评价及人员安全与健康等方面对项目进行管理。组织管理就是通过建立绿色施工管理体系，制定系统完整的管理制度和目标，将绿色施工的工作内容具体分解到管理体系结构中去，使参建各方在项目负责人的组织协调下各司其职地参与到绿色施工过程中，使绿色施工规范化、标准化；规划管理主要是指编制执行总体方案和独立的绿色施工方案，实质是对实施过程进行控制，以达到绿色施工目标；实施管理是指施工方案确定之后，在项目施工过程中，对施工方案进行策划和控制，以达到绿色施工目标；评价管理是指绿色施工管理体系中应建立评价体系，根据绿色施工方案的执行效果，对绿色施工效果进行评价；人员安全与健康管理就是通过制定一些措施，改善施工人员的生活条件等来保障施工人员的职业健康。

1.3.4　运营管理

绿色建筑运营管理阶段是一个投入、转换、产出的过程，也是一个价值增值的过程。通过运营管理来控制建筑物的服务质量、运行成本和生态目标，有效的运营管理必须准确把握人、流程、技术和资金，并将这些要素整合在运行系统中创造价值。

建筑项目建设期一般只有2～3年，运营周期可以达到几十年甚至上百年。运营阶段是消费者体验绿色建筑功能的阶段，消费者对绿色建筑的投资将逐渐在运营阶段获得回报。良好的运行效果可以使消费者长期享受较好的生活质量和良好的工作环境。绿色建筑只有通过有效的运营管理，落实绿色技术措施，才能使绿色建筑的环境效益、经济效益与社会效益得到长期的实现。

1.4 中国绿色建筑发展现状

中国正处于快速城镇化进程中,建筑总面积、建筑能耗总量都将持续增加。与此同时,中国建筑服务水平与发达国家还存在差距,因此,单位建筑面积能耗总体上仍在增加。"既要满足建筑服务水平需求,又要避免过度能耗"是城镇化进程中中国建筑面临的主要挑战,而绿色建筑是解决这一问题的重要抓手。

1.4.1 中国建筑行业基本现状

我国城镇化进程是影响我国建筑行业能效的关键因素。我国处于城镇化快速发展进程中,改革开放以来,我国城市人口比例年均增长 1%。2017 年,我国城镇人口达到 8.1374 亿人,比例已达 58.52%,但距离发达国家 80% 的平均水平还有很大差距。未来城镇化潜力依然较大,城镇化率将保持上升趋势,新建建筑规模将持续增加,建筑业能耗也将随之不断增加。我国城乡人口变化情况如图 1-3 所示。

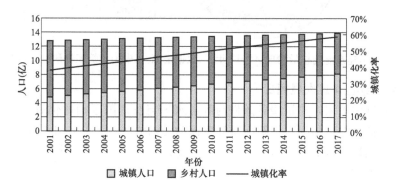

图 1-3 我国城乡人口变化情况(数据来源:国家统计局)

快速城镇化带动建筑业持续发展,建筑规模不断扩大。2001~2016 年,我国城乡建筑面积大幅增加,2016 年的竣工建筑面积达到 28.63 亿 m²,房屋竣工面积趋势如图 1-4 所示。截至 2017 年,全国建筑总面积达到 643 亿 m²,其中:城镇住宅建筑面积为 305 亿 m²,农村住宅建筑面积为 218 亿 m²,公共建筑面积为 120 亿 m²。

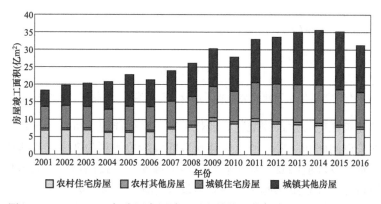

图 1-4 2001~2016 年我国房屋竣工面积趋势(数据来源:国家统计局)

　　随着建筑规模的扩大和既有建筑面积的增长，驱动了能耗和碳排放的增长。一方面，建筑规模的持续增长需要以大量建材、能源的生产消费作为代价，我国大量新建建筑与基础设施所产生的建造能耗是我国能耗和碳排放持续增长的一个重要原因；另一方面，不断增长的建筑面积也带来大量的建筑运行能耗需求，更多的建筑必然需要更多的能源来满足其供暖、通风、空调、照明、炊事、生活热水及其他各项服务功能。2017 年，中国建筑能耗总量为 9.47 亿 tce，占全国能耗总量的比例达到 21.11%。建筑碳排放总量为 20.44 亿 tCO_2，占全国碳排放总量的 19.5%。我国建筑能耗总量构成（2017 年）如图 1-5 所示。

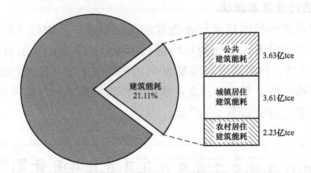

图 1-5　我国建筑能耗总量构成（2017 年）（数据来源：《中国建筑能耗研究报告 2019》）

1.4.2　中国绿色建筑发展概况

　　我国作为发展中国家，建筑服务条件与舒适水平与发达国家相比仍有较大的提升空间，人均建筑能耗远低于发达国家，建筑能源强度仅为美国的 1/3 左右，如图 1-6 所示。随着我国城镇化进程的加快，以及居民对室内舒适度等建筑服务水平要求的提高，未来我国建筑能耗将持续呈现刚性增长。

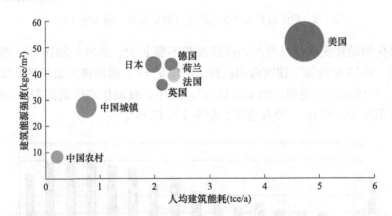

图 1-6　我国与世界其他国家建筑能耗水平比较（2015 年）（数据来源：《中国能效 2018》）

　　日益增长的建筑能耗与建筑领域化石能耗带来一系列能源、资源、环境问题，成为我国建筑业所面临的关键问题和主要矛盾。以建筑节能和绿色建筑为抓手，妥善处理城乡建设发展过程中的能源资源及环境问题，对于确保我国能源安全、提高城镇化发展质量至关重要。

　　我国绿色建筑评价体系虽然起步较晚，但发展迅速。截至 2016 年年底，我国共有 7235 个建筑项目获得绿色建筑评价标识，总面积超过 8 亿 m^2。我国绿色建筑获评价标识状况如图 1-7 所示。另外，我国还是美国 LEED 评价体系除美国本土外第一大应用国，与此同时，我国积极使用多种国际化评价体系指导建筑的全寿命周期决策。发展绿色建筑是解决我国资源能源问题的有效途径和重要战略。

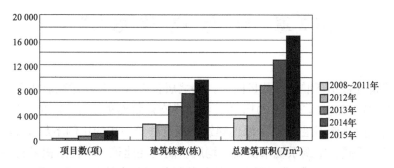

图 1-7   我国绿色建筑获评价标识状况（2008～2015 年）（数据来源：《中国能效 2018》）

我国绿色建筑历经十余年的发展，已实现从无到有、从少到多、从个别城市到全国范围，从单体建筑到城区、城市规模化发展，省会以上城市保障性安居工程已全面强制执行绿色建筑标准。绿色建筑实践工作稳步推进、绿色建筑发展效益明显，从国家到地方、从政府到公众，全社会对绿色建筑的理念、认识和需求逐步提高，绿色建筑评价蓬勃开展。《住房城乡建设事业"十三五"规划纲要》中不仅提出到 2020 年城镇新建建筑中绿色建筑推广比例超过 50％的目标，还部署了进一步推进绿色建筑发展的重点任务和重大举措。

 习 题

1. 简述绿色建筑的概念与内涵。
2. 简述绿色建筑管理的内涵。
3. 绿色建筑与传统建筑的主要区别是什么？
4. 绿色建筑的全寿命周期包括哪些阶段？
5. 国内外绿色建筑评价体系有哪些？
6. 试论述发展绿色建筑的必要性。
7. 试论述我国绿色建筑现状及发展趋势。

第2章 绿色建筑技术

我国既有建筑及每年新增建筑数量巨大，加之居住人口众多，建筑能耗占全国总能耗的20％以上。据有关资料统计，截至2018年，我国既有建筑面积超过600亿 m²，其中节能建筑占既有建筑面积的比例不足30％，绿色建筑占既有建筑面积的比例不足3％，其余无论是从维护结构还是从采暖、空调系统来衡量，均属于高能耗建筑，单位面积采暖能耗相当于相近维度发达国家的2～3倍。技术对绿色建筑与能效管理的支持作用日益凸显。

2.1 绿色建筑节能技术

建筑节能是指在建筑物的规划、设计、新建、改建（扩建）和使用过程中，执行建筑节能标准，采用新型建筑材料和建筑节能新技术、新工艺、新设备、新产品，提高建筑围护结构的保温隔热性能和建筑物用能系统效率，利用可再生能源，在保证建筑物室内热环境质量的前提下，减少供热采暖、空调、照明、热水供应的能耗，并与利用可再生能源、保护生态平衡和改善人居环境紧密结合。鉴于我国建筑用能的严重浪费及较低的能源效率，绿色建筑节能技术受到越来越多的重视。

2.1.1 建筑节能途径

根据发达国家经验，随着城市发展，建筑业将超越工业、交通等其他行业而最终居于社会能耗的首位。我国城市化进程如果遵循发达国家发展模式，使人均建筑能耗接近发达国家的人均水平，需要消耗全球目前能耗总量的1/4才能满足我国建筑的用能要求。因此，必须探索多种节能途径，大幅度降低建筑能耗，实现城市建设的可持续发展。

1. 生态规划节能

据有关资料统计，一般采暖、通风及空调的用能总量占建筑总能耗的65％。因此，减少冷、热及照明能耗等建筑设备的能耗是降低建筑能耗总量的重要内容。在建筑规划和设计时，根据大范围的气候条件，针对建筑自身所处的具体环境气候特征，重视利用自然环境（如外界气流、雨水、湖泊和绿化、地形等）创造良好的区域微气候，以尽量减少对建筑设备的依赖，最大限度地降低建筑设备能耗。

2. 利用可再生能源节能

在节约能源、保护环境方面，可再生能源的利用起着至关重要的作用，包括太阳能、风能、地热能、生物质能等。应根据建筑所在地能源条件和技术水平，适时选择合适的可再生能源。

3. 围护结构节能

围护结构采取节能措施，是建筑节能的基础。建筑围护结构（屋顶、墙、门窗、遮阳设施等）对建筑能耗、环境性能、室内空气质量与用户的视觉和热舒适度等指标有根本性的影响。根据建筑各部分造价构成和比例统计分析，一般提高围护结构保温隔热性能，增加的费用仅为总投资的3％～6％，而节能总量却可达20％～40％。通过改善建筑物围护结构的热工性能，在夏季可减少室外热量传入室内，在冬季可减少室内热量的流失，使建筑热环境得以改善，从而减少建筑冷、热消耗。设计时，应根据地区、建筑使用性质、运行状况等条件，确定合理的建筑物围护结构的热工参数。

4. 能源系统运营管理节能

在使用中，应重视建筑能源系统的运营管理节能，提高运维管理人员的专业技术水平，提高采暖与空调运营管理的自动化、智能化水平，通过高效运营达到节能效果。

5. 照明系统节能

据有关资料统计，我国的照明用电占总发电量的 $10\%\sim12\%$，低于发达国家水平。尽管如此，照明耗电量已超过三峡水利工程全年发电量（$8.47\times10^{10}\mathrm{kW\cdot h}$）的 2 倍，而且我国的照明用电量正在以 15% 的速度增长。照明节电已成为节能的重要方式，即在保证照度的前提下，推广高效节能照明器具，提高电能利用率，以达到节能效果。

2.1.2 绿色建筑主要节能技术

建筑节能技术种类繁多，目前我国主要推广应用的是太阳能光热、光电系统，以及节能屋面、地源热泵、外墙及外窗节能等节能技术。

1. 太阳能光热、光电系统

(1) 太阳能光热系统。太阳能光热系统的主要应用有太阳能供暖和太阳能墙。太阳能供暖通过集热设备采集太阳光的热量，将太阳能转化为热能，再通过热导循环系统将热量导入换热中心，然后将热水导入地板采暖系统，通过电子控制仪器控制室内水温。在阴雨雪天气，系统自动切换燃气锅炉辅助加热，提高采暖系统稳定性。另外，还可以利用该原理提供生活热水。太阳能墙即借助墙体构件式太阳能集热器，配合悬挂在室内的水箱使用，原理与太阳能供暖相同，能够满足高层建筑利用太阳能的需求。

(2) 太阳能光电系统。独立运行的太阳能光伏发电系统由太阳能电池板、控制器、蓄电池和逆变器组成，若并网运行，可不添加蓄电池组。我国年均太阳能辐射量为 $5000\mathrm{MJ/m^2}$，年均日照时间为 2200h，太阳能资源相当丰富。目前，太阳能光伏发电系统的应用场所主要包括建筑物部分用电设备、环境照明（如庭院灯、草坪灯等）、道路照明、体育场照明等。随着系统造价的降低，太阳能光伏发电系统的应用场所会越来越多。

2. 节能屋面技术

屋顶作为建筑物外围护结构，所造成的温差传热量，大于任何一面外墙或地面的传热量，因此，提高建筑屋面的保温隔热能力，能有效地抵御室外空气热传递，减少空调耗能，改善室内热环境。常见的屋面节能技术有种植屋面、蓄水屋面等。

(1) 种植屋面。种植屋面是指在建筑屋面和地下工程顶板的防水层上铺以种植土，并种植植物，使其起到防水、保温、隔热和生态环保作用的屋面，其构造如图 2-1 所示。屋面的植被绿化防热是利用植物的光合作用、叶面的蒸腾作用及对太阳辐射的遮挡作用，来减少太阳辐射热对屋面的影响的。另外，土层也有一定的蓄热能力，并能保持一定水分，通过水的蒸发作用对屋面进行降温。

(2) 蓄水屋面。蓄水屋面是指在屋面防水层上蓄一定厚度的水，起到隔热作用的屋面。其原理是在太阳辐射和室外气温的综合作用下，水吸收大量的热而蒸发为水蒸气，从而将热量散发到空气中，减少屋盖吸收的热能，起到隔热和降低屋面温度的作用。此外，水面还能够反射阳光，减少阳光辐射对屋面的热作用。水层在冬季还有一定的保温作用。蓄水屋面既可隔热又可保温，还能保护防水层，延长防水材料的使用寿命。其主要构造如图 2-2 所示。

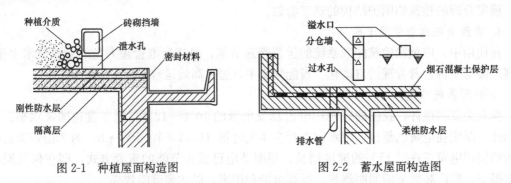

图 2-1　种植屋面构造图　　　　　　图 2-2　蓄水屋面构造图

3. 地源热泵技术

地源热泵技术是利用地下土壤、地表水、地下水温度相对稳定的特性，通过消耗电能，在冬天把低位热源中的热量转移到需要供热或加温的地方（见图 2-3 右），在夏天将室内的余热转移到低位热源中以达到降温或制冷的目的（见图 2-3 左）。地源热泵不需要人工的冷热源，可以取代锅炉或市政管网等传统的供暖方式和制冷空调系统：冬季，它代替锅炉从土壤、地下水或者地表水中取热，向建筑物供暖；夏季，它可以代替普通空调向土壤、地下水或者地表水放热给建筑物制冷。同时，它还可供应生活用水，可谓一举三得，是一种有效地利用能源的方式。

图 2-3　地源热泵技术

地源热泵系统包括 3 种不同的系统：①以利用土壤作为冷热源的土壤源热泵，也称为地下耦合热泵系统或者地下热交换器热泵系统；②以利用地下水为冷热源的地下水热泵地源系统；③以利用地表水为冷热源的地表水热泵系统。

技术特点如下。

（1）地源热泵利用的是可再生能源，永无枯竭。地源热泵从浅层常温土壤中取热或向其排热，浅层土壤的热能来源于太阳能，它永无枯竭，是一种可再生能源。

（2）地源热泵高效节能，运行费用低。在供暖时，其能量 70% 以上来自土壤，制热系数高达 3.5～4.5，而锅炉的制热系数仅为 0.7～0.9，可比锅炉节省 70% 以上的能源和 40%～60% 的运行费用；供冷时要比普通空调节能 40%～50%，运行费用降低 40% 以上。它具有高节能、低运行费用的特点。

（3）地源热泵技术可实现分户计量、可分期投资，不设室外机。它和普通家用空调一样，实行单独电费计量，克服了锅炉采暖和中央空调制冷时的分户计量难题。没有室外机，建筑物立面更整洁、更美观。

4. 外墙及外窗节能技术

（1）外墙节能技术。通过建筑外墙损失的热量约占整个外围护结构热量损失的 50%。因此，加强外墙节能技术的应用，降低外墙的传热系数，提高建筑保温隔热性能，对建筑节能具有重要作用。建筑外墙节能技术主要包括外墙外保温、外墙内保温和夹心层保温：外墙外保温材料不受室内装饰的影响，不会影响人们正常生活，而且能够保护主体结构不受空气、雨水侵蚀，得到了广泛的应用；外墙内保温材料主要包括保温涂料、泡沫板及发泡聚氨板等，这些材料具有施工简单可行、保温效果好及装饰性强的特点；夹心层保温主要是在内外墙之间填充保温材料，保温材料主要有聚苯板、挤塑聚苯板、岩棉、散装或袋装膨胀珍珠岩等。夹心层保温施工对季节和条件要求不高，冬季也可以正常施工，其缺点是施工工艺较复杂，特殊部位的构造较难处理，容易形成冷桥，保温节能效率较低。

（2）外窗节能技术。据统计，窗户散热约占整个门窗结构热量散失的 75% 左右，窗户节能技术的应用是建筑围护结构节能的重点之一。窗户节能技术主要是玻璃材料和形式的选择，包括双层玻璃、中空玻璃、热反射玻璃、低辐射（Low-E）玻璃，以及玻璃的固定方式、遮阳设施等，也可在玻璃材料表面涂上金属或氧化物材料如热反射膜和 Low-E 膜。其中，Low-E 玻璃的红外线光透过率较低，一方面能够减少住宅内的获得热量，降低室内温度；另一方面，可以保证其他波段的光线进入室内，保证室内自然采光。Low-E 玻璃如图 2-4 所示。不同类型玻璃的热工性能对比分析见表 2-1。

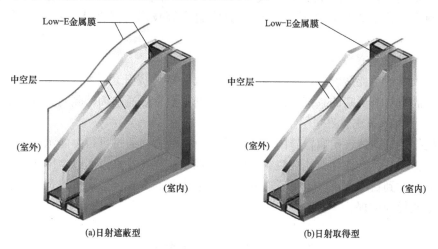

(a)日射遮蔽型　　　　　　　　　　(b)日射取得型

图 2-4　Low-E 玻璃

表 2-1　　　　　　　　　　　　不同类型玻璃的热工性能对比分析

玻璃种类	单片 K 值 [W/(m²·K)]	中空组合	组合 K 值 [W/(m²·K)]	遮阳系数 SC（%）
透明玻璃	5.8	6 白玻＋12A＋6 白玻	2.7	72
吸热玻璃	5.8	6 蓝玻＋12A＋6 白玻	2.7	43
热反射玻璃	5.4	6 反射＋12A＋6 白玻	2.6	34
Low-E 玻璃	3.8	6Low-E＋12A＋6 白玻	1.9	42

2.1.3　近零能耗建筑

在实际工程应用中，理想的零能耗建筑很难实现，近零能耗建筑的可行性比较高。近零能耗建筑，是指通过自身外部围护构造达到一种良好的保温隔热效果，通过室内安装节能设施、住宅内部配合使用再生能源，以此达到房屋的能耗和能源产生大致相抵的一种状态。在全球范围内，各个国家与地区对"近零能耗建筑"的定义不尽相同，其中较为著名的是德国的"被动屋"。"被动屋"在满足舒适度要求和保证人体健康的前提下，建筑能耗极低，其空调系统的耗能在 $0\sim15\mathrm{kW\cdot h/(m^2\cdot a)}$ 范围内，而建筑总能耗低于 $120\mathrm{kW\cdot h/(m^2\cdot a)}$。在瑞士，近零能耗建筑又被称为"Mini 能耗房"，要求按照标准建造的此类建筑，其总能耗不能高于传统建筑的 75%。

2019 年，我国住房和城乡建设部发布了 GB/T 51350—2019《近零能耗建筑技术标准》，明确定义了在我国发展近零能耗建筑的相关技术要求。该标准指出：在严寒和寒冷地区，近零能耗居住建筑能耗降低 70%~75% 以上，不再需要传统的供热方式；夏热冬暖和夏热冬冷地区近零能耗居住建筑能耗降低 60% 以上；不同气候区近零能耗公共建筑能耗平均降低 60% 以上。GB/T 51350—2019 提出通过建筑被动式设计、主动式高性能能源系统及可再生能源系统应用，最大幅度减少化石能耗，具体要求如下。

1. 被动式设计

近零能耗建筑规划设计应在建筑布局、朝向、体形系数和使用功能方面，体现节能理念和特点，注重与气候的适应性。通过使用保温隔热性能更高的非透明围护结构、保温隔热性能更高的外窗、无热桥设计等技术，提高建筑整体气密性，降低采暖、制冷需求。通过使用遮阳技术、自然通风技术、夜间免费制冷等技术，降低建筑在过渡季和供冷季的供冷需求。

2. 主动式高性能能源系统

建筑物大量使用耗能设备，设备乃至系统能效的持续提升是建筑能耗降低的重要环节，应优先使用能效等级更高的系统和设备。能源系统主要指暖通空调、照明及电气系统。

3. 可再生能源系统应用

充分挖掘建筑本体、附属设施的可再生能源应用潜力，通过可再生能源系统使用对建筑能耗进行平衡和替代。如建筑能耗控制目标为实现零能耗，且难以通过本体和附属设施的可再生能源应用达到目标要求，也可通过外购可再生能源的方式，但需以建筑本身能效水平已经达到近零能耗为前提。

2.2　绿色建筑节水技术

绿色建筑节水技术主要包括节水系统节水技术、非传统水源利用技术，以及节水器具、设备、计量仪表的选用和安装。

2.2.1　节水系统节水技术

节水系统是指采用节水用水定额、节水器具及相应的节水措施的建筑给水系统，包括供水系统、循环水系统、绿化浇洒系统，相对应的技术是供水系统节水技术、循环水系统节水技术、绿化浇洒系统节水技术。

1. 供水系统节水技术

供水系统节水技术的主要目的是合理利用市政供水压力，减少热水系统无效冷水量：设有市政或小区给水、中水供水管网的建筑，生活给水系统应充分利用城镇供水管网的水压直接供水；给水调节水池或水箱、消防水池或水箱应设溢流信号管和溢流报警装置；集中热水供应系统，应采用机械循环，保证干管、立管或干管、立管和支管中的热水循环；设有3个以上卫生间的公寓、住宅、别墅共用水加热设备的局部热水供应系统，应设回水配件自然循环或设循环泵机械循环，其中回水配件是指利用水在不同温度下密度不同的原理，使温度低的水向管道底部运动，温度高的水向管道上部运动，达到水循环的配件；建筑管道直饮水系统应满足净化水设备产水率不得低于原水的70%，浓水应回收利用。

2. 循环水系统节水技术

循环水系统节水技术的主要目的是保持系统的稳定，提高水循环率：建筑空调系统的循环冷却水的水质稳定处理应结合水质情况，合理选择处理方法及设备，并应保证冷却水循环率不低于98%；冷却塔补充水总管上应设阀门及计量等装置；多台冷却塔同时使用时宜设置集水盘连通管等水量平衡设施；集水池、集水盘或补水池宜设溢流信号，并将信号送入机房；洗车场宜采用无水洗车、微水洗车技术，微水洗车是指在水里加入洗车水蜡，先把车身打湿，然后用毛巾、海绵等擦洗的一种洗车方式，无水洗车与微水洗车的原理相同，区别在于将水直接换成洗车液。

3. 绿化浇洒系统节水技术

绿化浇洒应采用喷灌、微灌等高效节水灌溉方式。根据绿化区域的浇洒管理形式、地形地貌、当地气象条件、水源条件、绿地面积大小、土壤渗透率、植物类型和水压等因素，选择不同类型的浇洒系统。宜采用土壤湿度传感器、雨天自动关闭装置等节水控制措施。

(1) 喷灌。喷灌是利用管道将有压水送到灌溉地段，并通过喷头分散成细小水滴，均匀地喷洒到绿地、树木灌溉的方法。

(2) 微喷灌。微喷灌是微水灌溉的简称，是将水和营养物质以较小的流量输送到草坪、树木根部附近的土壤表面或土层中的灌溉方法。人员活动频繁的绿地，宜采用以微喷灌为主的浇洒方式。

(3) 地下渗灌。地下渗灌是一种地下微灌形式，在低压条件下，通过埋于草坪、树木根系活动层的灌水器（微孔渗灌管），根据作物的生长需水量定时定量地向土壤中渗水供给的灌溉方法。土壤易板结的绿地，不宜采用地下渗灌的浇洒方式。

(4) 滴灌。通过管道系统和滴头（灌水器），把水和溶于水中的养分，以较小的流量均匀地输送到植物根部附近的土壤表面或土层中的一种灌水方法。乔、灌木和花卉宜采用以滴灌、微喷灌等为主的浇洒方式。

2.2.2 非传统水源利用技术

非传统水源是指不同于传统地表水供水和地下水供水的水源，包括再生水、雨水、海水等，非传统水源利用技术包括雨水入渗收集技术、雨水收集回用技术、中水利用技术。非传统水源处理后，可作为景观、绿化、汽车冲洗、路面地面冲洗、冲厕、消防、工艺冲洗、冷却系统补水等非与人身接触的生活及工业用水。

建筑与小区应采取雨水入渗收集、收集回用等雨水利用技术，视情况应用中水利用技术。中水工程需要额外敷设中水水源收集系统、过滤系统、供给系统，初期投资较高，水源水质的复杂性也给收集和过滤增加了挑战。中水利用技术的应用短期内往往不会带来明显的经济效益，但在水资源紧缺的当下已成为水资源高效利用的一大趋势。

1. 雨水入渗收集技术

绿色建筑雨水入渗收集技术的措施种类很多，主要可以分为分散渗透和集中渗透两大类。具体主要包括如下几种。

（1）渗透地面。渗透地面分为天然渗透地面和人工渗透地面两大类。天然渗透地面以绿地为主，人工渗透地面是人为铺装的透水性地面，如多孔嵌草砖、碎石地面、多孔混凝土或多孔沥青路面等。

（2）渗透管沟。渗透管沟由无砂混凝土或穿孔管等透水材料制成，多设于地下，周围填砾石，兼有渗透和排放两种功能。渗透管的主要优点是占地面积少，管材周围填充砾石等多孔材料，有较好的调蓄能力。其缺点：发生堵塞或渗透能力下降时，难于清洗恢复；而且因为不能利用表层土壤的净化功能，雨水水质没有保障，所以必须经过适当预处理，使其不含悬浮固体。因此，在用地紧张、表层土壤渗透性能差而下层有良好透水层等条件下比较适用。

（3）渗水池。渗水池将集中径流转移到有植被的池子中，而不是构筑排水沟或管道。其主要优点：渗透面积大，能提供较大的渗水和储水容量；净化能力强，对水质预处理要求低；管理方便，具有渗透、调节、净化、改善景观等多重功能。其缺点：占地面积大，在如今地价上涨的情况下，其应用受到限制；设计管理不当会造成水质恶化，渗透能力下降，给开发商带来负面影响；如果在干燥缺水地区，蒸发损失大，还要做水量平衡。这种渗透技术在有足够可利用地面的情况下比较适合，如在绿色生态住宅小区中应用可以起到改善生态环境、提供水景、节水和水资源利用等多重效益。

2. 雨水收集回用技术

雨水收集回用系统主要包括雨水收集口、收集管道、过滤系统、供给管道、用水设施。普通雨水收集回用系统宜用于年降雨量大于 400mm 的地区，常年降雨量超过 800mm 的城市应优先采用屋面雨水收集回用方式。

（1）屋面雨水收集回用。屋面雨水收集回用系统可以设置成单体建筑分散式系统，也可以设置为建筑群或小区集中式系统。收集回用系统由雨水汇集区、输水管系、截污装置、储存净化系统和配水系统等几部分组成。典型的雨水收集回用的工艺流程如图 2-5 所示。

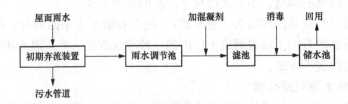

图 2-5　雨水收集回用的工艺流程

（2）屋面花园收集回用。屋面花园收集回用系统可用于平屋顶和坡屋顶，既可作为一种单独系统，也可作为雨水集蓄利用的一种预处理措施。绿化屋顶各构造层次自上而下一般可分为 7 层：植被层、隔离过滤层、排水层、耐根系穿刺防水层、卷材或涂膜防水层、找平层和找坡层。除了可以收集雨水，该系统还有诸多其他功能，如：夏天防晒，改善屋顶隔热性能；冬天保温，减少热量散失；种植层的覆盖还可以延长防水层的使用寿命；降低屋面雨水径流系数；处理得当还可以作为一个休闲场所。另外，采用此系统作为屋面雨水收集回用系统的预处理系统，还可以节省初期雨水弃流设备，增加雨水的可利用量。

3. 中水利用技术

中水是指水在利用之后通过一定的处理达到规定的水质标准，在非与人身接触方面能够继续使用的水资源。中水水源主要是盥洗、沐浴、果蔬清洗、冷却系统等生活排水及工业生产废水。水源型缺水且无城市再生水供应的地区，新建和扩建的建筑宜设置中水处理设施。当建筑污、废水没有市政污水管网接纳时，应进行处理并宜再生回用。与人身接触的景观娱乐用水不宜使用中水。

中水利用的技术核心是中水处理技术，常见的中水处理技术包括以下几种。

(1) 活性炭吸附技术。活性炭以其极大的比表面积而对微量污染物有良好的吸附作用，可去除水中臭味、重金属、溶解性有机物、放射性元素及消毒副产物等。但该技术对进水水质要求较高，且活性炭在吸附一段时间后达到饱和，需进行清洗后才可重复利用。因此，该技术一般只作为微污染污水的预处理工艺或污水二级处理后的深度处理工艺使用。

(2) 生物处理技术。生物处理技术是指人为创造微生物环境分解水中有机污染物的一种中水处理技术。现在多采用生物处理法与其他技术联用的方式，主要包括好氧生物法、厌氧生物法及氧化沟、氧化塘等工艺。适用于有机物相对含量较高的杂排水和集约化程度较高的中水回用工程，具有耐受击负荷、出水水质高、运行成本低、运行较为稳定、剩余污泥量少、操作维护简单等优点。但因微生物生长对 pH 值、温度等的要求较高，应用该工艺时需注意将进水控制在微生物群落能够接受的环境条件下。

(3) 膜分离技术。常见的膜分离技术有纳滤、超滤、微滤、反渗透和电渗析等。该技术具有设备简单、能耗较低、无需添加任何药剂、去除效率高、无二次污染等优势，被视为 21 世纪最具应用前景的水处理技术之一。但膜的生产技术要求较高、易被污染、不易清理，故工艺建设使用成本较高。

(4) 膜生物反应器。膜生物反应器 (Membrane Bio-Reactor, MBR) 是将膜处理单元与生物处理单元相结合的膜处理工艺。它不仅可以利用膜自身的选择透过性将大分子物质过滤，而且可以利用依附在膜上的菌群使水中的小分子物质得以分解。MBR 处理工艺兼具膜分离技术和生物处理技术的优点，集膜分离、生物反应、好氧过程、曝气于一体，具有体积紧凑、结构合理、节省占地面积、运行管理简便、出水水质较高、受水力负荷变动影响小、可实现自动化控制等优势，在景区、公园、小区及工业园区的中水回用项目中得到了广泛的应用。

2.2.3　节水器具、设备、计量仪表的选用和安装

节水器具、设备、计量仪表的选用和安装包括节水型卫生器具、淋浴器、节水设备的选用，以及计量仪表的安装。

1. 节水型卫生器具、淋浴器的选用

使用节水型卫生器具、淋浴器等用水器具，条件允许时使用较高用水效率等级的卫生器具。坐式大便器宜采用设有大、小便分档的冲洗水箱，居住建筑中不得使用一次冲洗水量大于 6L 的坐便器，小便器、蹲式大便器应配套采用延时自闭式冲洗阀、感应式冲洗阀、脚踏冲洗阀。公共场所的卫生间洗手盆应采用感应式或延时自闭式节水水嘴。感应式或延时自闭式阀门在出水一定时间后自动关闭，避免长流水现象。洗脸盆等卫生器具应采用陶瓷片等密

封性能良好耐用的节水水嘴,水嘴、淋浴喷头内部宜设置限流配件。采用双管供水的公共浴室宜采用带恒温控制与温度显示功能的冷热水混合淋浴器。

2. 节水设备的选用

市政条件许可的地区,宜采用叠压供水设备,利用室外给水管网余压直接抽水再增压给高层供水,避免水压力浪费。水加热设备应根据使用特点,结合耗热量、热源、维护管理及卫生防菌等因素,选用容积利用率高、换热效果好、节能、节水的设备。水加热器的热媒入口管上应装自动温控装置,自动温控装置应能根据壳内水温的变化,通过水温传感器可靠灵活地调节或启闭热媒的流量。中水、雨水、循环水及给水深度处理的水处理工艺宜采用自用水量较少的处理设备。洗衣房、厨房应选用高效、节水的设备。

3. 计量仪表的安装

按用途、付费或者管理单元,分别设置用水计量装置。用水点处水压大于0.2MPa的配水支管应设置减压设施,并应满足给水配件最低工作压力的要求。学校、学生公寓、集体宿舍公共浴室等集中用水部位宜采用智能流量控制装置。

2.3   绿色建筑室内环境控制技术

美国职业安全与卫生研究所(National Institute for Occupational Safety and Health, NIOSH)的研究显示,导致人员对空气质量不满意的主要因素见表 2-2。

表 2-2   美国职业安全与卫生研究所调查结果

因素	比例(%)	因素	比例(%)
通风空调系统	48.3	建筑材料	3.4
室内污染物(吸烟产生的除外)	17.7	过敏性(肺炎)	3
室外污染物	10.3	吸烟	2
不良温度控制	4.4	不明原因	10.9

因此,要改善建筑空气环境,关键是完善通风空调系统和消除室内外空气污染物。从影响空气质量的主要因素出发,提出改善空气环境的具体技术手段如下。

2.3.1   污染源控制

消除或减少室内污染源是改善室内空气质量、提高舒适性的最经济最有效的途径。从理论上讲,用无污染或低污染的材料取代高污染材料、避免或减少室内空气污染物产生的设计和维护方案,是最理想的室内空气污染控制方法。对已经存在的室内空气污染源,应在摸清污染源特性及其对室内环境影响方式的基础上,采用撤出室内、封闭或隔离等措施,防止污染物的散发。对建筑物污染源的控制,会受到投资、工程进度、技术水平等多方面因素的限制,要注重建筑材料的选用,使用环保型建筑材料,并使有害物充分挥发后再使用,同时应根据相关数据确定被检查材料、产品、家具是否可以直接使用,或仅在特定的场合下使用。

另外,室内空气异味是"可感受的室内空气质量"。因此,要控制异味的来源,减少室内低浓度污染源、吸烟和室内燃烧过程,以及各种刺激性日化用品(消毒剂、杀虫剂等)的使用。在异味污染源比较集中的区域(卫生间、吸烟室等),采用局部排风或过滤吸附的方法,防止异味的扩散。

2.3.2 通风系统改进

新风量与室内空气质量之间有密切联系，新风量是否充足对室内空气质量影响很大。提高入室新风量的目的是将室外新鲜空气送入室内，稀释室内有害物质，并将室内污染物排到室外。流感期间，十分强调开窗通风，实质上就是用这个办法改善室内空气质量。但需注意的是室外空气也可能是室内污染物的重要来源。由于大气污染日趋严重，室外大气的尘、菌、有害气体等污染物的浓度并不低于室内，盲目引入新风量，可能带来新的污染。所以，采用新风的前提条件为室外空气质量好于室内空气质量。

通过通风系统，向室内引入新鲜空气，除了能够稀释室内的污染源，还能够将污染空气带出室外。首先要选择合理的新风系统，有效合理地利用各级空气过滤装置，防止处理设备在热湿情况下的交叉污染；其次要将新风直接引入室内，在通风装置的出风口处加装杀菌装置，从而能够降低新风年龄，在室内的新风年龄越小，其污染路径越短，室内的新风品质越好，对人体健康越有利。此外，还可以采用空气监测系统，在人员比较密集的空间，安装 CO_2 及 VOC（Volatile Organic Compounds，挥发性有机化合物）等传感装置，实时监测室内空气质量。当空气质量达不到设定标准时，触动报警开关，从而接通入风口开关，增大进风量。在油烟较多的环境中，加装排油通风管道。其他的优化措施包括在通风装置的出风口处加装杀菌装置，并对回收气体合理化处理再利用。同样，空调技术也会对室内空气造成污染，采用新型空调技术，可以提高工作区的新风品质。

2.3.3 地面送风

地面送风与传统的混合送风方式相比较，基于空气的推移代原理，将空气从房间地板送入，依靠热空气较轻的原理，使新鲜空气受到较小的扰动经过工作区，带走室内比较污浊的空气和余热等。上升的空气从室内的上部通过回风口排出。此时，室内空气温度成分层分布，使污染呈竖向梯度分布，能够保持工作区的洁净和热舒适性。但是目前置换通风也存在着一定的问题。人体周围温度较高，气流上升将下部的空气带入呼吸区，同时将污染导入工作层，降低了空气的清新度。采用地板送风的方式，当送风空气较低且风速较大时，容易引起人体的局部不适。通过采用 CFD（Computational Fluid Dynamics，计算流体动力学）技术，建立合适的数学物理模型，研究通风口的设置与风速大小对人体舒适度的影响，能够有效地节约成本、提高舒适度。同时，还可以通过数值模拟的方法，计算室内的空气龄，进而判断室内空气的新鲜程度，从而优化设计方案，合理营造室内气流组织。

2.3.4 空气净化

使用空气净化技术，是改善室内空气质量，创造健康舒适办公和住宅环境十分有效的方法，在冬季供暖、夏季使用空调期间效果更为显著，与增加新风量相比，此方法更为节能。

1. 吸附净化方法

吸附是利用多孔性固体吸附剂处理气体混合物，使其中所含的一种或数种组分吸附于固体表面，从而达到分离的目的。此方法的优点是吸附剂的选择性高，它能分开其他方法难以分开的混合物，有效地清除浓度很低的有害物质，净化效率高，设备简单，操作方便。所以此方法特别适用于室内空气中的 VOC、NH_3、H_2S、SO_2、NO_x 和氧气等气态污染物的净化。常用吸附剂包括粒状活性炭和活性炭纤维。

2. 非平衡等离子体净化方法

等离子体是由电子、离子、自由基和中性粒子组成的导电性流体，整体保持电中性。非平衡等离子体就是电子温度高达数万度的等离子。将非平衡等离子体应用于空气净化，不但可分解气态污染物，还可从气流中分离出微粒，整个净化过程涉及预荷电集尘、催化净化和负离子发生等作用。从理论上说，它在空气净化方面有着其他方法无法比拟的优点，其应用前景非常乐观。

3. 绿化种植技术

在室内外种植一定的绿化植物，利用植物的生物特性达到清洁空气、美化环境的作用。在绿化植物的选择上，应该选择适应当地气候条件的树木花草进行生态化种植，禁止移植古树名木。采用先进的种植技术和防病虫害技术，提高植物的成活率。

2.4　绿色建筑声、光环境保障技术

2.4.1　声环境保障

对交通、设备、施工、商业和生活产生的噪声，必须采取防噪、消声等成套技术，有效地进行综合治理，防止影响居民正常生活。在关窗状态下，起居室、卧室、书房噪声：昼间≤45dB（A），夜间≤35dB（A）。楼板和分户墙的空气声计权隔声量≥45dB，其中计权隔声量指通过计权网络测得的隔声量，通过一标准曲线与构件的隔声频率特性曲线进行比较确定。楼板计权标准化撞击声声压级≤70dB。户门的空气声计权隔声量≥30dB；外窗的空气声计权隔声量≥25B，沿街时≥30dB。

常用的措施包括：提高门窗的隔声性能，采用双层窗或中空玻璃窗等；分户墙宜采用隔声效果好的复合结构填充墙；楼板宜采用浮筑式楼板；户式中央空调主机安装，必须进行隔声降噪处理；选用节水消声型洁具；采用内表面光滑的给水管道材料，管道布置应合理，减少流水噪声；在供水支管上安装橡胶隔震过滤器等减震装置，减少水锤作用；选用带有内螺纹导流结构、隔声效果好的新型排水管道管材；选用低噪声水泵机组；在水泵进出水管上安装减震装置，减少设备运行噪声。

2.4.2　自然光利用

充分利用自然光是绿色照明的一个重要理念，现在全球每年要消费 2 万亿 kW·h 的电力用于人工照明，生产这些电力要排放十几亿吨的 CO_2 和一千多万吨的 SO_2，消耗大量能源的同时给自然环境带来很大压力。而且，人工照明产生的热效应又使空调的负担加大。因此，若能尽量采用自然光照明，可以取得明显的节能效果。

充分利用自然光，应从被动地利用自然光向积极地利用自然光发展。例如，在采暖与采光的综合平衡条件下，考虑技术和经济的可行性，尽量利用开侧窗或顶部天窗采光或者中庭采光，在白天尽可能多的时间利用天然采光。在一些情况下也可以利用各种导光采光设备实现天然光照明，如反射镜方式、光导纤维方式、光导管方式等。

自然光的应用有时要受到各种自然条件，以及建筑功能、形式和热效能等因素的制约，因此，在自然光不能满足要求时，仍需要进行人工照明。下面介绍人工照明的技术方法。

2.4.3　人工照明应用

1. 高光效光源的应用

人工灯具光源种类很多，有不少高效光源应予推广。这些高效光源各有其特点和优点，各有其适用场所，在设计中应该因具体条件选择适用的灯具。各种电光源的光效、显色指数、色温和平均寿命等技术指标见表 2-3。

表 2-3　　　　　　　　　　　　各种电光源的技术指标

光源种类	光效（lm/W）	显色指数（Ra）	色温（K）	平均寿命（h）
白炽灯	15	100	2800	1000
卤钨灯	25	100	3000	2000～5000
普通荧光灯	70	70	全系列	10 000
三基色荧光灯	93	80～98	全系列	12 000
紧凑型荧光灯	60	85	全系列	8000
高压汞灯	50	45	3300～4300	6000
金属卤化物灯	75～95	65～92	3000/4500/5600	6000～20 000
高压钠灯	100～200	23/60/85	1950/2200/2500	24 000
低压钠灯	200		1750	28 000
高频无极灯	55～70	85	3000～4000	40 000～80 000
发光二极管（LED）	70～100	全彩	全系列	20 000～30 000

由表 2-3 可知，低压钠灯的光效排第一位，但国内生产较少，由于光谱分布过窄，显色性极差，主要用于道路照明；排第二位的是高压钠灯，主要用于室外照明；排第三位的是金属卤化物灯，室内外均可应用，一般低功率用于室内层高不太高的房间，而大功率应用于体育场馆，以及建筑夜景照明等；排第四位的是荧光灯，在荧光灯中尤以三基色荧光灯的光效最高，高压汞灯的光效较低，而卤钨灯和白炽灯的光效就更低。

在不同场所进行照明设计时应选择适当的光源，其具体措施可总结如下。

（1）尽量减少白炽灯的使用量。白炽灯因其安装和使用方便，价格低廉，目前在国际上及我国其生产量和使用量仍占照明光源的首位，但因其光效低、能耗大、寿命短，应尽量减少其使用量。在一些场所应禁止使用白炽灯，无特殊需要不应采用 100W 以上的大功率白炽灯。如需采用，宜采用光效稍高的双螺旋灯丝白炽灯（光效提高 10%～15%）、充气白炽灯、涂反射层白炽灯或小功率的高效卤钨灯（光效比白炽灯提高 1 倍）。

（2）使用细管径 T8 荧光灯和紧凑型荧光灯。荧光灯的光效较高，寿命长，节约电能。目前应重点推广细管径（26mm）T8 荧光灯和各种形状的紧凑型荧光灯以代替粗管径（38mm）荧光灯和白炽灯，有条件时，可采用更节约电能的 T5（16mm）荧光灯。美国已于 1992 年禁止销售 40W 粗管径 T12（38mm）荧光灯。

（3）减少高压汞灯的使用量。因其光效较低，显色性差，不是很节能的电光源，特别是不应随意使用能耗大的自镇流高压汞灯。

（4）使用推广高光效、长寿命的高压钠灯和金属卤化物灯。钠灯的光效可达 120lm/W 以上，寿命达 12 000h 以上；而金属卤化物灯的光效可达 90lm/W，寿命达 10 000h，特别适用于工业厂房照明、道路照明及大型公共建筑照明。

在绿色建筑实际应用中，应根据使用场所、建筑性质、视觉要求、照明的数量和质量要求来选择光源，主要考虑光源的光效、光色、寿命、启动性能，以及工作的可靠性、稳定性及价格因素等。各种电光源的使用场所及举例见表2-4。

表 2-4　　　　　　　　　　　　各种电光源的使用场所及举例

光源名称	适用场所	举例
白炽灯	(1) 照明开关频繁，要求瞬时启动或要避免频闪效应的场所； (2) 识别颜色要求较高或艺术需要的场所； (3) 局部照明、应急照明； (4) 需要调光的场所； (5) 需要防止电磁波干扰的场所	住宅、旅馆、饭馆、美术馆、博物馆、剧场、办公室、层高较低及照度要求也较低的厂房、仓库及小型建筑等
卤钨灯	(1) 照度要求较高，显色性要求较高，且无振动的场所； (2) 要求频闪效应小的场所； (3) 需要调光的场所	剧场、体育馆、展览馆、大礼堂、装配车间、精密机械加工车间等
荧光灯	(1) 悬挂高度较低（例如 6m 以下）要求照度较高者（如 100 lx 以上）的场所； (2) 识别颜色要求较高的场所； (3) 在无天然采光和天然采光不足而人们需长期停留的场所	住宅、旅馆、饭馆、商店、办公室、阅览室、学校、医院、层高较低但照度要求较高的厂房、理化计量室、精密产品装配、控制室等
荧光高压汞灯	(1) 照度要求较高，但对光色无特殊要求的场所； (2) 有振动的场所（自镇流式高压汞灯不适用）	大中型厂房、仓库、动力站房、露天堆场及作业场地、厂区道路或城市一般道路等
金属卤化物灯	高大厂房，要求照度较高且光色较好的场所	大型精密产品总装车间、体育馆或体育场等
高压钠灯	(1) 高大厂房，照度要求较高但对光色无特别要求的场所； (2) 有震动的场所； (3) 多烟尘场所	铸钢车间、铸铁车间、冶金车间、机加工车间、露天工作场地、厂区或城市主要道路、广场或港口等
发光二极管（LED）	(1) 需要颜色变化的场所； (2) 需要调光的场所； (3) 需要局部照明的场所； (4) 需要低压照明的场所	旅馆、特种专卖店、夜景、博物馆、商场等

2. 高效灯具的使用

选择合理的灯具配光可使光的利用率提高，达到最大节能的效果。灯具的配光应符合照明场所的功能和房间体形的要求。例如，在学校和办公室宜采用宽配光的灯具；在高大（高度 6m 以上）的工业厂房采用窄配光的深照型灯具；在不高的房间采用广照型或余弦型配光灯具。房间的体形特征用室空间比（Room Cabin Rate，RCR）来表示，根据 RCR 选择灯具配光形式可由表 2-5 确定。

表 2-5　　　　　　　　　　　　RCR 与灯具配光形式的选择

RCR	L/H	选择的灯具配光
1～3（宽而矮的房间）	1.5～2.5	宽配光
3～6（中等宽和高的房间）	0.8～1.5	中配光
6～10（窄而高的房间）	0.5～1.0	窄配光

注　L/H 表示灯具的最大循序距高比。

3. 进行合理的灯具布置

在房间中进行灯具布置时可以分为均匀布置和非均匀布置。灯具在房间均匀布置时，一般采用正方形、矩形、菱形的布置形式。其布置是否达到规定的均匀度，取决于灯具的间距 L 和灯具的悬挂高度 H（灯具至工作面的垂直距离），即 L/H。L/H 值愈小，则照度均匀度愈好，但用灯多、用电多、投资大、不经济；L/H 值大，则不能保证照度均匀度。各类灯具的距高比见表 2-6，供设计时参考使用。

表 2-6 各类灯具的一般距高比

距高比	灯具类型	数值
L/H	窄配光	0.5 左右
	中配光	0.7～1.0
	宽配光	1.0～1.5
L/H_c	半间接型	2.0～3.0
	间接型	3.0～5.0

注　H_c 为灯具距天花板的距离。

为使整个房间有较好的亮度分布，还应注意灯具与顶棚的距离，以及灯具与墙的距离。当采用均匀漫射配光的灯具时，灯具与顶棚的距离和顶棚与工作面的距离之比宜在 0.2～0.5。当靠墙处有工作面时，靠墙的灯具距墙不大于 0.75m；靠墙无工作面时，则灯具距墙的距离为 0.4～0.6L。在高大的厂房内，为节能并提高垂直照度也可采用顶灯与壁灯相结合的布灯方式，但不应只设壁灯而不装顶灯，以避免空间亮度明暗不均，不利于视觉适应。对于大型公共建筑，如大厅、商店，有时也不采用单一的均匀布灯方式，以形成活泼多样的照明同时也可节约电能。

4. 用节能镇流器

普通电感镇流器价格低、寿命长，但具有自身功耗大、系统功率因数低、启动电流大、温度高、在市电电源下有频闪效应等缺点。普通电感镇流器的功耗大于节能型电感镇流器和电子镇流器。不同镇流器的性能价格比较如表 2-7 所示。

表 2-7 国产 40W 荧光灯用镇流器对比表

比较对象	普通电感镇流器	节能型电感镇流器	电子镇流器
自身功率（W）	8～9（10%～15%）	<5（5%～10%）	3～5（5%～10%）
交效比	1	1	1.15（1）
价格比	1	1.4～1.7	3～7（2～5）
重量比	1	1.5 左右	0.3 左右
寿命（年）	10	10	5～10
可靠性	较好	好	差
电磁干扰或无线电干扰	几乎不存在	几乎不存在	存在
抗瞬变电涌能力	好	好	差
灯光闪烁度	差	差	好
系统功率因数	0.5～0.6	0.5～0.6（不补偿）	0.9 以上

由表 2-7 可知，节能型电感镇流器和电子镇流器的自身功耗均比普通电感镇流器小，价格上普通电感镇流器比节能型电感镇流器和电子镇流器均便宜。节能型电感镇流器有很大的优越性，虽然其价格稍高，但寿命长和可靠性好，适合目前中国的经济技术水平。但是目前节能型电感镇流器的产量不大，应用不多，现今应大力推广节能型电感镇流器，同时有条件的也可采用更节能的电子镇流器。

2.5　热湿环境及其保障技术

人体的热舒适度取决于室内环境，即室内温度、相对湿度及气流流动速度。人体向周围环境的散热方式主要是通过传导、辐射、对流和蒸发，如果人体放出的热量大于其新陈代谢所产生的热量，人体就会感觉到冷。相反，人体就会感觉到热。室内空气的温度、湿度，以及空气流动速度对于人体出汗、蒸发散热的影响很大，这些因素共同决定了在某一特定环境下人体的热舒适度。

研究表明，人体的最佳热舒适度范围为：冬季温度为 18～25℃，相对湿度为 30%～80%；夏季温度为 23～28℃，相对湿度为 30%～60%，同时要求室内气流流动速度为 0.1～0.7m/s。目前大部分住宅建筑中装有空调设施，其最佳舒适度范围为：温度为 19～24℃，相对湿度为 40%～50%。考虑到温度对人体脑力劳动的影响，热舒适度的最佳范围为：温度为 18℃左右，相对湿度为 40%～90%。在上述范围内，人体通常能够保持良好的精神状态，工作效率较高。改善建筑室内热舒适度的手段，有两大类：一类通过建筑设备人为地、主动地进行干预，这一类是主动式改善手段；另一类通过建筑围护结构的热惰性，通过更好地利用自然和建筑本身改善热湿环境，这一类可以称为被动式改善手段。本节主要讨论被动式改善手段。

2.5.1　绝热能力

避免短板效应以加强绝热能力。美国管理学家彼得提出一个理论——水桶效应（短板效应）：决定水桶盛水的高度是水桶中最短板的部位，而不是最长的板。对于建筑的隔热性能而言，这个理论同样成立，整个外围护结构就是一个水桶，建筑外围护结构的绝热能力由绝热性能最差的部位决定。窗户中的玻璃是建筑的热工最薄弱的部位，建筑设计当中应该对窗户的玻璃进行特别的设计，在改造中玻璃也应该是大力改造的部位，还要避免各种设计不合理造成的建筑冷桥。

2.5.2　得热能力

通过温室效应来加强得热能力。玻璃是一种只能通过较短波长太阳辐射的透明材料。太阳光在通过玻璃的时候，波长较短的辐射进入室内，被辐射加热后的蓄热体发散的长波却不能通过玻璃而用来加热室内空气，这就是温室效应。温室效应是一种典型的被动式太阳能得热方式，在寒冷地区冬季应该被合理应用。

被动式太阳能建筑就是不用或少用机械动力，利用南向的采光窗，并尽可能使用大面积开窗，并使用光线透光性好的玻璃，能控制太阳能在日间进入及储存，以备在夜间、阴天等没有日照条件的情况下使用。建筑被动式太阳能设计的工作方式主要有两种：直接得热和间接得热。直接得热主要通过把建筑空间内接收的太阳辐射热储入建筑物体内，然后分不同时间逐步释放出其热量，在晚上或者阴天的室内温度不至于过低；间接得热是通过加热各种热媒来接收和储存太阳能，再通过热媒来加热室内空气或者室内各种蓄热体的方式。综合来说，直接得热最为有效也最为经济，是值得大力推广的；而间接得热造价较高，需要消耗一定的能源，属于主动式或混合式利用太阳能。

2.5.3 时间滞后效应

通过蓄热设计强化时间滞后效应。室内温度的控制在很大程度上取决于隔热材料和蓄热材料的配置，合理地设置蓄热材料将会产生室内气温的变化规律滞后于室外的气温变化的现象，这就是时间滞后现象。对夜间有使用需要的建筑，利用太阳能采暖的情况，在房间设置有一定蓄热能力的材料。良好的蓄热体不仅可以将白天多余的太阳能吸收并储存起来，以避免白天室内气温太高，而且可以在夜间将白天储存的太阳能释放出来，以避免夜间室内气温太低。

2.5.4 气候缓冲区

设置气候缓冲区来控制热湿环境。对于我国的北方地区，作为冬季室内的相对高温区域和室外的相对低温区域，通常有很大的热压差，冷热空气被外围护结构分割开，室内空气和室外空气在门窗洞口的部位会有交界面，这里的空气对流十分强烈，而这种强烈的对流不仅会降低该部位的空气温度并带走大量热量，而且强烈的气流也会给人以不舒服的感觉，给室内的热舒适度带来冲击。常见的气候缓冲区有防寒门斗、封闭阳台、北侧的辅助房间等。

2.5.5 烟囱效应

利用烟囱效应进行室内空气对流的控制和换气。温度和高度不同会造成空气压力差，从而形成室内气流的运动，这种效应叫作烟囱效应。烟囱效应是建筑室内空气流动的主要模式，也是空气流动的主要原理。在被动式设计当中，作为促进建筑室内空气流动，改善热湿环境的主要模式，烟囱效应不仅对建筑热湿环境有改善，对于设计一种健康而又洁净的室内空间也有重要的意义。

2.6 绿色建筑技术的集成

自 20 世纪 70 年代出现世界性能源危机以来，建筑业在节能技术的开发应用，以及提高设备的运行效率等方面，取得了很大成绩。各种节能、节水、节电设备，智能化控制设备和技术日趋成熟，各种环保设备和措施大量使用，太阳能、风能、地热能等绿色能源利用技术快速发展。绿色建筑技术集成体系是反映绿色建筑发展的综合性指标，目前许多欧美发达国家已在绿色建筑设计、自然通风、建筑节能与可再生能源利用、绿色环保建材、室内环境控制改善技术、资源回用技术、绿化配置技术等单项生态关键技术研究方面取得了大量成果，并在此基础上，发展了较完整的适合当地特点的绿色建筑集成技术体系。

根据我国《绿色建筑评价标准》等标准规范对绿色建筑的技术性要求，将建筑中可能采用的绿色技术分为 11 项子系统：室内热环境控制系统、室外热环境控制系统、光环境控制系统、绿色环保材料与技术、节水技术、节材技术、节能技术、节地技术、可再生能源利用、供水系统、智能化控制系统。各子系统可分别采用不同技术实现不同的功能，组成系统框架见表 2-8。

表 2-8　　　　　　　　　　　　　绿色建筑技术集成体系

体系分类	功能分类	相关技术
室内热环境控制系统	外墙保温隔热系统	多价式外墙保温、隔热通风系统
		EPS 板、XPS 板外墙外保温系统
		聚氨酯外墙保温系统
		带空气间层保温隔热系统
		带铝箔保温隔热系统
		带循环水储热外墙系统
	高气密性、低传热系数门窗控制系统	断桥铝合金门窗系统
		双层夹胶中空玻璃
		高档五金配件
		框架式幕墙系统
		呼吸式幕墙系统
	高性能屋顶保温隔热系统	倒置式屋面保温隔热系统
		种植式屋面系统
		蓄水式屋面系统
		通风屋面系统
	室内温度控制系统	分体式空调系统
		户式 VRV 中央空调系统
		小型中央冷热源＋FCU＋PAU
		小型中央冷热源＋FCU＋PAU
	太阳辐射控制系统	外墙屋顶遮阳系统
		门窗外置、内置遮阳系统
		双层中空玻璃内置遮阳系统
		呼吸式幕墙内置遮阳系统
		外墙、屋顶太阳辐射吸收系数控制
		外墙门窗 LOW-E 玻璃
室内光环境控制系统	智能照明控制系统	声控照明系统
		红外线照明系统
		室内情景照明系统
		住宅家庭影院情景照明系统
		室内照度自动补偿照明系统
	天然采光控制系统	侧窗采光百叶板系统
		采光井（采光塔）系统
		光导管、光导纤维天然采光系统
室外热环境控制系统	室外太阳辐射控制系统	室外公共区域地面铺装色彩控制
		室外公共活动区域遮阳设计
		室外建筑立面色彩规划
	室外热环境控制系统	室外公共活动场地渗水地面铺装
		室外沥青渗水路面系统
	室外风环境控制系统	室外夏季、冬季局地风环境控制
		室外公共活动区域冬季防风设施规划

续表

体系分类	功能分类	相关技术
绿色环保材料与技术	使用地方性建筑材料、设备与技术	使用当地生产的三大建筑材料
		使用当地出产的石材等天然装饰材料
		使用当地生产的防水、防火建筑功能材料
		使用当地生产的建筑设备
	使用绿色环保材料	使用经济林出产的木材和加工的制品
		使用无化学添加剂的环保建材
		使用无污染绿色建材
		使用无放射性的建材
节水技术	采用节水型器具和设备	节水型卫生间器具
		节水型家电设备
	采用喷灌、微灌等高效节水灌溉方式	大型公共绿化采用喷灌方式灌溉
		小型绿化和缺水地区采用微灌方式灌溉
	合理规划地表与屋面雨水径流途径	屋面雨水直接就近收集
		雨水管道流经地表化
	采用雨水回收与回渗技术	设置集中雨水回收利用系统
		硬质地面采用渗水型材料
	再生水处理及回用系统	集中设置再生水处理及回用系统
		分散设置再生水处理及回用系统
	结构体系优化设计	选择合理的结构形式
		建筑平面的结构合理性优化
		对结构体系进行可能的功能性改造
节材技术	采用高性能混凝土	使用高标号混凝土
		使用高强度钢材
		使用高结构性能的特殊型材
	使用可再循环材料	使用可循环、可再生建筑材料
		使用二次回收、加工方便、能耗低材料
	采用新型墙体材料	使用功能复合型墙体材料
		使用环保、节材墙体材料
		使用轻质、高强度建筑材料
	采用节约材料的新工艺、新技术	采用节省时的施工工艺
		采用性能优越的新技术产品、新设备
	采用便于更新的设计	不同使用寿命的材料可更新设计
		方便更新的设备、管道系统设计
节能技术	高效节能设备与运行控制系统	高效节能型的供电设备系统
		高效节能型的给排水设备系统
		高效节能型的中央、挂式空调设备系统
		区域热电厂——热电联产系统
	带热回收装置的送、给排风系统	分户式热回收装置
		楼宇式热回收装置
	节能型灯具与照明控制系统	室内外照明采用节能型灯具
		照明节能自动控制系统

续表

体系分类	功能分类	相关技术
可再生能源利用	被动式太阳能系统	被动式太阳能房—体化设计
		冬季阳光房设计
		太阳能中庭设计
		天然采光与日光照明系统
		太阳能热压通风系统
	太阳能光热系统	分户式太阳能热水系统
		楼宇式太阳能热水系统
		太阳能光热—体化系统
		太阳能"空调、热水"—体化系统
	水源热泵系统	楼宇式太阳能光电系统
		太阳能光电—体化系统
		太阳能庭院灯、草坪灯
	风能利用系统	被动式风能利用系统
		小型风力发电系统
	地源、水源、空气源热泵系统	深层、中层、浅层地源热泵系统
		区域地源、水源、空气源热泵系统
		楼宇式地源、水源、空气源热泵系统
		户式地源、水源、空气源热泵系统
		地表水源、地下水源热泵系统
供水系统	恒压供水系统	龙头恒压供水系统
		户式恒压供水系统
		楼宇恒压供水系统
	中央生活热水系统	户式锅炉生活热水系统
		楼宇式中央生活热水系统
		热电联供生活热水系统
		24h热水循环供给系统
智能化控制系统	建筑设备监控系统	给排水设备自动监控系统
		供电设备自动监控系统
		中央空调设备自动监控系统
	家居智能化控制系统	智能灯光控制系统
		电动窗帘控制系统
		室内温度、湿度控制与显示系统
		空调、采暖、通风设备智能控制系统
		电器设备远程智能控制系统
		建筑物（家居）智能—体化模块控制系统
	物业智能管理系统	建筑物物业智能管理中心
		建筑物物业数字化管理控制平台
节地技术	土地的充分利用	提高地下空间、地下停车场利用率
		减少异型建筑，规范化，提高土地利用率
		对周围已有旧建筑改建利用

续表

体系分类	功能分类	相关技术
节地技术	合理规划	选址合理、规划得当
		生活区、工作区统筹划分
		适当提高部分建筑物容积率
		集成防火措施
		交通流线布置简洁
	原有水体、土壤的保护	建设过程对于水源保护
		保证场地安全
		清理现场污染物，提出防污染措施方案
		增加植被面积、提高碳汇量
		周围植被维护

注 EPS，即 Expanded Polystyrene（聚苯乙烯泡沫）；XPS，即 Extruded Polystyrene（挤塑聚苯乙烯泡沫塑料）；VRV，即 Variable Refrigerant Volume（变冷媒流量多联机）；FCU，即 Fan Coil Unit（风机装置盘管）；PAU，即 Primary Air Unit（预冷空调箱）。

2.7 绿色建筑技术应用案例

2.7.1 东方雨虹被动式超低能耗示范项目

为了深入落实"三城一区"的新发展理念要求，北京经济技术开发区结合区域内科技产业、工业建筑集中的特点，制定了《北京经济技术开发区绿色工业建筑集中示范区创建方案》，以推动绿色工业建筑规模化发展为目标，开展了一系列绿色工业建筑集中示范区的创建工作。

1. 项目概况

东方雨虹新材料装备研发总部基地 E 楼倒班宿舍（以下简称 E 楼）位于北京经济技术开发区Ⅲ-4 街区 C4M1 地块。园区地上共 7 栋单体建筑，其中 E 楼申请北京市超低能耗建筑示范项目。E 楼地上共 12 层，建筑面积为 12 173m²，房间的主要功能为倒班宿舍及其配套设施。E 楼建筑效果图如图 2-6 所示。

图 2-6　E 楼建筑效果图

东方雨虹 E 楼项目已通过北京市住房和城乡建设委员会组织的"北京市超低能耗示范工程项目"评审，该项目在设计阶段执行高标准设计，在施工阶段严把施工质量关，通过严谨的设计施工及运行管理，确保将 E 楼建成优秀的被动式超低能耗示范建筑。

E 楼室内环境参数满足被动式超低能耗建筑的要求，见表 2-9。

表 2-9　　　　　　　　　　　　　　E 楼室内环境参数指标

室内环境参数	冬季	夏季
温度（℃）	20	26
相对湿度（%）	30	60
新风量［m³/(h·人)］	30	
噪声 dB（A）	昼间≤40，夜间≤30	

E 楼被动式超低能耗建筑性能指标见表 2-10。

表 2-10　　　　　　　　　　　E 楼被动式超低能耗建筑性能指标

编号	指标名称	北京市超低能耗示范项目指标（商品住房 9～13 层）	设计值
1	室内设计温度（℃）	20～26	20～26
2	室内设计湿度	30%～60%	30%～60%
3	气密性低等级 N50	≤0.6	≤0.6
4	年供暖需求［kW·h/(m²·a)］	≤12	3.44
5	年供冷需求［kW·h/(m²·a)］	≤18	14.56
6	一次能耗［kW·h/(m²·a)］	≤40	33.31

2. 被动式超低能耗建筑主要技术措施

（1）建筑形体设计。

1）建筑形体。园区整体风格趋于简洁、秩序、理性。设计时充分考虑周边环境，采用分散式建筑布局，将"雨"意向进行抽象，融入空间与造型设计。E 楼外形采用被动式建筑的设计要素，体形系数仅为 0.17，建筑表面积的减少利于实现超低能耗指标。

2）自然采光、通风。为了充分利用自然采光和通风，设计时合理考虑建筑物朝向与建筑物间距，通过建筑体量的组合和不同尺度的院落植入，使建筑各个方向都能获得充足的日照和良好的采光。E 楼平面布局合理，且外窗及幕墙均可开启，营造适宜的微环境，有利于过渡季形成自然通风。

3）窗墙比控制。建筑方案设计严格控制窗墙比，各个立面窗墙比均满足北京现行 DB 11/891—2012《居住建筑节能设计标准》中的居住建筑节能的相关要求。

（2）建筑围护结构设计。

1）非透明围护结构。外墙、屋面、楼板等各个部位使用不同保温材料且均按照相关标准进行加强，以全面达到《被动式超低能耗绿色建筑技术导则（试行）（居住建筑）》（建科〔2015〕179 号）和《北京市超低能耗建筑示范项目技术要点》的要求。建筑围护结构主要做法如下：外墙采用导热系数为 0.040W/m²·K 的 270mm 厚岩棉板，外表面采用纤维水泥板或类似的装饰板。保温层连续，不出现结构性热桥，外保温系统的链接锚栓采取阻断热桥措施；屋面外保温材料采用 250mm 挤塑聚苯板，水平防火隔离带处保温材料改为岩棉板，宽度为 500mm。保温层下铺设隔汽层，保温层上铺设 4mm＋3mm 厚两层防水卷材；自室外地坪以上 300mm 伸入地下部分，采用挤塑聚苯板保温材料，保温内外侧由防水层包裹，并在地上与外墙交圈；非采暖地下室顶板的保温材料采用 180mm 厚岩棉保温板，保证地面或地下室上部楼板不出现内部结露现象。

2）透明围护结构。外窗、外门及玻璃幕墙均采用被动式门窗。外窗及幕墙玻璃类型为三玻两腔 5＋12A＋5＋12A＋5 双银 Low-E 中空玻璃，两层 Low-E 膜分别位于玻璃室内侧空腔的两壁，从而提高外窗的保温性能。E 楼外窗及玻璃幕墙的 SHGC（Solar Heat Gain Coefficient，太阳能得热系数）为 0.45，K 值为 $1.0W/(m^2 \cdot K)$，外门 K 值为 $1.0W/(m^2 \cdot K)$。外门窗产品的气密性等级为 8 级，水密性等级为 6 级，抗风压性能等级为 9 级。建筑 4 个外立面的窗户均采用电动可调节外遮阳，并且与楼宇控制系统联动。

3）无热桥设计。外墙及屋面采用双层保温错缝黏接方式，避免保温材料间出现通缝，保温层采用断桥锚栓固定。在外墙上使用断热桥的锚固件。管道穿外墙部位预留套管并预留足够的保温间隙。户内开关、插座接线盒等均置于内墙上，以免影响外墙保温性能。

（3）气密性措施。E 楼的气密性设计采用简洁的建筑造型和节点设计，减少或避免出现气密性难以处理的节点。选用气密性等级高的外门窗及玻璃幕墙。选择抹灰层、硬质的材料板（如密度板、石材）、气密性薄膜等构成气密层。选择适用的气密性材料做节点气密性处理，如紧实完整的混凝土、气密性薄膜、专用膨胀密封条、专用气密性处理涂料等材料。对门洞、窗洞、电气接线盒、管线贯穿处等易发生气密性问题的部位，进行节点设计。

3. 主动式能源系统应用

（1）冷热源系统。E 楼采用变冷媒流量多联机（Variable Refrigerant Flow，VRF）来满足建筑供冷供热需求。屋顶共设 12 台室外机，IPLV（Integrated Part Load Value，综合部分负荷性能系数）为 7，且采用 R410 环保制冷剂。

（2）高效热回收新风系统。E 楼采用高效热回收新风系统，热回收机组类型为全热回收，热回收效率大于 70%。新风机组分层设置在中间的休息厅，分别向两侧的宿舍进行送风，通过卫生间回风口回风，并与新风进行全热交换，并排入竖井统一排至室外。在寒冷季节室外温度较低时，机组内的电加热器对空气进行预加热。

（3）空气净化装置。新风机组采用高效率空气净化装置，内置 F8 袋式送风过滤器和 G4 盒式排风过滤器对室外空气进行有效过滤。

（4）照明及设备节能措施。E 楼主要房间宿舍的照明功率密度满足标准目标值的要求。走道、楼梯间、楼梯前室、电梯前室等公共区域照明灯具均采用触摸延时开关控制、双灯头高效节能灯具。门厅、休息厅、活动室等采用 LED 等高效灯具，并采用分区、分组控制措施。电梯采用具有节能电梯，采用变频控制，并满足国家节能电梯相关设计规范。水泵、风机等采用高效节能产品，并采用变频控制等节电措施。

（5）可再生能源利用技术。E 楼有较多生活热水需求，屋顶设置太阳能集热器提供集中生活热水所需能量，空气源热泵及市政热水辅助加热。

4. 实施效益

E 楼通过多种技术措施实现一次能耗量 $33.31kWh/(m^2 \cdot a)$，可以有效地减少煤、天然气、电、水等不可再生资源的消耗，缓解能源短缺的压力，减少 CO_2 等污染物的排放，实现人、建筑与环境的友好共生。据初步计算，本项目运行中年 CO_2 减排量可达到 168t。

习　题

1. 绿色建筑技术主要分为哪几类？其中节能技术对于我国建筑行业碳减排目标的实现有什么意义？

2. 在常规建筑耗能中，耗能最大的是哪几类？一般可以采取什么方法减少建筑能耗？

3. 请列举 3 种常见的建筑节能技术，并说明其在建筑中是如何应用的。

4. 简述地源热泵的工作原理，并探讨其在北方供暖中应用的可能性。

5. 常见的外墙保温形式有哪些？各自的适用条件和优缺点是什么？常用的保温材料有哪些？

6. 在外窗节能中，常用的节能玻璃有哪些？它们的特性是什么？

7. 什么是近零能耗建筑？试简述我国的近零能耗建筑技术标准。

8. 试列举几种常见的雨水渗透形式并说明其工作原理。

9. 绿色建筑采光照明目标是什么？这几种目标之间的关系是什么？

10. 我国《绿色建筑评价标准》将建筑中可能采用的绿色技术分为哪些子系统？

第 3 章 绿 色 建 筑 设 计 管 理

3.1 绿色建筑设计的原则和程序

3.1.1 绿色建筑设计的原则

相对建筑物全寿命周期消耗的资源来说，设计只消耗极少的资源，却决定了建筑存在几十年内的能源与资源消耗特性。从规划设计阶段推进绿色建筑项目的管理，可以起到事半功倍的效果。在绿色建筑设计中，不仅要关注建筑物完成后对生态环境的影响，还要考虑在全寿命周期各个阶段对生态环境的影响。

绿色建筑设计的原则可归纳为以下几个方面。

1. 节约资源

（1）在建筑全寿命周期内，使其对地球资源和能源的消耗量减至最小，在设计中，适度开发土地，节约建设用地。

（2）建筑在全寿命周期内，应具有适应性、可维护性等。

（3）提高建筑密度，少占土地，在城区适当提高建筑容积率。

（4）选用节水用具，节约水资源，收集雨水及生产、生活废水，加以净化利用。

（5）建筑物质材料选用可循环或有循环材料成分的产品。

（6）使用耐久性材料和产品。

（7）使用地方材料。

2. 提高能源利用效率

（1）采用节能照明系统。

（2）提高建筑围护结构热工性能。

（3）优化能源系统，提高系统能量转换效率。

（4）对设备系统能耗进行计量和控制。

（5）尽量利用外窗、中庭、天窗进行自然采光。

（6）利用可再生能源集热、供暖、供热水、发电。

（7）建筑开窗位置适当，充分利用自然通风。

3. 减少环境污染

（1）在建筑全寿命周期内，使建筑废弃物的排放和对环境的污染降到最低。

（2）扩大绿化面积，保护地区动植物种类的多样性。

（3）保护自然生态环境，注重建筑与自然生态环境的协调，尽可能保护原有的自然生态系统。

（4）利用公共交通体系减少交通废气排放。

4. 保障建筑微环境质量

（1）选用绿色建材，减少材料中的易挥发有机物。

（2）减少微生物滋长机会。

（3）加强自然通风，提供足量新鲜空气。

（4）恰当的温湿度控制。

（5）防止噪声污染，创造优良的声环境。

（6）提供充足的自然采光，创造优良的光环境。

（7）提供充足的日照，创造适宜的外部景观环境。

5. 构建和谐社区环境

（1）创造健康、舒适、安全的生活居住环境。

（2）保护建筑的地方多样性。

（3）保护拥有历史风貌的城市景观环境。

（4）加强对传统街区、绿色空间的保存和再利用，注重社区文化和历史。

（5）重视旧建筑的更新、改造、利用，继承发展地方传统的施工技术。

（6）尊重公众参与设计。

（7）提供城市公共交通，便利居住出行交通。

另外，绿色建筑应根据地区的资源条件、气候特征、文化传统及经济和技术水平等对某些方面的问题进行强调和侧重，并允许调整或排除一些较难实现的标准和项目。着重改善室内空气质量和声、光、热环境，研究相应的解决途径与关键技术，营造健康、舒适、高效的室内外环境。

3.1.2 绿色建筑设计的程序

绿色建筑设计一般需要经过需求论证、初步设计、技术设计、施工图设计等各阶段。各阶段的工作内容如下。

1. 需求论证

需求论证用来证明需求的必要性、可能性、实用性和经济性。通过论证，提出绿色建筑项目建设的根据，要对同类、同系统的建筑进行认真、细致、深入的调查，对其建设效果有本质的了解，并且把同类、同系统的建筑所呈现的不同结果，进行全面的分析对比，在考虑影响因素约束条件的情况下，从中找出有规律的东西，以指导设计工作。同时，通过需求论证给出建筑项目的可行性论证报告。

2. 初步设计

初步设计又叫总体设计，是根据已批准的可行性报告进行的总体设计。在相互配合、组织、联系等方面进行统一规划、部署和安排，使整个工程项目在布置上紧凑，在流程上顺畅，在技术上可靠，在施工上方便，在经济上合理。初步设计要确定做什么项目，达到什么功能、技术档次与水平，以及总体上的布局等。在审查设计方案和初步设计文件中，要着重审查方案"有多少绿"，设计是否符合生态、健康标准。

3. 技术设计

对那些特大型或是特别复杂而无设计经验的绿色项目，要进行技术设计。技术设计是为了解决某些技术问题或选择技术方案而进行的设计，它是工程投资和施工图设计的依据。在技术设计中，要根据已批准的初步设计文件及其依据的资料进行设计。衡量技术设计成功的3个标准：一是解决掉了拟解决的问题，二是待定的方案得到了确定，三是已经具备施工图设计的条件。

4. 施工图设计

施工图是直接用于施工操作的指导文件，是绿色建筑设计工作的最终体现。它包括绿色建筑项目的设计说明、有关图例、系统图、平面图、大样图等，完整的设计还应附有机械设备明细表。施工图设计应根据批准的初步设计文件或是技术设计文件和各功能系统设备订货情况进行编制。施工图设计完成后还应进行校对、审核、会签，未会签、未盖章的图纸不得交付施工使用。在施工图交付施工使用前，设计单位应向建设单位、监理单位、施工单位进行技术交底，并进行图纸会审。在施工中，如发现图纸有误、有遗漏、有交代不清之处或是与现场情况不符，需要修改的，应由相关单位提出，经原设计单位签发设计变更通知单或是技术核定单，并作为设计文件的补充和组成部分。

3.2 绿色建筑设计管理要点

3.2.1 绿色建筑设计层次

通常建筑设计从宏观到微观一般可分为 4 个层次：总体布局、空间组织、设计具体化和材料设备。绿色建筑在每一层次都需要考虑节能、节地、节水、节材和环保等方面，在不同阶段要重点考虑的问题也有所不同。表 3-1 显示了这些绿色建筑要求反映在不同设计层面上的情况。

表 3-1　　　　　　　　各层面建筑设计面临的主要生态性要求

层次	节能	节地	节水	节材	环保
总体布局	√	√			√
空间组织	√	√			
设计具体化	√		√	√	
材料设备	√		√	√	√

1. 总体布局

不同建筑的总体布局设计要求不同：居住建筑对朝向、日照等要求较高；办公建筑需要对体形系数进行控制；文化教育建筑的设计相对自由。建筑的总体布局需要重点关注两个问题：一是建筑对于土地的利用效率，二是建筑形体的设计。

提高利用效率方面，建筑占地面积越小，绿地面积越大，对环境的损害越小。要提高土地利用率有两个途径：一是可充分利用地下空间，这不仅能减少用地，还能降低能耗，但同时也会带来一些问题，如地下室通常采光通风条件不佳，会造成阴暗潮湿的室内环境，而解决这些技术问题往往需要增加投资，加大建筑的运行费用，这是制约建筑向地下发展的主要因素；二是增加建筑的高度，不同城市、不同区域对建筑高度要求不同，在满足城市总体规划要求的情况下，提高容积率，可以提高土地利用效率。

建筑体形设计的方式关系到建筑的能耗和通风。集中式布置方式通过减少散热面积降低冬季采暖能耗，适用于北方寒冷气候区域。而南方湿热气候下的建筑则以分散式布局为宜，通过加强自然通风散热。位于夏热冬冷地区的建筑既不宜过分分散造成冬季能耗过大，又要考虑建筑外墙有足够的可开启面，方便夏季通风散热，尤其是对夏季盛行风的利用。

2. 空间组织

不同建筑往往有不同的功能，复杂的功能需要多样化的空间形态。空间组织包括功能配置和交通流线组织。

　　功能配置主要是解决功能在空间中的分布问题。从节能与生态的角度来看，不同的分布会产生不同的后果。功能—空间—人流量—能耗四者具有正相关性。就结构合理性而言，小空间设置在建筑下部，大空间设置在建筑上层比较好；但从节能的角度来看，大空间设置在靠近地面入口区域更合理。这一矛盾是功能配置的一个显在问题。

　　建筑内的不同功能需要通过交通流线串联成一个完整系统。合理的交通流线可以提高建筑使用效率，进而减少建筑的能耗。在满足功能要求的基础上，原则上应尽量减少纯粹交通功能的面积，例如，将主要房间的入口尽量设在短边，适当增加建筑进深减少面宽，结合公共空间设置交通空间等。此外，在进行建筑设计时，不仅要考虑建筑内部交通流线的合理性，也要与外部交通相结合，合理利用现有交通，将建筑融入社会环境中。

　　3. 设计具体化

　　空间布局确定后还要通过建筑设计加以具体化。建筑设计几乎对绿色建筑的各个方面都有影响，其中以节能、节水和节材的关系最为密切。城市里的公共建筑往往倾向个性化的形式设计，这些个性化的设计需要遵循特定的策略，以实现生态环保的要求。表3-2列举了在公共教育建筑设计中常用的绿色建筑设计策略的生态功效。

表 3-2　　　　　　　　　　　　常用的绿色建筑设计策略的生态功效

设计	节能	节地	节水	节材	环保
减少建筑外表皮不必要的凹凸	√			√	
按具体功能灵活划分的通用空间		√		√	
充分利用浅层地热资源的设计	√				√
有利于雨水回用的设计		√	√		√
有利于可再生能源利用的设计	√				√

　　4. 材料设备

　　建筑设计的实现需要具体的物质载体，材料设备就是这一载体。随着现代科技的发展，涌现出大量的新型建材和设备。在选择材料和设备的过程中需要遵循以下原则。

　　(1) 尽量选择当地的建筑材料和产品。选用当地产品的原因，一方面在于节约运费，减少运输造成的浪费；另一方面在于当地产品更适应本地的气候条件，用低廉的成本实现较好的性能，同时减少浪费和污染，如木材和竹子（见图3-1）。

图3-1　竹屋

　　(2) 尽量选择建筑全寿命周期运行成本较低的材料和设备。作为一种现代工业产品，建筑的寿命是相对较长的，一般在50～100年，除非由于人为因素提前拆除。建筑在运行过程中的能耗远大于材料生产的能耗，因此，应尽量选择性能优良、质量可靠的材料和设备。优质材料虽然生产的成本和损耗高于廉价材料，但运行稳定，损耗更低，总体来说更利于节能环保。例如，采用断热处理的铝合金型材比普通铝合金型材加工复杂许多，但节能效果明显，因此应优先考虑采用。

（3）尽量选择可回收再利用的材料和设备。规模越大的建筑对材料和设备的需求量也越大，而且由于这类建筑的独特性，经常大量采用定制材料和专用设备。如果这些非标准的材料设备难以在建筑拆除后重复利用，就将造成巨大的浪费，并对环境造成威胁。从绿色设计的角度出发，应尽量选择可重复利用的材料和设备。例如，相对于钢结构，混凝土结构虽然成本低廉，但无法重复利用，而钢结构构件可以在建筑拆除后重新作为炼钢原料，所以更适合绿色建筑。

（4）尽量选择经过实践检验可靠的材料和设备。今天科技飞速发展，各种新型建材和设备层出不穷，但并非最新就等于最好。很多新技术出现时间较短，尚未经过长时间实践的检验，而建筑寿命又远长于普通工业产品，如果不加选择地采用所谓的最新科技，很可能三五年后问题才暴露出来，这时维修或者更新的难度和代价都很大。例如，低温地板辐射式热交换器的舒适性高、能耗低，用于北方地区室内的建筑采暖热交换效果很好，但将其移植到南方作为夏季制冷方式就会产生新问题。

3.2.2 绿色建筑设计策划

设计策划应明确绿色建筑的项目定位、建设目标及对应的技术策略、增量成本与效益分析。建设目标应包括下列内容：节地与室外环境的目标、节能与能源利用的目标、节水与水资源利用的目标、节材与材料资源利用的目标、室内环境质量的目标、运营管理的目标。

绿色建筑设计策划编制流程如图 3-2 所示。

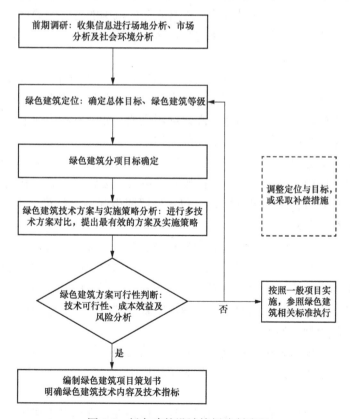

图 3-2 绿色建筑设计策划编制流程

1. 前期调研

前期调研应包括场地分析、市场分析和社会环境分析，并满足以下条件：场地分析应包括地理位置、场地生态环境、场地气候环境、地形地貌、场地周边环境、道路交通和市政基础设施规划条件等；市场分析应包括建设项目的功能要求、市场需求、使用模式、技术条件等；社会环境分析应包括区域资源、人文环境和生活质量、区域经济水平与发展空间、周边公众的意见与建议、当地绿色建筑的激励政策情况等。

2. 绿色建筑定位及分项目标确定

项目定位与目标确定，要分析项目的自身特点和要求，结合《绿色建筑评价标准》相关等级的要求，确定适宜的实施目标。

3. 绿色建筑技术方案与实施策略分析

绿色建筑技术方案与实施策略分析应根据项目前期调研成果和明确的绿色建筑目标，制定绿色建筑技术方案与实施策略，并宜满足下列要求：选用适宜的、被动的技术；选用集成技术；选用高性能的建筑产品和设备；对现有条件不满足绿色建筑目标的，采取补偿措施。

4. 绿色建筑方案可行性判断

绿色建筑方案可行性分析包括技术可行性分析、经济性分析、效益分析和风险分析。

3.2.3　绿色建筑设计要点

1. 节地与室外环境

（1）建筑场地方面。主要措施包括：应优先选用已开发且具城市改造潜力的用地；场地环境应安全可靠，远离污染源，并对自然灾害有充分的抵御能力；保护自然生态环境，充分利用原有场地上的自然生态条件，注重建筑与自然生态环境的协调；避免建筑行为造成水土流失或其他灾害。

（2）节地方面。主要措施包括：建筑用地应适度密集，适当提高公共建筑的建筑密度，住宅建筑立足创造宜居环境来确定建筑密度和容积率；强调土地的集约化利用，充分利用周边的配套公共建筑设施，合理规划用地；高效利用土地，如开发利用地下空间，采用新型结构体系与高强轻质结构材料，提高建筑空间的使用率。

（3）降低环境负荷方面。主要措施包括：应将建筑活动对环境的负面影响控制在国家相关标准规定的允许范围内；减少建筑产生的废水、废气、废物的排放；利用园林绿化和建筑外部设计以减少热岛效应；减少建筑外立面和室外照明引起的光污染；采用雨水回渗措施，维持土壤水生态系统的平衡。

（4）绿化方面。主要措施包括：应优先种植乡土植物，采用少维护、耐候性强的植物，减少日常维护的费用；采用生态绿地、墙体绿化、屋顶绿化等多样化的绿化方式，应对乔木、灌木和攀缘植物进行合理配置，构成多层次的复合生态结构，达到人工配置的植物群落自然和谐，并起到遮阳、降低能耗的作用；绿地配置合理，达到局部环境内保持水土、调节气候、降低污染和隔绝噪声的目的。

（5）交通方面。主要措施包括：应充分利用公共交通网络；合理组织交通，减少人车干扰；地面停车场采用透水地面，并结合绿化为车辆遮阴。

2. 节能与能源利用

（1）降低能耗。主要措施包括：应利用场地自然条件，合理考虑建筑朝向和楼距，充分利用自然通风和天然采光，减少使用空调和人工照明；提高建筑围护结构的保温隔热性能，采用由高效保温材料制成的复合墙体和屋面、密封保温隔热性能好的门窗；采用有效的遮阳措施；采用用能调控和计量系统。

（2）优化用能系统。主要措施包括：采用高效建筑供能、用能系统和设备；合理选择用能设备位置，使设备在高效区工作；根据建筑物用能负荷动态变化，采用合理的调控措施；考虑部分空间、部分负荷下运营时的节能措施；有条件时宜采用热、电、冷联供形式，以提高能源利用效率；采用能量回收系统，如采用热回收技术；针对不同能源结构，实现能源梯级利用。

（3）尽可能使用可再生能源。充分利用场地的自然资源条件，开发利用可再生能源。如太阳能、水能、风能、地热能、海洋能、生物质能、潮汐能，以及通过热泵等先进技术取自自然环境（如大气、地表水、污水、浅层地下水、土壤等）的能量。可再生能源的使用不应造成对环境和原生态系统的破坏及对自然资源的污染。

具体节能设计见本章"绿色建筑节能设计要点"一节。

3. 节水与水资源利用

（1）提高用水效率。主要措施包括：按高质高用、低质低用的原则和用水水质要求分别提供、梯级处理回用；采用节水系统、节水器具和设备，如采取有效措施，避免管网漏损，空调冷却水和游泳池用水采用循环水处理系统，卫生间采用低水量冲洗便器、感应出水龙头或缓闭冲洗阀等；采用节水的景观和绿化浇灌设计，如景观用水不使用市政自来水，尽量利用河湖水、收集的雨水或再生水，绿化浇灌采用微灌、滴灌等节水措施。

（2）雨污水综合利用。主要措施包括：根据当地水资源状况，因地制宜地制定节水规划方案，如中水、雨水回收利用等，保证方案的经济性和可实施性；采用雨水、污水分流系统，有利于污水处理和雨水的回收再利用；在水资源短缺地区，通过技术经济比较，合理采用雨水和中水回用系统；合理规划地表与屋顶雨水径流途径，最大程度降低地表径流，采用多种渗透措施增加雨水的渗透量。

4. 节材与材料资源利用

主要措施包括：采用高性能、低材耗、耐久性好的新型建筑材料体系和本地建材；选用可循环、可回用和可再生的建材；使用原料消耗量少和采用废弃物生产的建材；使用可节能的功能性建材；采用工业化生产的成品，减少现场作业；遵循模数协调原则，减少施工废料；减少不可再生资源的使用。

5. 室内环境质量

（1）光环境方面。主要措施包括：设计采光性能最佳的建筑朝向，发挥天井、庭院、中庭的采光作用，使天然光线能照亮人员经常停留的室内空间；采用自然光调控设施，如采用反光板、反光镜、集光装置等，改善室内的自然光分布，减少白天对人工照明的依赖；使办公和居住空间，开窗能有良好的视野；照明系统采用分区控制、场景设置等技术措施，有效避免过度使用和浪费；分级设计一般照明和局部照明，满足低标准的一般照明与符合工作面照度要求的局部照明相结合，使局部照明可调节，以有利于使用者的健康和照明节能；采用高效、节能的光源、灯具和电器附件。

（2）热环境方面。主要措施包括：优化建筑外围护结构的热工性能，防止因外围护结构内表面温度过高或过低，避免透过玻璃进入室内的太阳辐射热等引起不舒适感；设置室内温度和湿度调控系统，使室内的热舒适度能得到有效的调控，建筑物内的加湿和除湿系统能得到有效调节；根据使用要求合理设计温度可调区域的大小，满足不同个体对热舒适性的要求。

（3）声环境方面。主要措施包括：采取动静分区的原则进行建筑的平面布置和空间划分，如办公、居住空间不与空调机房、电梯间等设备用房相邻，以减少对有安静要求的房间的噪声干扰；合理选用建筑围护结构构件，采取有效的隔声、减噪措施，保证室内噪声级和隔声性能符合 GB 50118—2010《民用建筑隔声设计规范》的要求；综合控制机电系统和设备的运行噪声，如选用低噪声设备，在系统、设备、管道（风道）和机房采用有效的减振、减噪、消声措施，控制噪声的产生和传播。

（4）室内空气品质方面。主要措施包括：对有自然通风要求的建筑，人员经常停留的工作和居住空间应能自然通风，可结合建筑设计提高自然通风效率，如采用可开启窗扇自然通风，利用穿堂风、竖向拔风作用通风等；合理设置风口位置，有效组织气流，采取有效措施防止串气、泛味，采用全部和局部换气相结合的方式，避免厨房、卫生间、吸烟室等处的受污染空气循环使用；室内装饰、装修材料对空气质量的影响应符合 GB 50325—2010《民用建筑工程室内环境污染控制规范》的要求；使用可改善室内空气质量的新型装饰装修材料；设集中空调的建筑，宜设置室内空气质量监测系统，维护用户的健康和舒适；采取有效措施防止结露和滋生霉菌。

3.3　绿色建筑节能设计要点

公共建筑节能设计在不完全满足标准规定指标时，可通过动态权衡计算来满足节能设计标准要求；而居住建筑节能设计在不完全满足规定指标时，不仅要进行动态权衡计算，还必须满足一些最低门槛要求，即综合判断强制性条文。相比来说，居住建筑节能设计要求更高，更具代表性。本节仅以居住建筑为例，进行建筑节能设计概述。

3.3.1　建筑构造节能设计

1. 墙体节能设计

（1）体形系数控制。为了减少因建筑物外围护结构临空面的面积大而造成的热能损失，体形系数不应超过规范规定值。为了减小建筑物的体形系数，在设计中可以采用如下措施：建筑平面布局紧凑，减少外墙凹凸变化，即减少外墙面的长度；加大建筑物的进深；增加建筑物的层数；加大建筑物的体量。

（2）窗墙比控制。要充分利用自然采光，同时要控制窗墙比。居住建筑的窗墙比应以基本满足室内采光要求为确定原则。建筑窗墙比不宜超过规范规定值。

（3）外墙保温设计。保温隔热材料轻质、高强，具有保温、隔热、隔声、防水性能，外墙采用保温隔热材料，能够增强外围护结构抗气候变化的综合物理性能。

2. 门窗节能设计

外门窗选择优质的铝木复合窗、塑钢门窗、断桥式铝合金门窗及其他材料的保温门窗。门窗开启扇在条件允许时尽量选用上下悬或平开下悬，尽量避免选用推拉式开启。外门窗玻璃选择中空玻璃、隔热玻璃或 Low-E 玻璃等高效节能玻璃，各种玻璃的传热系数和遮阳系数应达到规定标准。选择抗老化、高性能的门窗配套密封材料，以提高门窗的水密性和气密性。

3. 屋面节能设计

屋面保温可采用板材、块材或整体现喷聚氨酯保温层，屋面隔热可采用架空、蓄水、种植等隔热层。种植屋面应根据地域、建筑环境等条件，选择适应的屋面构造形式。推广屋面绿色生态种植技术，在美化屋面的同时，利用植物遮蔽减少阳光对屋面的直晒。

4. 楼地面节能设计

进行楼地面的节能设计时，可根据底面不接触室外空气的层间楼板、底面接触室外空气的架空或外挑楼板及底层地面，采用不同的节能技术。层间楼板可采取保温层直接设置在楼板上表面或楼板底面，也可采取铺设木龙骨空铺或无木龙骨的实铺木地板。底面接触室外空气的架空或外挑楼板宜采用外保温系统。接触土壤的房屋地面，也要做保温。

5. 遮阳系统

利用太阳照射角各种工况综合考虑遮阳系数。考虑居住建筑所在地区的太阳高度角、方位角、建筑物朝向及位置等因素，确定外遮阳系统的设置角度。采用木制平开，手动或电动平移式铝合金百叶遮阳设计。选用叶片中夹有聚氨酯隔热材料的手动或电动卷帘。低层住宅有条件的可以采用绿化遮阳，高层塔式建筑和主体朝向为东西向的住宅，其主要居住空间的西向外窗应设置活动外遮阳设施，东向外窗宜设置活动外遮阳设施。窗内遮阳推广应用具有热反射功能的窗帘和百叶；设计时选择透明度较低的白色或者反光表面材质，以降低其自身对室内环境的二次热辐射。内遮阳对改善室内舒适度、美化室内环境及保证室内的私密性均有一定的作用。

3.3.2　电气与设备节能设计

1. 照明节能设计

主要措施包括：给建筑物设计配备高效照明器具，包括以紧凑型荧光灯、细管型荧光灯、高压钠灯、金属卤化物灯等为主的高效电光源；以电子镇流器、高效电感镇流器、高效反射灯罩等为主的照明电器附件；以调光装置、声控、光控、时控、感控等为主的光源控制器件等，其中光源延时开关通常分为触摸式、声控式和红外感应式等类型，在居住区内常用于走廊、楼道、地下室、洗手间等场所的自动照明、换气等，是简单、安全、有效的节能电器；采用光控、时控、程控等智能控制方式，对照明设施进行分区或分组集中控制，设置平日、假日、重大节日等，以及夜间不同时段的开、关灯控制模式，在满足夜景照明效果设计要求的同时，达到节能效果；采用红外、超声波探测器等，配合计算机自动控制系统，优化车库照明控制回路，在满足车库内基本照度的前提下，自动感知人员和车辆的行动，以满足灯开、关的数量和事先设定的照度要求，以期合理用电。

2. 智能控制设计

（1）智能化能源管理技术的应用。智能化能源管理系统，通过居住区智能控制系统与家庭智能交互式控制系统的有机组合，以可再生能源为主、传统能源为辅，将产能负荷与耗能负荷合理调配，减少投入浪费，降低运行消耗，合理利用自然资源，保护生态环境，以实现智能化控制、网络化管理、高效节能、公平结算的目标。

（2）建筑设备智能监控设计。采用计算机技术、网络通信技术对居住区内的电力、照明、空调通风、给排水、电梯等机电设备或系统进行集中监视、控制及管理，以保证这些设备安全可靠地运行。按照建筑设备类别和使用功能的不同，可将其划分为供配电设备监控子系统、照明设备监控子系统，以及电梯、暖通空调、给排水设备和公共交通管理设备监控子系统等。

（3）变频控制设计。变频控制技术运用技术手段，来改变用电设备的供电频率，进而达到控制设备输出功率的目的。变频空调是典型的变频设备，可以极大节约用能。

3.3.3　给排水节能设计

通过调查收集和掌握准确的市政供水水压、水量及供水可靠性的资料，并根据用水设备、用水卫生器具和水嘴的供水最低工作压力要求，合理确定直接利用市政供水的层数。对市政自来水无法直接供给的用户，可采用集中变加压、分户计量的方式供水。小区生活给水加压系统可采用水池＋水泵变频加压、管网叠压＋水泵变频加压及变频射流辅助加压 3 种供水技术组合。为避免用户直接从管网抽水造成管网压力过大波动，有些城市供水管理部门仅认可水池＋水泵变频加压及变频射流辅助加压两种供水技术。

1. 水池＋水泵变频加压系统设计

当城市管网的水压不能满足用户的供水压力时，就必须用泵加压。通常，通过市政给水管经浮球阀向贮水池注水，用水泵从贮水池抽水经变频加压后，向用户供水。在此供水系统中虽然水泵变频可节约部分电能，但是不论城市管网水压有多大，在城市给水管网向贮水池补水的过程中，都白白浪费了城市给水管网的压能。

2. 变频射流辅助加压系统设计

变频射流辅助加压技术的工作原理：当小区用水处于低谷时，市政给水通过射流装置既向水泵供水又向水箱供水，水箱注满时进水浮球阀自动关闭，此时市政给水压力得到充分利用，且市政给水管网压力也不会产生变化；当小区用水处于高峰时，水箱中水通过射流装置与市政给水共同向水泵供水，此时市政给水压力仅利用 50％～70％，且市政给水管网压力变化很小。

3.3.4　暖通空调节能设计

1. 住宅通风设计

住宅通风设计应组织好室内外气流，提高通风换气的有效利用率。应避免厨房、卫生间的污浊空气进入本套住房的居室，也应避免厨房、卫生间的排气从室外进入其他房间。住宅通风采用自然通风、置换通风相结合技术。住户平时采用自然通风，空调季节使用置换通风系统换气。

（1）自然通风。自然通风是一种利用自然能量改善室内热环境的简单通风方式，常用于夏季和过渡季建筑物室内通风、换气及降温。通过有效利用风压来产生自然通风，因此，首先要求建筑物有较理想的外部风速。为此，建筑设计应着重考虑以下问题：建筑的朝向和间距、建筑群布局、建筑平面和剖面形式、开口的面积与位置、门窗装置的方法及通风的构造措施等。

（2）置换通风。在建筑、工艺及装饰条件许可且技术经济比较合理的情况下可设置置换通风。采用置换通风时，新鲜空气直接从房间底部送入人员活动区，在房间顶部排出室外。整个室内气流分层流动，在垂直方向上形成室内温度梯度和浓度梯度。置换通风应采用可变新风比的方案。置换通风有中央式通风系统和智能微循环式通风系统两种方式：中央式通风系统由新风主机、自平衡式排风口、进风口、通风管道网组成一套独立的新风换气系统。通过位于卫生间吊顶或储藏室内的新风主机彻底将室内的污浊空气持续从上部排出，新鲜的空气经过滤由客厅、卧室、书房下部等地方不间断送入，使密闭空间内的空气得到充分的更新。智能微循环式通风系统由进风口、排风口和风机 3 个部分组成。功能性区域（厨房、浴室、卫生间等）的排风口与风机相连不断将室内污浊空气排出，利用负压由生活区域（客厅、餐厅、书房、健身房等）的进风口补充新风进入，并根据室内空气污染度，人员的活动和数量、湿度等自动调节通风量，不用人工操作。这样就可以在排除室内污染的同时减少由于通风而引起的热量或冷量的损失。

2. 住宅采暖、空调节能设计

在城市热网供热范围内，采暖热源应优先采用城市热网，有条件时，宜采用电、热、冷联供系统。采暖、空调和通风节能设计要点如下。

（1）设备的选择。应根据当地资源情况，经技术经济分析，以及用户对设备运行费用的承担能力综合考虑确定。一般情况下，居住建筑采暖不宜采用直接电热式采暖设备。居住建筑采用分散式（户式）空调进行制冷（及采暖）时，其能效比、性能系数应符合国家现行有关标准中的规定值。

（2）空调室外机安放位置。应充分考虑其位置有利于室外机夏季排放热量、冬季吸收热量，并应防止对室内产生热污染及噪声污染。

（3）房间气流组织。应尽可能使空调送出的冷风或暖风吹到室内每个角落，不直接吹向人体。对复式住宅或别墅，回风口应布置在房间下部。空调回风通道应采用风管连接，不得用吊顶空间回风。各空调房间均要有送、回风通道，杜绝只送不回或回风不畅。住宅卧室、起居室（厅）应有良好的自然通风。在住宅设计条件受限制，不得已采用单朝向型住宅的情况下，应采取户门上方通风窗、下方通风百叶或机械通风装置等有效措施，以保证卧室、起居室（厅）内良好的通风条件。

（4）户内采暖系统。节能设计包括：分户热计量的分户独立系统，应能确保居住者可自主实施分室温度的调节和控制；双管式和放射双管式系统，每一组散热器上设置高阻手动调节阀或自力式两通恒温阀；水平串联单管跨越式系统，每一组散热器上设置手动三通调节阀或自力式三通恒温阀；地板辐射供暖系统的主要房间，应分别设置分支路。热媒集配装置的每一分支路，均应设置调节控制阀门，调节阀采用自动调节和手动调节均可。

3.3.5 可再生能源利用设计

1. 太阳能光伏发电设计

目前，居住区内的太阳能发电系统分为 3 种类型：并网式光伏发电系统、离网式光伏发电系统和建筑光伏一体化发电系统。

（1）并网式光伏发电系统设计。太阳能电池将太阳能转化为电能，并通过与之相连的逆变器直流电转变成交流电，输出电力与公共电网相连接，为本建筑以外的负荷提供电力。

（2）离网式光伏发电系统设计。太阳能发电系统与公共电网不连接，独立向本建筑各用电负荷供电。离网式系统一般均配备蓄电池，采用低压直流供电，在居住式住宅内常在太阳能路灯、景观灯或供电距离很远的监控设备等设计离网式光伏发电系统。由于铅酸蓄电池易对环境造成严重污染，已逐渐被淘汰，可使用环保、安全、节能高效的胶体蓄电池或固体电池（镍氢、镍镉电池），但其购买和使用成本均较高；虽然可节省电费，但投入产出比很低。

（3）建筑光伏一体化发电系统。它将太阳能发电系统完美地集成于建筑物的墙面或屋面上，太阳能电池组件既被用作系统发电机，又被用作建筑物的外墙装饰材料；太阳能电池可以制成透明或半透明状态，阳光依然能穿过重叠的电池进入室内，不影响室内的采光。

2. 太阳能光热设计

太阳能热水器按贮水箱与集热器是否集成一体，一般可分为一体式和分体式两大类。采用何种类型应根据建筑类别、建筑一体化要求及初期投资等因素经技术经济比较后确定。一般情况下，6 层及 6 层以下普通住宅采用一体式太阳能热水器，高级住宅或别墅采用分体式太阳能热水器，如图 3-3 所示。

图 3-3　屋顶太阳能热水器

3. 空气源热泵热水设计

空气源热泵热水设计根据逆卡诺循环原理，采用少量的电能驱动压缩机运行，高压的液态工质经过膨胀阀后在蒸发器内蒸发为气态并大量吸收空气中的热能，气态的工质被压缩机压缩成为高温、高压的液态后进入冷凝器放热把水加热，如此不断地循环加热，可以把水加热至 50～65℃。在这个过程中，消耗了 1 份的能量（电能），同时从环境空气中吸收转移了约 4 份的能量（热量）到水中，相对于电热水器而言，节约了 75% 的电能。空气源热泵技术与太阳能热水技术相比，具有占地少、便于安装调控等优点；与地源热泵相比，它不受水、土资源限制。该技术主要用于小区别墅及配套公建的生活热水系统，或作为太阳能热水系统的轴助热源。其设计要点如下：优先采用性能系数高的空气源热泵热水机组；机组应具有先进可靠的融霜控制技术，融霜所需时间总和不超过运行周期时间的 20%；空气源热泉热水系统中应配备合适的、保温性能良好的贮热水箱且热泵出水温度不超过 50℃。

4. 地源热泵设计

有效利用地热能，可节约居住建筑的能耗，一般下列地源热泵系统可作为居住区或户用空调（热泵）机组的冷热源：土源热泵系统；浅层地下水源热泵系统；地表水（淡水、海水）源热泵系统；污水水源热泵系统。

设计要点如下：空调系统的冷、热源可优先选用地下水地源热泵系统；地下水换热系统应根据水文地质勘测资料进行设计，地下水被利用后，应采取可靠的回灌措施，将利用过的地下水全部回灌到同一含水层，并不得污染地下水；热源井的设计应符合 GB 50296—2014《供水管井技术规范》的规定；选择的地源热泵机组性能应符合 GB/T 19409—2013《水（地）源热泵机组》的相关规定，还应满足地下水地源热泵系统运行参数的要求。当有合适的浅层地热能资源且经过技术经济比较可以利用时，可采用地理管地源热泵系统。地埋管换热系统设计应进行全年动态负荷计算，最小计算周期不得小于 1 年，在此计算周期内，地源热泵系统总释热量与其总吸热量相平衡。地埋管换热器有竖直埋管和水平理管两种形式，一般通过综合现场可用地表面积、岩土类型和热物性参数及钻孔费用等因素确定换热器埋管方式。

3.3.6　被动式太阳能建筑设计

被动式太阳能建筑是指不借助机械装置，冬季直接利用太阳能进行采暖、夏季采用遮阳散热的房屋。根据建筑构造及需求，建筑物可采取直接受益式、集热蓄热墙式、附加阳光间、蓄热屋顶、对流环路式等被动式太阳能设计。

1. 直接受益式

直接受益式是指太阳辐射直接通过玻璃或其他透光材料进入需采暖的房间的采暖方式。

2. 集热蓄热墙式

集热蓄热墙式是指利用建筑南向垂直的集热蓄热墙面吸收穿过玻璃或其他透光材料的太阳辐射热，然后通过传导、辐射及对流的方式将热量送到室内的采暖方式。

3. 附加阳光间

附加阳光间是指在建筑的南侧采用玻璃等透光材料建造的能够封闭的空间。空间内的温度会因温室效应而升高，该空间既可以对建筑的房间提供热量，又可以作为一个缓冲区，减少房间的热损失。

4. 蓄热屋顶

蓄热屋顶是指利用设置在建筑屋面上的集热蓄热材料，白天吸热，晚上通过顶棚向室内放热的屋顶。

5. 对流环路式

对流环路式是指在被动式太阳能建筑南墙设置太阳能空气集热蓄热墙或空气集热器，利用在墙体上设置的上下通风口进行对流循环的采暖方式。

3.4　绿色建筑设计案例

3.4.1　绿地集团总部大楼项目

1. 工程概述

绿地集团总部中心大楼位于上海市卢湾区南端黄浦江畔，与上海世博中国馆、演艺中心遥相辉映，已通过绿色建筑三星级设计标识和 LEED CS 金级认证。该大楼占地面积为 $8681m^2$，总建筑面积约为 4 万 m^2，地上建筑面积约为 2 万 m^2。整幢建筑地上共 5 层，地下共 3 层。地上 1～3 层为海外滩中心的商业百货，4 层为绿地集团的大开间办公室及中庭，5 层为绿地集团的领导办公室，屋顶为绿色花园；地下 1 层为绿地集团的员工食堂及停车库，地下 2 层、3 层为停车库及设备用房。其建筑效果图如图 3-4 所示。

图 3-4　绿地集团总部大楼外观

2. 绿色建筑的设计

该项目在整体设计过程中，融入绿色理念，将中心庭院、室内水系、绿地及屋顶花园相结合，使整幢建筑呈现丰富的立体景观；采用外墙保温系统、地源热泵系统、地板送风系统、节能电梯、多形式建筑外遮阳系统、全热回收系统、节能照明系统、非传统水源利用系统、屋顶绿化、透水地面、可再循环材料利用、实时监测站系统、计算机模拟优化技术等，使先进科技与节能环保有机融合。

（1）节能与能源利用。

1）高性能的围护结构设计。外墙采用 40mm 挤塑聚苯板，屋面采用 60mm 挤塑聚苯板，幕墙中非透明玻璃幕墙采用 50mm 防火岩棉，透明玻璃幕墙采用断桥铝合金双层中空低辐射玻璃（6+12A+8 隔热金属型材），传热系数达 2W/(m²·K)，热工性能均优于国家标准，更加地有利于隔热保温和自然采光。

2）节能设备设计。该项目采用高舒适节能空调系统、节能电梯等节能设备。

3）综合遮阳系统设计。建筑立面采用玻璃遮阳系统，玻璃材料透射率低，遮阳系数可达到 0.3。中庭天窗采用活动外遮阳，西侧立面采用铝合金垂直外遮阳，根据太阳辐射调节百叶倾角，可大大降低太阳辐射得热。遮阳设计效果图如图 3-5 所示。

图 3-5　遮阳设计效果图

4）高效地源热泵设计。建筑全部采用地源热泵作为项目空调冷热源，并采用高效冷水机组，综合性能系数达到 5.3 以上。

5）太阳能发电系统设计。在大楼的地上 5 层的屋顶布置了太阳能光伏发电设备，利用太阳能这种可再生能源来降低能耗，整个太阳能面板的面积约为 12m²，预计功率为 5kW，产生的电量主要用于屋顶外遮阳的控制。

6）节能照明设计。在中庭的上部设置了透明天窗，天窗可以为地上 5 层 45.48% 的区域提供 300lx 以上的自然采光，为地上 4 层 38.92% 的区域提供 300lx 以上的自然采光；需要照明的区域采用 T5 节能灯，照明能耗控制在 12W/m²，人员流动较少的公共区域采用多种控制方式控制照明灯具，如楼梯间采用声控照明，茶水间及走廊采用红外感应控制照明；会议室安装智能化设备，根据环境照度自动进行调光，并根据不同的模式（如会议、展示）

来智能控制照度，避免能源浪费。

7）行为节能设计。对节能理念的宣传、对建筑使用者的行为进行引导和提示，包括室内遮阳、空调通风、照明启闭的提示。

（2）节水与水资源利用。

1）雨水与中水回收设计。采用雨水与中水回收利用系统，优质杂排水处理后直接用于建筑冲厕；雨水处理后用于景观水补充、绿化、道路喷洒、冷却塔补水。

2）透水地面。本项目外场地大面积采用透水地面，面积占 41.05%，透水地面有良好的透水、透气性能，可使雨水迅速渗入地下，补充土壤水和地下水，保持水自然循环。

3）节水灌溉方式设计。景观灌溉系统采用喷灌与微灌相结合的自动控制系统。

4）节水设备设计。建筑所有卫生器具采用节水器具，节水率最低为 8%。

（3）场地与室外环境。

1）场地设计。大楼位于交通方便的黄浦江畔，充分利用周边公共交通，最大限度地提高了员工利用公共交通上下班；同时开发地下停车场，入口处设置垂直绿化，停车场为低排放汽车提供优先泊位，提倡使用减排汽车。

2）屋顶花园设计。绿化屋顶花园设计不仅扩大视野、美化环境，同时起到保温隔热的作用；植物全部采用上海地区乡土植物设计，场地大量应用场地植草砖等，减轻热岛效应，达到了和谐与经济的双重效益。

（4）优良的室内环境质量。

1）通风采光设计。在建筑平面设计时，利用 CFD 模拟通风洞口及位置，合理组织自然通风，采用自然通风和机械通风相结合的方式进行通风换气，保证室内空气质量。采光见节能照明设计。

2）自动控制新风系统。大楼内设立空气污染监测器，可以随时保证室内空气的清新，自动将室外新鲜空气引入室内，排出室内陈旧空气的同时回收热能以节省能源，全热回收效率大于 60%。

3）室内装修材料。严格选用低放射物质，包括低 VOC 的密封剂、黏结剂、地毯等物质。

4）地板送风设计。办公区采用变风量地板送风空调系统，新风空调箱设有中效过滤、加湿等功能，空气质量和舒适度较高。

5）实时监测设计。楼宇自动化系统（Building Automation System，BAS），智能监控包括各类设备数据，室外气象数据以及室内外的温度、湿度、风速和能耗等数据指标。

（5）节材与材料资源利用。

1）选材。设计选材时，充分考虑使用材料的可再循环使用性能。根据统计，建筑材料总重量为 89 355t，可再循环材料重量为 9093t，可再循环材料使用重量占所用建筑材料总重量的 10.3%。

2）构件。考虑建筑构件上的孔洞预留和装修面层固定件的预埋，避免了装修施工阶段对已有建筑构件的打凿、穿孔。地上 4～5 层的办公室使用便于拆卸的玻璃隔断和轻质龙骨石膏板墙来隔断不同的区域，进一步降低了材料的损耗。

3. 总体设计效果

在节能方面，绿地总部中心整体达到节能 65% 标准，预计年节约用电量为 143.6 万 kW·h,

节煤量为 508.39t，减排 CO_2 315.26t，减排 SO_2 2.94t，减少 CO832.38kg。

在节水方面，项目运行后年处理水量为 7401m^3，年雨水截流量为 2119m^3，非传统水源利用率为 40.65%。

在节材方面，大楼设计之初就充分融入绿色设计理念，施工中，充分重视回收原有材料再利用，鼓励施工过程最大限度利用施工、旧建筑拆除和场地清理时的固体废弃物，将回收材料重新使用。根据统计，本项目中再利用、可再循环材料的回收利用率大于 30%。

习　题

1. 为什么说规划设计阶段是绿色建筑的关键和重点？
2. 请简述绿色建筑规划的原则，它们之间的相互关系。
3. 试简述绿色建筑设计的要点。
4. 请列举在绿色建筑设计中几种可再生能源及其利用方式。
5. 在进行绿色建筑设计时，一般分为哪几个步骤？
6. 在进行建筑节能设计时，建筑体形系数与建筑能耗有什么关系？哪些措施可以有效减少建筑的体形系数？
7. 试简述在建筑设计 4 个不同层次中如何融入绿色建筑设计"四节一环保"理念。
8. 太阳能光伏发电设计有哪几种类型？各类型的发电原理和设计要点是什么？

第4章　绿 色 施 工 管 理

建筑行业具有投资大、服务年限长等特点，并且施工建设过程中会对周围的生态环境造成一定的破坏。绿色施工作为建筑全寿命周期中的一个重要阶段，是实现建筑领域资源节约和节能减排的关键环节。GB/T 50640—2010《建筑工程绿色施工评价标准》中定义绿色施工为：在保证质量、安全等基本要求的前提下，通过科学管理和技术进步，最大限度地节约资源，减少对环境负面影响，实现"四节一环保"（节能、节材、节水、节地和环境保护）的建筑工程施工活动。绿色施工总体框架由施工管理、环境保护、节材与材料资源利用、节水与水资源利用、节能与能源利用、节地与施工用地保护6个方面组成，如图4-1所示。

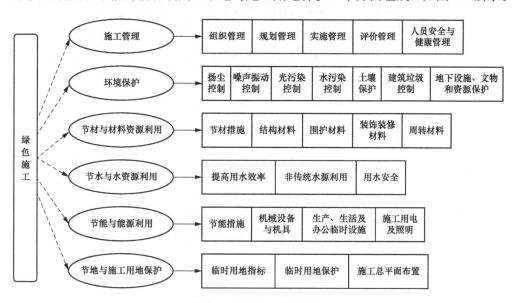

图 4-1　绿色施工总体框架

4.1　组 织 管 理

组织管理就是通过建立绿色施工管理体系，制定系统完整的管理制度和绿色施工整体目标，将绿色施工的工作内容具体分解到管理体系结构中去，使参建各方在项目负责人的组织协调下各司其职地参与到绿色施工过程中，使绿色施工规范化、标准化。

为推进绿色施工，需明确绿色施工相关责任主体，包括政府部门、建设单位、设计单位、施工单位、监理单位及材料、设备供应方。

4.1.1　政府部门的管理内容

政府部门应履行引导与监督职能。绿色施工管理要求政府部门一方面从宏观上把控，另一方面从微观处着手，如适时推出绿色施工发展战略、发布相关政策法规、建立健全激励机制、营造有利于绿色施工推进的良好氛围和环境、搭建畅通的信息交流平台、强化监管、引导绿色施工健康有序发展等。政府部门的绿色施工管理内容如图 4-2 所示。

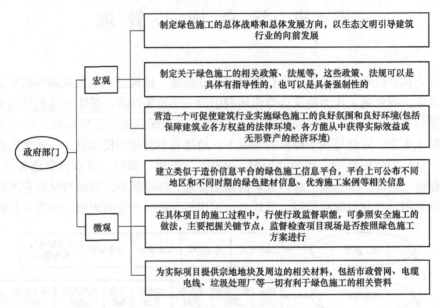

图 4-2　政府部门的绿色施工管理内容

4.1.2　建设单位的管理内容

工程项目的建设单位通常是项目的出资方、投资者，处于主导地位，其重视程度关乎绿色施工能否真正落实。建设单位应发挥其控制能力，在项目策划阶段慎重选择项目地址，主动提出绿色施工要求。招标过程中明晰绿色施工目标，明确要求投标方列出绿色施工费用。另外，需要对施工过程进行监督检查。建设单位应具有绿色意识，具备绿色施工的基本知识和管理能力，来保障绿色施工的认真落实。建设单位的绿色施工管理内容如图 4-3 所示。

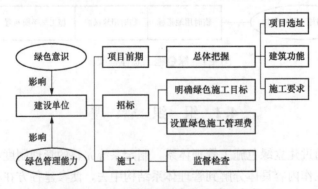

图 4-3　建设单位的绿色施工管理内容

4.1.3　设计单位的管理内容

传统项目中设计方与施工方没有过多联系，设计和施工分离的建设模式，造成了设计方在设计过程中往往对施工的可行性、便捷性等考虑不足。绿色施工的推进要求设计方也参与绿色施工管理活动。在设计时，设计方尤其需考虑对于绿色施工的可行性和便捷性、主要材料和设备的绿色性能等，以便为绿色施工的开展创造良好条件。在设计交底过程中，需要通过足够充分且细致的介绍让施工方理解其设计意图。在实际施工中，应结合对绿色施工的要求，协同施工方进行设计优化和施工方案优化。设计单位的绿色施工管理内容如图 4-4 所示。

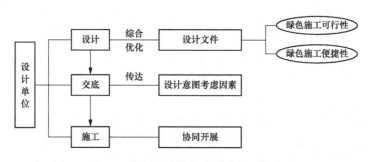

图 4-4 设计单位的绿色施工管理内容

4.1.4 施工单位的管理内容

施工单位是绿色施工的实施主体，全面负责绿色施工的组织和实施。施工项目部应建立以项目经理为第一责任人的绿色施工管理体系，负责绿色施工的组织实施及目标实现。项目绿色施工管理体系要求在项目部成立专门机构，作为协调项目建设过程中有关事宜的机构。该机构的成员由项目部相关管理人员组成，包含建设项目其他参与方，如建设单位、监理单位、设计单位的人员。同时要求必须设置绿色施工专职管理员，要求各个部门任命相关的绿色施工联络员，负责本部门所涉及的与绿色施工相关内容。施工单位的绿色施工管理内容如图 4-5 所示。

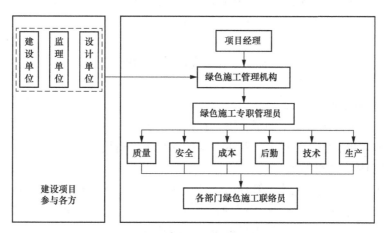

图 4-5 施工单位的绿色施工管理

施工中存在的环保意识不强、绿色施工投入不足、绿色施工管理制度不健全、绿色施工措施落实不到位等问题，是制约绿色施工有效实施的关键问题。应明确工程项目经理为绿色施工的第一责任人，由项目经理全面负责绿色施工，承担工程项目绿色施工推进责任。绿色施工管理机构开工前应制定绿色施工规划，确定拟采用的绿色施工措施并进行管理任务分工。管理职能主要分为决策、执行、参与和检查。项目主要绿色施工管理任务分工表制定完成后，每个执行部门负责编写绿色施工措施规划表，报绿色施工专职管理员。绿色施工专职管理员初审后报项目部绿色施工管理机构审定，作为项目正式指导文件下发到每一个相关部门和人员。在绿色施工实施过程中,绿色施工专职管理员应负责各项措施实施情况的协调和监控。在实施过程中,针对技术难点、重点,可以聘请相关专家作为顾问,保证实施顺利。

4.1.5 监理单位的管理内容

监理单位受建设单位委托,按照相关法律法规、工程文件、有关合同与技术资料等,对工程项目的设计、施工等活动进行管理和监督。在设计阶段,绿色施工管理要求监理

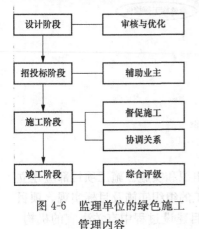

图 4-6 监理单位的绿色施工
管理内容

方利用其自身的经验,协助设计方进行设计的优化,审核设计方案能否满足法律法规、财务状况、绿色环保等各项条件,并提出意见,从而为绿色施工打下坚实基础及提供基本条件。在招投标阶段,监理方应辅助业主,将绿色施工的有关要求列入招标文件中,建议业主加大评标办法中对于绿色施工相关要求的权重。在施工阶段,监理方督促施工单位实施绿色施工,尤其是在"四节一环保"方面进行重点监督和管理。在竣工阶段,监理方结合项目的管理资料及工程的效果,完成对项目绿色施工管理情况的综合评价或者辅助业主完成综合评价,来促进绿色施工的发展和经验的积累。监理单位的绿色施工管理内容如图 4-6 所示。

4.1.6 材料、设备供应方的管理内容

材料、设备供应方应提供相应资料、设备的绿色性能指标,以便在施工现场实现建筑材料和设备的绿色性能评价,使绿色性能相对优良的建筑材料和设备能够得到充分利用,从而使建筑物在运行过程中尽可能节约资源、减少污染。

4.2 规 划 管 理

4.2.1 绿色施工图纸会审

绿色施工开工前应组织施工图纸会审,在设计图纸会审中增加绿色施工部分,结合工程实际,在不影响质量、安全、进度等基本要求的前提下,对设计进行优化。

4.2.2 绿色施工总体规划

在确定某工程要实施绿色施工管理后,公司应对其进行总体规划,具体包括以下内容。

(1)材料设备管理部门筛选距工程项目所在地 500km 范围内绿色建材供应商,向项目提供建材。结合工程具体情况,提出机械设备选型建议。

(2)工程科技管理部门收集工程周边在建项目信息,对工程临时设施建设需要的周转材料、临时道路路基建设需要的碎石类建筑垃圾,以及工程前期拆除(如有)产生的建筑垃圾就近处理等提出合理化建议。

(3)根据工程特点,结合类似工程经验,对工程绿色施工目标提出合理化建议和要求。

(4)对绿色施工要求的执证人员、特种人员提出配置要求和建议;对工程绿色施工实施提出基本培训要求。

(5)从绿色施工的基本原则出发,统一协调资源、人员、机械设备等,以求达到资源消耗最少、人员搭配最合理、设备协同作业程度最高最节能的目的。

（6）项目部根据以上公司规划，结合工程建设场地原有建筑分布情况、工程建设场地内原有树木情况、周边地下管线及设施分布、距施工场地 500km 范围内主要材料分布情况、相邻建筑施工情况、施工主要机械来源等基本情况做出绿色施工总体规划。

4.2.3 绿色施工专项方案

施工单位根据规划内容编制绿色施工专项方案，在工程施工组织设计的基础上，对绿色施工有关部分进行具体细化。施工单位编制实施方案时，首先要从全局出发，对工程建设参与的各个单位进行全局考虑，并把绿色施工的思想融入规划中，明确各方职责，提出各参与方的绿色施工实施措施。其次，应该对项目的施工总目标进行细化，明确绿色施工中应达到的具体目标，如建筑垃圾回收率、建筑材料损耗率等。提出各阶段的绿色施工工作要点，确定目标责任人，并对各阶段的工作提出具体的实施解决措施。

绿色施工方案应包括以下内容。

（1）绿色施工组织机构及任务分工。

（2）绿色施工具体目标。

（3）绿色施工针对"四节一环保"的具体措施：环境保护措施，制定环境管理计划及应急救援预案，采取有效措施，降低环境负荷，保护地下设施和文物等资源；节材措施，在保护工程安全和质量的前提下，制定节材措施，如进行施工方案的节材优化，建筑垃圾减量化，尽量利用可循环材料；节水措施，根据工程所在地的水资源状况，制定节水措施；节能措施，进行施工节能策划，确定目标，制定节能措施；节地与施工用地保护措施，制定临时用地指标、施工总平面布置规划及临时用地节地措施。

（4）绿色施工拟采用的"四新"技术措施。

（5）绿色施工的评级管理措施。

（6）工程主要机械、设备表。

（7）绿色施工设施购置（建造）计划清单。

（8）绿色施工具体人员组织安排。

（9）绿色施工社会经济环境效益分析。

（10）施工现场平面布置图等。

4.3 实 施 管 理

绿色施工应对整个施工过程实施动态管理，加强对施工策划、施工准备、材料采购、现场施工、工程验收等各个阶段的管理和监督。绿色施工的实施管理，其实质是在项目实施管理阶段，对绿色施工方案实施过程进行策划和控制，以达到规划所要求的绿色施工目标。在其实施过程中主要强调以下几点。

4.3.1 建立完善的制度体系

无论是绿色施工示范工程创建要求，还是项目本身的管理需要，项目在实施绿色施工管理过程中，都必须建立全套管理制度体系。通过制度，既约束不绿色的行为又制定应该采取的绿色措施，同时，制度也是绿色施工得以贯彻的保障体系。这些制度需要包含绿色施工前期策划、过程管理、实时监督、阶段总结、持续改进等各个方面，应该全过程、全方位地对整个工程绿色施工进行约束。编制时应以方便操作、紧密结合工程实际为原则，以贯彻实施绿色施工管理为目标。

4.3.2　持续改进

绿色施工推进应遵循管理学中通用的 PDCA 原理。绿色施工起始的计划（Plan，简称 P）实际应为工程项目绿色施工组织设计、施工方案或绿色施工专项方案。应通过实施（Do，简称 D）和检查（Check，简称 C），发现问题，确认绿色施工的实施是否达到预期目标。对已被证明的有效的绿色施工措施，要进行标准化，制定成工作标准，以便在企业和以后执行和推广，并最终转化成企业的组织过程资产。对绿色施工方案中效果不显著的或者实施过程中出现的问题进行总结，制定改进方案，形成恰当处理意见（Action，简称 A），指导新的 PDCA 循环，实现新的提升。如此循环，持续提高施工水平。

4.3.3　施工协调与调度管理

为确保绿色施工目标实现，在施工中要高度重视施工调度与协调管理。应建立以项目经理为核心的调度体制，对施工现场进行统一调度、统一安排与协调管理。及时反馈上级及建设单位的意见，处理绿色施工中出现的问题，并及时加以落实执行。实现各种现场资源的高效利用，确保有计划、有步骤地实现绿色施工的各项目标。

4.3.4　营造绿色施工氛围

目前，绿色施工理念还没有深入人心，很多人并没有完全接受绿色施工的概念。绿色施工实施管理，首先应该纠正职工的思想，努力让每一个职工把节约资源和保护环境放到一个重要的位置，让绿色施工成为一种自觉行为。应结合工程项目的特点，有针对性地对绿色施工做相应的宣传，通过宣传营造绿色施工的氛围。绿色施工要求在现场施工标牌中增加环境保护的内容，在施工现场醒目位置设置环境保护标识。

4.3.5　增强职工绿色施工意识

施工企业应重视企业内部的自身建设。使管理水平不断提高，不断趋于科学合理。加强企业管理人员的培训，提高他们的素质和环境意识，增加员工对绿色施工的承担与参与。在施工阶段，定期对操作人员进行宣传教育。要求操作人员严格按照已制定的绿色施工措施进行操作，鼓励操作人员节约水电、节约材料、注重机械设备的保养、注意施工现场的清洁，文明施工。

4.3.6　借助信息化技术

绿色施工实施管理可以借助信息化技术作为协助手段。目前，施工企业信息化建设越来越完善，已建立了进度控制、质量控制、材料消耗、成本管理等信息化模块，在企业信息化平台上开发绿色施工管理模块，对项目绿色施工实施情况进行监督、控制和评价等工作能起到积极的辅助作用。

4.4　评　价　管　理

绿色施工评价是绿色施工管理的一个重要环节，通过评价可以衡量工程项目达到绿色施工目标的程度，为绿色施工持续改进提供依据。

4.4.1　绿色施工评价体系

根据 GB/T 50640—2010《建筑工程绿色施工评价标准》，绿色施工评价体系（见图 4-7）的主要内容如下。

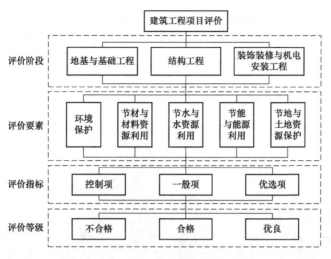

图 4-7 绿色施工评价体系

4.4.2 绿色施工项目自评价

绿色施工管理体系中应该有自评价体系。根据编制的绿色施工专项方案，结合工程特点，对绿色施工的效果及采用的新技术、新设备和新工艺，进行自评价。项目自评价由项目部组织，分阶段对绿色施工各个措施进行评价。一般分为地基与基础工程、结构工程、装饰装修与机电安装工程 3 个阶段。原则上每个阶段不小于一次自评，且每月不少于一次自评。

绿色施工自评价分 4 个层次进行：绿色施工要素评价（见附表 1-1）、绿色施工批次评价（见附表 1-2）、绿色施工阶段评价（见附表 1-3）和单位工程绿色施工评价（见附表 1-4）。

4.5 人员安全与健康管理

人员的安全与健康是绿色施工的基础。绿色施工讲究以人为本，在国内安全管理中，已引入职业健康安全管理体系。各建筑施工企业也都积极地进行职业健康安全管理体系的建设并取得体系认证。在施工生产中将原有的安全管理模式规范化、文件化、系统化地结合到职业健康安全管理体系中，使安全管理工作成为循序渐进、有章可循、自觉执行的管理行为。

绿色施工方案中：应制定施工防尘、防毒、防辐射等职业危害的措施，保障施工人员的长期职业健康；合理布置施工场地，保护生活及办公区不受施工活动的有害影响；提供卫生、健康的工作与生活环境，加强对施工人员的住宿、膳食、饮用水等生活与环境卫生等管理，明显改善施工人员的生活条件；施工现场建立卫生急救、保健防疫制度，在安全事故和疾病疫情出现时提供及时救助；编制突发事件预案，设置警告提示标志牌、现场平面布置图，安全生产、消防保卫、环境保护、文明施工等制度展板，公示突发事件应急处置流程图。

4.6 绿色施工应用案例

4.6.1 上海国际航空服务中心项目

1. 工程概况

上海国际航空服务中心（X-1 地块，见图 4-8）项目占地面积为 37 131m²，总建筑面积为 238 737m²，其中地上建筑面积约为 139 640m²，地下建筑面积约为 99 097m²（地下室大部分为 3 层结构，西侧局部 2 层）。由 2 栋建筑组成，X-1A 为 7 层裙楼，高 54.4m；X-1B 为 39 层塔楼，高 199.9m。

图 4-8　上海国际航空服务中心建筑效果图

2. 绿色施工目标、指标

根据合同要求，本项目制定了绿色施工创优目标，即建成后要达到 LEED 金奖、绿色建筑评价三星级标准的同时，还要争创上海市绿色施工样板工程及观摩工程、第四批全国建筑业绿色施工示范工程、住房和城乡建设部绿色施工科技示范工程、全国绿色施工及节能减排竞赛优胜工程（金奖）。为此，项目制定了严格的能源、资源消耗指标及其他管理目标，见表 4-1。

表 4-1　　　　　　　　　　　　　　项目绿色施工各项指标

指标项目	指标数值
能耗指标	≤0.031tce/万元产值
水资源消耗指标	≤8.31t/万元产值
钢材损耗率	≤1.75%
木材损耗率	≤3.5%
商品混凝土损耗率	≤1.05%
砌体材料损耗率	≤2.1%
其他绿色施工指标	(1) 施工现场的光污染、噪声、扬尘、污水等排放达标 (2) 通过管理与技术创新，降低建筑施工固体废弃物的产生，在基坑施工阶段，混凝土支撑等建筑垃圾（约 8 万 t）全部循环再利用

3. 绿色施工组织管理

完善项目绿色施工组织管理。建立健全项目绿色施工组织管理体系，成立以项目经理为第一责任人的绿色施工管理体系，项目各部门按照职能划分明确各自职责，全员参与，共同推进绿色施工与节能减排工作。绿色施工组织管理分布如图 4-9 所示。

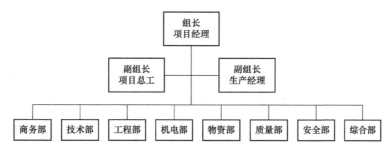

图 4-9 绿色施工组织管理分布

4. 绿色施工规划管理

做好绿色施工策划与方案。在施工组织设计中对绿色施工进行策划、独立成章，以此为依据编制绿色施工专项施工方案，按有关规定进行审批。在项目全周期内，做好项目准备工作与临建阶段、地基与基础工程阶段、结构工程阶段、装饰装修与机电工程阶段的专项施工计划。

5. 绿色施工实施管理与技术措施

本项目绿色施工措施分项如图 4-10 所示。

（1）节能与能源利用。

1）宿舍区空气源热泵技术。本项目工人及管理人员宿舍配备 15t 及 4t 容量的空气源热泵热水系统各一套（见图 4-11）。按照平均每人每天用热水 50L 计算，每天可满足 380 人的热水用量。假设每年平均每天将 19 000L 的水从 15℃ 加热到 55℃，即每天可节约用电 677kW·h，一年按照使用 330 天计算，可节约用电 223 410kW·h。

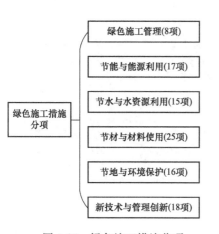

图 4-10 绿色施工措施分项

图 4-11 宿舍区空气源热泵技术

2）宿舍区 24V 低压照明、节能灯使用及手机充电系统。宿舍区将 220V 交流电转换为 24V 直流电源进入室内，并配套 LED 照明灯及直流电手机充电插座，既满足了工人日常生活需要，又实现了节能环保、安全用电（见图 4-12）。

3）宿舍区限电器使用，插卡取电及空调专线供电。工人宿舍区配备了空调，为工人提供舒适的休息环境。限电器和室外专线为空调供电，既防止工人违章使用大功率电器，又避免能源浪费和用电安全隐患。同时，通过插卡取电装置，督促工人自觉节约用电（见图 4-13）。

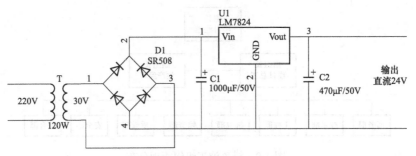

(a) 220V转24V直流电路仿真电路图

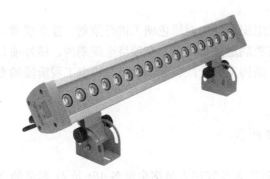

(b) LED照明灯

(c) 手机充电器插座

图 4-12　宿舍区照明节能措施

(a)限电器及插卡取电装置

(b)空调室外专线供电

图 4-13　宿舍区用电情况

4）办公区太阳能路灯。项目办公区采用的太阳能路灯是一套独立的分散式供电系统，有两大优点：一是不受地域限制，不受电力安装位置的影响，不需要开挖路面做布线埋管施工，现场施工和安装方便；二是利用光伏板发电并在蓄电池中存储电能，既环保又节能，综合经济效益良好（见图 4-14）。

5）镝灯时钟控制装置。镝灯时钟控制开关节能技术是将时钟控制器安装到电路上，用以统一定时开关，对节约用电起到非常重要的作用。本项目镝灯按照 30 盏计算，每盏镝灯功率为 2kW，每个时钟控制器平均每天可以节约无用照明 1h，全项目周期可节约用电 64 800kW·h（见图 4-15）。

图 4-14　办公区太阳能路灯　　　　图 4-15　镝灯时钟控制装置

6）办公区集热式太阳能热水系统。办公区采用集热式太阳能热水器，满足食堂、值班人员浴室、卫生间等热水需求。经计算，该套系统每年可产生热水 179t，对比常规电热水器，每年节约用电 9370kW·h。

7）办公区走廊灯声光控制。办公室及宿舍走廊灯安装声光控无触点开关，在晚上光线小于 3lux 的照度时可用声控自动开灯，设定时间在 40s 左右自动熄灭；白天光线充足时，无论多大的声音也不会开灯。

8）塔吊 LED 大灯。LED 灯配制高功率因数恒流电源和 LED 光源，寿命长，无光衰、色差、频闪，节能环保，可营造舒适的施工现场照明环境。本项目在 4 号塔吊上配备 LED 大灯，满足该塔吊附近区域施工照明要求，同时还节能环保。

9）变频塔吊节能技术。项目在不同施工阶段，将分别安装 2 台 STT293 和 2 台 STT153 变频塔吊。此类塔吊采用变频器拖动三相异步电机的控制方式取代传统调速方式，从根本上解决了塔吊机械故障率的问题，技术先进、节能显著。

10）普通塔吊等大型设备无功功率补偿技术。对于项目使用的一台 TC-6015 普通塔机，选用晶闸管投切的动态无功补偿装置，对塔吊负载实时响应跟踪补偿，提高了塔吊电机的功率，节约用电。

（2）节水与水资源利用。

1）水资源收集及自动加压供水系统。本项目生活、施工用水分别设置，生活用水采用市政直接供给，施工用水采用现场可回收水与市政水共同供给。当可回收水量不能满足现场施工用水时，市政用水通过浮球阀自动补给，互为备用。项目可回收水大部分有组织收集至项目北侧 300m³ 蓄水池兼三级沉淀池，保证可回收水是经过三级沉淀处理后的中水。可回收水收集主要来自现场大面积基坑降水、现场场地雨水、地下室雨水及后浇带渗漏水、屋面雨水、部分施工用水。

2）大门及栈桥采用循环水自动洗车。项目大门处及栈桥端部采用循环水冲车，既避免了车辆泥土外运时遗撒污染环境，又节约了水资源（见图 4-16）。

3）自动喷雾降尘系统。自动喷雾降尘系统是一种新型降尘系统，可达到降尘、加湿等多重功效。该系统造价低，运行维护成本低，经济实用，控制方便（见图 4-17）。在具备条件的情况下，利用雨水收集系统与喷雾管网连接，节水效率将进一步提升。

4）卫生间自动感应冲洗装置。工人宿舍区厕所采用节水控制器，冲水实现智能控制（见图 4-18）。安装前后用水表对比证明，节水率可达 70%。

图 4-16　大门循环水冲车装置

图 4-17　自动喷雾降尘系统

图 4-18　卫生间节水控制器

（3）节材与材料使用。

1）混凝土支撑建筑废弃物综合循环利用及制砖技术。通过混凝土建筑垃圾破碎及砌块制作技术，将项目混凝土支撑、截桩桩头等混凝土建筑垃圾实现 100%的现场资源化再利用。现场约 35 000m³ 的混凝土建筑垃圾制成约 35 000t 的再生级配碎石，同时利用破碎时产生的石粉，生产约 40 000m³ 的混凝土砌块，其中约 11 000m³ 用于本项目的地下室正式砌筑工程（见图 4-19）。

2）HRB600 高强钢筋应用。裙楼区域基础底板通过施工图优化，将原设计直径 32mm 的 HRB400 钢筋替换为直径 25mm 的 HRB600 高强钢筋。

3）预制混凝土块道路。根据基坑施工组织设计、各阶段平面布置图、绿色施工理念相结合的原则，考虑到临近地铁侧的 4、5、6、7 区基坑前期需要作为临时道路使用，后期待相邻基坑完成地下结构施工后方能进行开挖，此块区域应用装配式预制混凝土道路施工技术，前期作为道路和堆场使用。基坑开挖前可将预制块吊装周转使用，减轻了破碎临时道路产生的垃圾量及破碎时的噪声、扬尘等（见图 4-20）。

4）工具式临边防护围栏。基坑临边围护采用定型化、工具式临边防护，相比传统的钢管脚手架和密目网，具有安装方便、周转使用，节约材料和人工等优点（见图 4-21）。

5）废钢筋、废模板、短木方等再利用。利用废钢筋、废模板、短木方等制作水沟盖板、移动花坛、垃圾桶等，实现施工废弃资源的充分利用。

（4）节地与环境保护。

1）生物醇油作为食堂能源。环保生物醇油是我国最新科技成果，是一种可再生能源，使用时无烟、无味、无污染、无残渣、无黑锅，清洁卫生，燃烧时产生的 CO 低于柴油和液化气。该燃料在常温常压下储存、运输和使用，无需高压钢瓶，用普通铁桶或塑料桶封口储存即可，燃料可随时添加，极为方便，安全环保。

(a)混凝土建筑垃圾破碎两次

(b)破碎后粗细料筛分

(c)产生不同粒径碎石和石粉

(d)石粉放入制砖储料包

(e)石粉与水泥（约10%掺量）搅拌后制砖

(f)模震压制砖块成型后自动堆叠

图 4-19　混凝土支撑建筑废弃物综合循环利用及制砖技术

图 4-20　预制混凝土块道路　　　　　　　图 4-21　工具式临边防护

　　2）基坑外自动回灌技术。基坑工程开挖及降水过程中，在坑内外水头差极大的情况下，鉴于地墙（自凝灰浆止水墙、三轴搅拌桩等）的施工工艺、成墙质量、地下水层有水力联系等存在不确定因素，为避免坑内降水施工对坑外水位影响过大造成土体沉降，给基坑安全带来威胁，特在坑外设置回灌井。在坑外水位变化过大时自动进行回灌，保证水位维持在安全范围内。自来水作为回灌水源，回灌井井口焊牢密封，安装水表、压力表、止水阀、回水阀，基坑外自动回灌技术可保持坑内外水土平衡，减缓沉降；作为坑外应急抽水井，减少坑内补给源；可兼作坑外水位观测井。

　　此外，项目还采用了噪声、粉尘一体化检测系统，同时铺设植草砖做停车场，加大绿化面积。

　　（5）新技术与管理创新。

　　1）BYS-3 型养护室控制仪。标准养护室采用了 BYS-3 型养护室控制仪自动控制养护室的温湿度，不用人工调节，仪器自动转换制冷制热，确保温度恒定在（20±2）℃，相对湿度在 95％以上。

　　2）地下室底板高分子自粘胶膜防水卷材防水技术。采用高分子自粘胶膜卷材做底板防水时，单块底板防水施工可节约工期 1～2 天，节约混凝土防水保护层及浇筑所需的人工、机械费用。另外，高分子自粘胶膜卷材采用冷粘法施工无需动火作业，也可减少能耗及一定的空气污染。本项目总计基础底板面积约为 31 000m²，采用高分子自粘胶膜卷材能节约保护层细石混凝土（3cm 厚）930m³。

　　3）BIM 技术的综合运用。利用 BIM（Building Information Modeling，建筑信息模型）技术，对重要施工方案模拟实施，对复杂节点技术进行深化和交底，对施工各阶段工况进行模拟、优化场地布置，进行机电管线碰撞检测、综合管线深化设计等技术管理和现场协调，与绿色施工概念相结合，实现设计、技术与施工协同效应，保证"四节一环保"的实现。

　　6. 绿色施工评价管理

　　严格过程控制，做好评价管理。以 GB/T 50640—2010《建筑工程绿色施工评价标准》为评价管理基础，对绿色施工的效果及采用的新技术、新设备、新材料与新工艺进行自评估。项目按照地基与基础工程、结构工程、装饰装修与机电安装工程 3 个阶段，围绕"四节一环保"5 个要素，划分控制项、一般项、优选项 3 类评价指标，进行不合格、合格、优良的评价等级区分，并制定奖惩措施，按评价结果对相关责任人进行奖惩。

习　　题

1. 简述绿色施工的概念。
2. 简述绿色施工管理的内涵。
3. 绿色施工总体框架由什么构成?
4. 绿色施工方案应包括哪些内容?
5. 绿色施工实施管理阶段如何使项目达到绿色施工目标?
6. 绿色施工评价体系由什么构成?
7. 结合实例分析绿色施工中如何做到"四节一环保"。
8. 试论述 BIM 技术对于绿色施工的意义。

第 5 章　绿色建筑运营管理

5.1　绿色建筑运营管理的概念

5.1.1　建筑项目运营管理

项目的运营管理是对项目计划、组织、实施和控制的过程。有效的运营管理必须准确把握人、流程、技术和资金，将这些要素整合在运营系统中创造价值。建筑的运营管理同样也是一个投入、转换、产出的过程，通过运营管理来控制建筑物的服务质量、运行成本和生态目标，实现价值增值。

建筑项目运营管理阶段有如下特点。

1. 建筑运营管理阶段费用高

公共建筑物的运行与管理费用约占全寿命周期成本（Life Cycle Cost，LCC）的 85％以上，而一次建设费用仅占 15％。维持设备的功能、确保设备的高效率、尽量减少设备的故障，均是运营管理阶段的重要任务。

2. 运营管理阶段持续时间长

建筑项目建设周期一般只有 2～3 年，运营周期可以达到几十年。运营管理阶段是消费者体验建筑功能的阶段，消费者对建筑物的投资将逐渐在运营管理阶段获得回报。

5.1.2　绿色建筑项目运营管理

绿色建筑运营管理的概念由物业管理的概念发展而来，物业管理起源于 19 世纪 60 年代的英国，最初是为了系统管理各类房屋及其附属的设备、设施和相关场地。国际设施管理协会（International Facility Management Association，IFMA）将设备管理（Facility Management，FM）定义为：以保持业务空间高品质的生活和提高投资效益为目的，以最新的技术对人类有效的生活环境进行规划、整备和维护管理的工作。早期的物业管理的关注点集中在不动产的维护、养护等方面，很好地维护了不动产的经济价值。

随着社会的发展，人们对生活品质和人居环境的要求越来越高，绿色建筑理念深入人心，建筑的绿色化变革急需一套与之相匹配的物业管理理念的变革与创新，绿色建筑运营管理应运而生。截至目前，有多位学者给出了绿色建筑运营管理的定义。刘睿从绿色、生态的角度对绿色建筑运营管理进行了深刻剖析，在《绿色建筑管理》中指出：绿色建筑运营管理是在传统物业服务的基础上进行提升的，在给排水、燃气、电力、电信、安保、绿化等的管理及日常维护工作中，坚持"以人为本"和可持续发展的理念，从建筑全寿命周期出发，通过有效应用适宜的高新技术，实现节地、节能、节水、节材和保护环境的目标。王少峰等认为绿色建筑运营管理是指企业依据可持续发展的要求，把节约资源、保护和改善生态与环境、有益于消费者和公众身心健康的理念，贯穿到运营管理的全过程，以实现经济、社会和环保效益的有机统一。刘戈认为绿色建筑运营管理是在绿色建筑运营阶段，采取先进、适用的管理手段和技术措施，确保绿色建筑预期目标实现的各项管理活动的总称。

综合多位学者的思考可以给出绿色建筑运营管理的定义：将可持续发展和以人为本的理念和方法应用到绿色建筑的运行阶段中，运用科学的管理体系和技术方法节约资源、保护环境，为用户提供健康灵活的使用空间，实现经济效益、社会效益和环保效益有机统一的过程。

绿色建筑的运营管理除具有传统建筑运营管理的特点外，还具有以下特点。

1. 绿色建筑运营管理阶段的重要性强

运营管理阶段是绿色建筑的环境效益、经济效益、社会效益得以实现的阶段。设计和建造的各种绿色建筑的技术措施需要在运营管理阶段通过合理的管理使之发挥作用。绿色建筑的建设质量，只能在建筑物的运营管理过程中得到反映。绿色建筑的建设目标，要依靠建筑物的运营管理的保障，在运营管理过程中得以体现。

2. 运营管理效果的实现需要依靠合理的管理制度和智能化技术

合理完善的绿色管理制度是获得良好的运行效果的基础与前提，良好的物业管理制度也是确保运营管理效果的重要保障。新型的信息化智能化技术的应用是提升运营管理效果的重要方法，智能化系统因为能够满足用户高层次的需求，在绿色建筑中有着广泛而直接的应用。

5.1.3　绿色建筑运营管理利益相关者

现代西方管理学界对利益相关者的定义大体有两种表达，一种认为"利益相关者是环境中受组织决策和政策影响的任何相关者"，该定义强调组织决策和政策对利益相关者的单向影响；另一种认为利益相关者是能够影响组织目标实现或受组织决策和行为影响的个人与团体，该定义强调组织与利益相关者的相互影响。在当代西方企业管理学的著作中，越来越多的学者倾向后一种定义，即要求把企业与股东、顾客、社区和政府等关系，作为相互内在、双向互动的关系，纳入广义的企业管理范围。

在绿色建筑的运营阶段，建筑已经完成建设投入使用，设备或材料商、设计方、施工方3类群体的工作已经结束，投资者和开发商将建筑销售完毕后转交物业公司进行管理。因此，绿色建筑运营管理过程中的主要利益相关者有政府及相关职能部门、物业管理单位和开发商、消费者3类。

1. 政府及相关职能部门

政府及相关职能部门是政策的制定者、监督者、管理者，是社会公共利益的维护者，政府的利益诉求是实现社会利益的最大化，兼顾公平和效率。作为独立的非营利性组织，在科学发展观的指导下，政府积极推行和倡导的是"低碳减排"生活和建设节约型社会，强调的是绿色建筑对于资源消耗大国的重要意义。例如，住房和城乡建设部提出，到2020年北方和沿海经济发达地区，以及特大城市的新建建筑实现节能65%的目标；绝大部分既有建筑完成节能改造，新建建筑对不可再生资源的总消耗比2010年再下降20%。政府在推广绿色建筑的过程中关心的是节能环保效益，在当前国家提倡节能减排的要求下其推广绿色建筑的目的是响应国家号召实现节能减排、保护环境、改善民生。

2. 物业管理单位和开发商

开发商作为经营性企业，其利益诉求是追求边际生产效益的最大化。建造绿色建筑意味着投资的增多，从而提高房屋的销售价格，为销售带来一定的难度。为了满足获取利润的要求，开发商在收益最大化的行为下会牺牲部分节能环保效益或社会效益。开发商开发绿色建筑的最终目标是利益最大化，与绿色建筑经济环境和社会效益综合发展的目标并不统一。所有为实现绿色所采取的技术都是为了通过楼盘的推广而获得更大的收益，采用技术增加的成本最后都会由消费者承担。因此，开发商在绿色建筑推广过程中更多关注的是自身的经济效益，而忽视部分消费者的健康舒适度及环境效益。

物业管理单位是绿色建筑在运营管理阶段的直接管理者，物业管理单位管理水平的高低对绿色建筑的运行实效有着直接影响。物业管理单位作为运营管理的执行者，是运营管理最重要的主体，其参与绿色建筑运营管理的动因是多方面的，如提升企业知名度、拓宽业务范围。但作为经济组织，利益驱动仍是物业管理单位最主要的动力。同开发商一样，物业管理单位在运行阶段追求的是自身经济效益的最大化。

3. 消费者

消费者是绿色建筑的最终购买者和直接受益者，是建筑业发展绿色建筑重要的参与者，绿色建筑最终的运营实效都要通过消费者的体验来检验。消费者的利益诉求体现在对个人福利的追求，在购房时，这种个人福利体现在对房屋价格、地段、安全、舒适性等的考量。消费者选择绿色建筑是因为它能带来更好的居住环境，从而提高生活质量和工作效率。在运营阶段，用户关注的是建筑的使用维护成本、能源节约后的经济效益、个人舒适度等经济性能和社会性能。虽然建筑单纯使用先进的技术可能会带来良好的社会效益和环境效益，但是其花费的费用远高于期望值，这对消费者来说是难以接受的。

基于上述分析，绿色建筑市场不同利益相关者的利益诉求、行为动机及效益目标见表 5-1。

表 5-1　　　　绿色建筑市场不同利益相关者的利益诉求、行为动机及效益目标

利益相关者	利益诉求	行为动机	效益目标
政府及相关职能部门	社会公共利益最大化	兼顾公平和效率	环境效益
物业管理单位和开发商	边际生产效益最大化	收益最大化	经济效益
消费者	个人福利提升	效用最大化	经济效益、社会效益

绿色建筑运营管理阶段的主要相关者的利益是对立统一的，他们对绿色建筑发展的目标和利益需求存在着一定的差异化。政府及相关职能部门作为社会的管理者希望建筑可以保护环境，物业管理单位和开发商的最终目的是希望从项目中获得最大经济利益，而消费者希望建筑在使用过程中有良好的舒适度，并且有优异的价格。

绿色建筑的推广需要调动各方的积极性，实施众多利益相关者共同参与的模式。在这种情况下，我们需要综合考虑各方的利益，在兼顾社会环保节能效益的同时考虑绿色建筑的经济效益和消费者能感受到的个人效益，建立公平合理的绿色建筑运营管理评价体系。因此，在对绿色建筑的评价过程中，应该兼顾各方的利益，同等考虑环境效益、经济效益、社会效益 3 个目标（见图 5-1）。

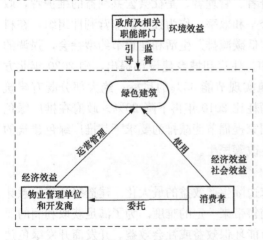

图 5-1　绿色建筑运营管理参与主体的关系

5.2　绿色建筑运营管理标准

5.2.1　国外运营管理标准

发达国家在绿色建筑方面起步较早，针对绿色建筑运营管理设立了较为完善的标准体系。目前，在国际中运用比较广泛的标准有美国 LEED O＋M（LEED for Building Operations and Maintenance）、英国 BREEAM In Use、日本 CASBEE EB（CASBEE for Existing Buildings）等（详见本书第 10 章和第 11 章）。

1. 美国 LEED O＋M

美国的 LEED 评价体系针对不同的建筑类型和建筑的不同寿命周期阶段建立了不同的评级系统。其中有专门针对既有建筑运营的 LEED O＋M 系统，为建筑物的业主和物业管理单位提供了一个评估系统，以便有效地比较和验证建筑全寿命周期的运营过程中的更新、改善和维护保养等措施的实际效果。

2. 英国 BREEAM In Use

英国 BREEAM In Use 评级系统是专门针对既有建筑进行运行评估的标准，该标准对于使用中的既有建筑从建筑性能、运营性能、业主管理 3 个方面进行评价，评价内容包含管理、能源、健康宜居、交通、水耗、材料、垃圾处理、土地使用及生态环境、污染 9 个方面。

3. 日本 CASBEE EB

日本的 CASBEE 绿色建筑评估体系针对不同建筑类型、建筑寿命周期不同阶段开发了不同的评价工具。对于绿色建筑的运营阶段，CASBEE 体系中设置有用于现有建筑的绿色标签工具，即 CASBEE EB。该工具对建筑已有性能及建筑内已经安装的设备进行评价。

5.2.2　中国运营管理标准

我国对绿色建筑的研究相对较晚，目前关于运营管理标准具有代表性的有《中国生态住宅技术评估手册》、GB/T 50378—2019《绿色建筑评价标准》及部分地区绿色建筑物业管理评价准则，如《深圳市绿色物业管理导则（试行）》。

1.《中国生态住宅技术评估手册》

2001 年，建设部科学技术司出台了《绿色生态住宅小区建筑要点与技术导则》，并在同年制定了首个绿色建筑评价体系《中国生态住宅技术评估手册》，该手册从小区环境规划设计、能源与环境、室内环境质量、小区水环境及材料与资源 5 部分对新建小区的设计、施工、运营管理进行评价，每部分总分为 100 分。其中与运营管理有关的评价因子见表 5-2。

表 5-2　　　　《中国生态住宅技术评估手册》涉及绿色运营管理分项评分表

评价项目	指标分项
能源与环境	建筑主体节能（35 分）
	常规能源系统优化利用（35 分）
	可再生能源（15 分）
	能源对环境的影响（15 分）

续表

评价项目	指标分项
室内环境质量	室内空气质量（40 分）
	室内热环境（20 分）
	室内光环境（20 分）
	室内声环境（20 分）
小区水环境	用水规划（12 分）
	给排水系统（40 分）
	污水处理与利用（17 分）
	雨水利用（8 分）
	绿化与景观用水（14 分）
	节水器具与设施（9 分）

2. 《绿色建筑评价标准》

2006 年，我国第一部绿色建筑国家标准 GB/T 50378—2006《绿色建筑评价标准》投入使用，在一定的时间内推动了我国绿色建筑的发展。随着时间的推移，该标准在实践应用中的弊端逐渐显现出来。2014 年，住房和城乡建设部在第一部国家标准经过 8 年实践检验的基础上加以修改和完善，发布 GB/T 50378—2014《绿色建筑评价标准》，并于 2015 年 1 月 1 日起开始实施。此标准将建筑评价分为绿色建筑设计评价标识和绿色建筑运行评价标识。对于运行评价，从节地与室外环境、节能与能源利用、节水与水资源利用、节材与材料资源利用、室内环境质量、施工管理、运营管理 7 个方面展开。GB/T 50378—2014 中运营管理部分详细规定了管理制度、技术管理、环境管理 3 部分内容见表 5-3。

表 5-3　　　GB/T 50378—2014《绿色建筑评价标准》涉及运营管理分项评分表

评分项	评价内容	分值
管理制度	物业管理机构获得环境、质量、能源管理认证	10
	节能、节水、节材、绿化的操作规程、应急预案完善，且有效实施	8
	实施能源资源管理激励机制	6
	建立绿色建筑宣传机制	6
技术管理	定期检查、调试公共设施设备	10
	空调通风系统的检查和清洗	6
	非传统水源的水质和用水量的记录完整、准确	4
	智能化系统的运行效果	12
	信息化管理	10
环境管理	采用无公害病虫害防治技术	6
	栽种的树木一次成活率大于 90%，植物生长状态良好	6
	垃圾收集站及垃圾间不污染环境，不散发臭味	6
	实行垃圾分类收集和处理	10

2019 年 5 月 30 日，住房和城乡建设部发布 GB/T 50378—2019《绿色建筑评价标准》，自 2019 年 8 月 1 日起实施，GB/T 50378—2014《绿色建筑评价标准》同时废止。关于 2016 年版《绿色建筑评价标准》在第 9 章中将有详细的介绍。

3. 《深圳市绿色物业管理导则（试行）》

2011 年，深圳市住房和城乡建设局发布了《深圳市绿色物业管理导则（试行）》，该导则要求从组织管理、规划管理、实施管理、评价管理和培训宣传管理 5 个方面实施绿色物业管理的制度建设，把节能、节水、垃圾处理、环境绿化、污染防治 5 个方面作为绿色建筑物业管理的技术要点。而后深圳市住房和城乡建设局逐步完善了深圳市绿色物业管理的评价体系，先后发布了《深圳市绿色物业管理项目评价办法（试行）》和《深圳市绿色物业管理项目评价细则（试行）》。《深圳市绿色物业管理项目评价细则（试行）》在《深圳市绿色物业管理导则（试行）》的基础上增加了行为引导与公共参与这一指标的评价，还增加了创新鼓励这一项。深圳市住房和城乡建设局发布的一系列绿色物业管理政策法规和技术规范，逐步完善了对物业管理的评价，为国内其他各城市制定适合各自地方特色的物业管理体系提供了参考。

5.2.3 国内外运营管理相关内容比较

梳理总结国内外典型绿色建筑评价体系中的运营阶段标准（见表5-4），不难看出，国外的绿色建筑起步较早，在发展过程中经历了由设计到建造使用的过程，发达国家编制了一系列的标准以促进规范绿色建筑的运营，经过多年的实践，取得了良好的效果。我国绿色建筑评价标准体系中尚没有专门针对运营管理阶段的标准。因此，我国应借鉴国外经验，结合自身现状建立完整详细的标准来解决绿色建筑运营管理中存在的问题，促进绿色建筑行业的发展。

表 5-4 国内外典型绿色建筑评价标准体系中运营阶段标准

评价体系	运营管理评价标准	评价对象	内容划分
美国 LEED	LEED O+M	建筑本身及运营过程	选址与交通、可持续场址、用水效率、能源与大气、材料与资源、室内环境质量等
英国 BREEAM	BREEAM In Use	建筑本身及运营过程	建筑性能、运营性能和业主管理等
日本 CASBEE	CASBEE EB	建筑本身及运营过程	建筑的内部和外部
中国《绿色建筑评价标准》	无	建筑本身	管理制度、技术管理和环境管理等

与绿色建筑的规划、设计、施工等阶段相比，运营管理阶段具有其特殊性。与传统的物业管理相比，绿色建筑的运营管理活动必须具有先进的理念、先进技术与管理方法。因此，编制绿色建筑运营管理标准需遵循以下原则。

1. 借鉴国外经验，结合我国国情

综合分析以美国 LEED、英国 BREEAM 等为代表的绿色建筑评价体系中的运营管理部分，充分考虑我国各地区在气候、地理位置、自然资源、经济发展水平等方面的差异，紧密结合我国国情。

2. 突出"以人为本"的内涵要求

绿色建筑"以人为本"的内涵要贯穿全寿命周期。运营阶段是实现"以人为本"的关键阶段：一方面，要求绿色建筑的运营管理必须以为物业所有者或使用人提供高质量的服务为宗旨；另一方面，要求绿色建筑的管理者充分发挥人的主观能动性，并引导物业使用者积极参与，创造"人、建筑、社会"和谐发展的环境。

3. 定性与定量相结合

涉及目标、制度建设、人的行为约束等方面的内容主要通过定性的方式描述，但绿色建筑的运营效率需通过定量的指标来体现。绿色建筑的运营管理标准中应当具有相关的定量要求，如此才能使运营标准更具有科学性和实用性。

4. 特殊性和一般性相结合

绿色建筑的共同特点是"四节一环保"，具有普遍性；同时，不同的绿色建筑由于功能要求、使用要求和评价等级等的不同，又具有特殊性。因此，绿色建筑的运营管理标准中应当充分考虑绿色建筑的普遍性与特殊性的区别和联系，以使运营标准更具实用性。

5.3　绿色建筑运营管理评价

在绿色建筑的发展和推广过程中，建立公平合理的绿色建筑运营管理评价体系，有利于科学地衡量绿色建筑的真实效果。确保购买的绿色建筑的质量有保障，减少绿色建筑收益的不确定性，同时也能树立市场导向，使绿色建筑相比传统建筑能够得到相应的价格的回报，促进绿色建筑产品市场的推广。

5.3.1　运营管理评价指标体系

绿色建筑运营管理过程涉及多样而复杂的因素，绿色建筑运营管理的评价应该从其特征与目标展开，然后围绕绿色运营管理的总目标逐步分解，建立全面、科学的评价指标体系。完善的管理制度对于运营管理的实践有着重要的指导作用，在整个运营管理过程中占据着重要的地位；绿色建筑运营管理的定义突出了"四节一环保"的理念，即节能、节地、节水、节材和保护环境；智能控制系统、信息化手段等新型技术的应用有利于推动绿色建筑的信息化发展，有利于收集数据为绿色建筑运营管理评价提供科学的依据；绿色建筑的运营管理是全面全方位综合考虑各利益相关者的综合管理过程，不仅包含对资源的节约和环境的保护，同时应考虑经济效益，特别是新型的技术和管理方法所带来的增量成本与增量收益之间的经济关系；绿色建筑运营管理的理念是"以人为本"，在运营管理中应该考虑用户的舒适度和身心健康；绿色建筑的推广最终是提高能源的利用效率，在增强建筑空间舒适性的同时减小对环境的压力，社会效益是绿色建筑运营管理评价的另一个重要的方面。

总而言之，要实现对绿色建筑运营管理的综合评价，要着眼于基本绿色管理制度、资源的节约与利用、环境营造与保护、智能化系统、经济效益、社会文化效益6个方面来建立，分目标层来反映和体现总目标，见表5-5。

表 5-5　　　　　　　　　　　　　绿色建筑运营管理评价体系

目标层	一级指标	二级指标	三级指标
绿色建筑运营管理评价体系	基本绿色管理制度	物业管理企业管理水平	获得的有关管理体系认证
		管理体系	目标管理
			组织管理
			实施管理
			培训管理
			宣传管理
	资源的节约与利用	能源节约与利用	非可再生能源的节约
			可再生能源的使用情况
		土地资源节约与利用	土地的节约利用
			地下空间的合理利用
		水资源节约与利用	减少用水量
			非传统水资源利用率

续表

目标层	一级指标	二级指标	三级指标
绿色建筑运营管理评价体系	环境营造与保护	室内环境质量	室内空气质量
			室内声环境质量
		室外环境质量	室外声环境
			室外热舒适度
		垃圾的分类处理和回收利用	垃圾对环境的污染程度
			垃圾的分类收集处理情况
		绿化设施的应用及效果	绿地率
			绿化用地的设置
	智能化系统	建筑设备管理系统的应用	建筑设备监控系统的应用
			公共安全系统的应用
		信息化系统的应用	信息化应用系统
			信息化设施系统
			智能化集成系统
	经济效益	增量收益	增量成本回收期
	社会文化效益	功能性	功能性
		形象与文化	视觉状态
			地域文化传承
		健康舒适性	室内采光
			室内热环境

5.3.2　运营管理评价指标分析

1. 基本绿色管理制度

（1）物业管理企业管理水平。"物业管理企业管理水平"从物业管理企业获得的有关管理体系认证来评价，该指标鼓励对物业管理单位实行认证机制，督促物业管理企业加强环境、质量、能源管理能力。

（2）管理体系。管理体系指标考核在目标管理、组织管理、实施管理、培训管理、宣传管理 5 方面的制度和措施的制定及落实情况，其中：目标管理为了保证有关能耗、环境效益目标的落实，物业管理企业按年度设定能耗、水耗、物耗、减排等年度控制目标，并制定相应工作计划；组织管理设置绿色运营管理的专业岗位，并明确各岗位的职责和分工，制定相应的考核激励制度；实施管理制度是指保障节能、节水、节材、绿化等相关设施有效实施的制度，以及实施能源资源管理激励机制，使各制度在运营中得到落实，使物业管理业绩与资源节约及经济效益相互联系，从而调动物业管理人员的绿色意识和绿色管理的积极性；培训管理是普及绿色管理知识、强化绿色意识的主要手段，因此，物业管理单位应制定明确的管理人员绿色服务培训计划和详细的培训方案，积极做好绿色运营培训管理；宣传管理是指绿色计划的落实需要每一个消费者的共同努力才能达成，物业管理机构应建立良好的绿色教育宣传机制，充分调动消费者参与绿色计划的积极性，让广大使用者加入绿色管理的行列。

2. 资源的节约与利用

运营管理阶段是各类资源消耗最多的阶段，同时也是节约资源潜力最大的阶段。运营管理过程所涉及的资源主要包括能源、土地资源、水资源 3 部分。

（1）能源节约与利用。主要衡量在运营阶段对于非可再生能源的节约和可再生能源的使用情况。运营管理阶段主要消耗的能源是电能和燃气，该指标鼓励用户尽量采用各种节能设施，如节能空调系统、节能照明灯具、节能电梯等设备，减少电、燃气等能源的浪费，同时结合建筑的条件合理地利用太阳能、地热能、生物能等新型可再生能源来代替传统能源。

（2）土地资源节约与利用。该指标主要考察运营管理阶段对土地的合理利用水平，包括土地的节约利用、地下空间的合理利用。

（3）水资源节约与利用。水资源是运营阶段使用最多的一种资源，采用高性能的给排水系统和节水器具，合理利用再生水、雨水、海水等非传统水资源，可以节约水资源降低运营成本。该二级指标鼓励用户在生活中采取各种节水措施节约用水，并合理利用非传统水资源。

3. 环境营造与保护

环境营造与保护指标主要考察运营过程中为环境的营造及保护所做的努力和最终效果。应结合建筑环境条件，从室内环境质量、室外环境质量、垃圾的分类处理和回收利用、绿化设施的应用及效果等方面入手，实现对运营过程的空气质量、噪声、垃圾及绿化措施对环境影响的评价。

（1）室内环境。室内环境包括室内空气质量和室内声环境质量两部分：室内空气质量指标鼓励采取自然通风措施提高空气的质量，在运营阶段中，可能产生各类影响大气环境质量的污染物质，如呼吸所产生的 CO_2、车库所产生的 CO、厨房卫生间产生的废气，应在重要的房间设置空气质量监测系统，及时掌握空气的质量；室内声环境质量，噪声污染是环境污染中又一重要的污染源，在运营过程中应该采取合理的降噪措施减少噪声对环境的污染，确保室内噪声级别满足生活要求。

（2）室外环境质量。室外环境包括室外声环境和室外热舒适度：室外声环境是指建筑物所处功能区的噪声水平；室外热舒适度主要考察建筑所能够达到的室外热舒适度的水平，该指标鼓励采取措施降低热岛强度。

（3）垃圾的分类处理和回收利用。运营中产生的垃圾是环境污染的重要因素。加强不同类型垃圾的分类处理和回收利用，是将垃圾资源化、改善环境质量的重要措施。

4. 智能化系统

智能化系统包括建筑设备监控系统、公共安全系统、信息化应用系统、信息设施系统、智能化集成系统。

（1）建筑设备管理系统的应用。建筑设备管理系统包括建筑设备监控系统和公共安全系统：利用建筑设备监控系统，可以对热力、制冷、空调、给排水、电力、照明、电梯等实行有效的监测与控制，可以及时收集运行数据并对建筑的节能、节水及环境质量情况进行统计分析，从而有效地提高建筑运行效率，实现节能降耗；公共安全系统包括火灾自动报警系统、安全技术防范系统和应急联动系统，此系统能够及时监测到安全隐患，快速应对各种突发事件，保障用户的生命、财产安全。

（2）信息化系统。信息化系统包含信息化应用系统和信息化设施系统：信息化应用系统是指通信接入系统、电话交换系统、信息网络系统、有线电视及卫星电视接收系统等信号系统；信息化设施系统是指对物业管理的有关信息进行统一管理建立的公众服务平台。

5. 经济效益

绿色建筑的设计和施工阶段是消耗费用的阶段，绿色建筑的运营管理阶段是产生增量效益的阶段。在建设阶段投入的先进的节能环保技术带来的增量成本，可以通过建筑运营管理阶段中节能、节水等增加的收益来补偿。

6. 社会文化效益

绿色建筑运营管理的社会文化效益评价是指绿色建筑在继承和发扬传统建筑文化，满足用户功能性需求的同时给人类带来的生理和心理健康方面的影响。

（1）形象与文化。形象与文化包括视觉状态和地域文化传承：视觉状态是指建筑外形给人视野上的主观感觉，体现在建筑的外形与周围环境的协调性，继承传统建筑的特点并与当代特色相结合的风格，以及所展现的形式与材质；地域文化传承是指建筑尊重当地生活习俗、保护周围地域文化环境、继承和发展传统建筑文化、适应现代经济社会发展的状况。

（2）功能性。这项指标要求建筑平面、空间布局灵活合理，以满足使用者不同时段的需求为基础，使其能够根据需求灵活转变及转型。

（3）健康舒适性。健康舒适性包括室内热环境和室内采光：室内热环境指标是为了保证室内良好的热环境和温度的可控制性；室内采光指标鼓励采取自然采光的形式改善室内采光效果。

对于上述提出的绿色建筑运营管理评价指标体系，可以采用层次分析法、熵权法等综合评价方法对具体的绿色建筑项目运营情况进行评估。

5.4 绿色建筑运营管理现状及对策

5.4.1 绿色建筑运营管理现状

绿色建筑的运营管理要求严格按照绿色建筑的设计要求，从节约资源和保护环境的角度，最大化地实现绿色建筑的技术、设备的运行效率。此外，在市场环境方面，由于绿色建筑运行成本较高，单纯依靠市场调节机制很难推动绿色建筑的发展，制定相应的经济激励政策已成为促进建筑可持续发展的一个必要措施。因此，下面分别从"四节一环保"和绿色建筑运营经济政策两个方面来阐述绿色建筑的运营管理现状。

1. 绿色建筑运营阶段"四节一环保"现状

"四节一环保"中，节地和节材方面是由设计和施工阶段所决定的，在建筑的运营阶段很难起到很好的改善效果，故不做分析。

（1）节能方面。基于绿色建筑的全寿命周期角度分析，绿色住宅在运行阶段的能耗占全寿命周期的 74.7% 左右，而绿色公共建筑的能耗甚至达到了 84.7%（见图 5-2）。

（2）绿色建筑运行阶段的碳排放方面。国内一些专家通过对大量的已经建成并运行的绿色建筑进行数据的采集及计算模拟，发现绿色住宅和绿色公共建筑全寿命周期碳排放量（见图 5-3）总体上与能耗比例相似，69%~80% 的碳排放量集中在运营阶段，而在建筑的建造、拆除等阶段的碳排放量却相对较小。

（3）节水方面。根据当前国内绿色建筑行业发展的需求和近年来绿色建筑工程实践经验，在运行阶段主要对节水系统、节水器具与设备、非传统水源利用 3 个方面进行管理。主要考察水系统规划的效果、节水设备器具实际安装情况及运行效果、非传统水源使用率等实际运行效果，重点包括平均日用水量、雨污分流、景观水体补水、节水器具运行流量、绿化节水、非传统水源利用率等指标，并对每年实际运行用水消耗量进行记录与分析。通过与节水定额限值进行比较，判断节水效果好坏及设施是否正常运行。

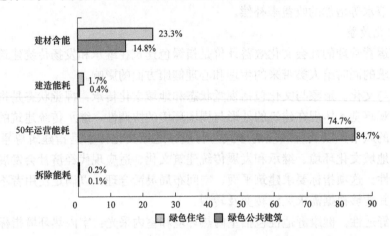

图 5-2　绿色住宅与绿色公共建筑在不同阶段的能耗比例

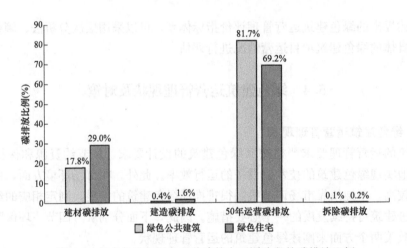

图 5-3　绿色住宅与绿色公共建筑在不同阶段的碳排放比例

（4）环境保护方面。主要体现在室内绿色建筑在室内声光热环境的控制、室外绿化管理、垃圾投放、处理等方面。室内空气质量方面，在运营的过程中通过加强管控，结合设备系统的联动反馈进行专项调试，控制设备系统的正常运转和及时维护，确保实现设计功能。在垃圾处理方面，根据建筑的使用功能和特点，制定相应的垃圾管理、分类收集制度，并定期做好垃圾站清洗、清运和回收的记录，给消费者提供一个美好舒适的生活和工作环境。

2. 绿色建筑运营经济政策现状

为了促进开发商、物业管理者、消费者的积极性，政府相继制定了一系列的经济政策来推动绿色建筑的发展，各省份也根据自己的地理位置、经济发展条件，相继制定了适合本地区的经济激励政策，包括财政补贴政策、减免相关费用、信贷激励政策、税收优惠政策等一系列奖励政策。

（1）财政补贴政策。在某些省份或城市，获得绿色建筑运行标识的项目可获得一定的政府财政奖励。例如，厦门市建设局和财政局共同制定的《厦门市绿色建筑财政奖励暂行管理办法》（厦府办〔2014〕11 号）规定，对于取得绿色建筑运行标识的项目的建设单位，根据一星级、二星级、三星级可分别获得 30、45、80 元/m² 的补助。

（2）减免相关费用。在某些省份，获得绿色建筑标识的项目可获得政府收取费用的减免。例如，内蒙古自治区规定，取得一星级的绿色建筑可获得政府 30％的城市市政配套费减免，二星级和三星级的减免程度更大，分别达到了 70％和 100％；青海省发布了《关于加快推动绿色建筑发展的意见》（青政办〔2012〕275 号）的经济激励政策，对获得绿色建筑运行标识的建设项目，按一星级、二星级、三星级分别减免 30％、50％、70％。

（3）信贷激励政策。绿色建筑相对于普通的建筑，其建设、运行成本较高，投资回收期较长。因此，一些省份为推动绿色建筑开发商的积极性，放宽了对有关绿色建筑项目的贷款条件，并给以一定比例的优惠政策。例如，安徽省针对不同的相关主体，制定了不同的金融服务政策。对于开发商，在开发绿色建筑项目的过程中可享受降低 1％的贷款利率的政策。对于消费者，在购买绿色建筑产品时，可享受金融机构下浮 0.5％贷款利率的优惠。该项政策的制定不仅推动了信贷机构在绿色建筑方面的业务规模化发展，也提高了开发商开发绿色建筑项目的积极性及消费者购买绿色建筑的热情。

（4）税收优惠政策。在某些省份，为了支持和鼓励绿色建筑在运营阶段的管理，若达到《绿色建筑评价标准》相关规定的，可享受一定的税收优惠政策。例如，广东为了推动绿色建筑的发展，通过了《广州市人民政府关于加快发展绿色建筑的通告》（穗府〔2012〕1号），规定绿色建筑投入运行后，获得绿色建筑运营标识二星级、三星级，或者获得 DBJ/T 15-83-2017《广东省绿色建筑评价标准》运行评价标识ⅡA 级以上（含ⅡA 级）的，可依法享受相应的税收优惠。

5.4.2　绿色建筑运营管理存在的问题

1. 绿色建筑在运营期间管理成本过高

相对于传统建筑而言，绿色建筑运用了大量的新技术和先进设备，因而在运行的管理过程中需要投入更多的技术人员和能耗监测设备来保证各项技术和设备的正常运行，进而导致了绿色建筑运营管理成本过高，影响绿色建筑的推广。

2. 主体之间缺乏有效的合作

绿色建筑运营管理是一个系统的管理过程，我们要全面考虑各个部门和人员在管理中所扮演的角色，并根据其在管理过程中的作用制定相应的管理策略。绿色建筑运营管理的主体主要包括物业管理单位和开发商、消费者、政府及相关职能部门。在当前的绿色运营管理过程中，各个主体之间缺乏有效的沟通机制和运行管理机制，责任划分不明确，导致各主体之间在运行管理过程中不能有效地合作，进而导致前期设计没有考虑运行成本，后期绿色技术在实施过程中落实不到位，设备系统的参数不能达到设计的要求，使绿色建筑运行的效果大打折扣。

3. 绿色建筑运营管理体制还不够完善

绿色建筑运营管理体制主要包括制度体制和激励体制两个方面的内容。

（1）在绿色建筑的制度体系中，并没有强调获得绿色建筑设计标识的项目必须获得运行标识，导致绿色建筑在设计阶段和运营管理阶段的发展严重失衡。根据住房和城乡建设部的统计，截至 2018 年，中国获得绿色建筑标识项目中运行标识项目 212 项，只占总数的 5％。也就是说，在获得绿色建筑设计标识的项目中，只有极少数是达到绿色建筑运行标准的。由于绿色建筑的能耗 80% 是在运行阶段发生的，如果获得绿色建筑设计标识的项目达不到运行标识的标准，所谓的绿色建筑也就达不到真正的"绿色"。

（2）由于激励机制不够完善，各主体缺乏绿色建筑运行管理的动力。绿色建筑效益的产生是一个长期的过程，短期内难以得到回报。相关方面缺乏相应的激励措施或者激励措施制定得不合理，导致在运营管理的过程中各个主体之间互相推诿，很难实现节能降耗的目标。

4. 绿色节能理念不足，缺乏有效的宣传机制

绿色建筑在运营管理过程中缺乏有效的宣传与推广，致使许多民众对绿色建筑的了解停留在表面，而不知如何实现绿色建筑的节能与环保。例如垃圾分类这一举措，相关调查显示，大部分民众是愿意对垃圾进行分类的，但是有意愿参与垃圾分类的居民大部分面临着无法区分可回收垃圾与不可回收垃圾的问题，垃圾分类宣传工作往往也是蜻蜓点水。缺乏实际指导与具体知识宣讲，使许多节能和环保措施的实行大打折扣。

5.4.3　绿色建筑运营管理建议

1. 引入碳排放交易机制

引入碳排放机制，就是政府机构根据节能减排的目标确定本地区的碳排放总量控制目标，然后通过一定的手段，对绿色建筑运行阶段的碳排放进行精确的计算。通过市场的调节作用，引入社会资本的加入，合理制定碳排放的交易价格，进而将绿色建筑的减排外部效益内部化，最大化地减小运行成本的回收期。

2. 强化主体之间的合作

绿色建筑的运营管理是一个系统的管理过程，需要不同的参与者相互配合和合作，从全寿命周期的角度进行管理。

3. 加强申报绿色建筑设计、运行标识的联系

针对获得绿色建筑设计标识和运行标识项目比例严重失调的现象，应在绿色建筑申报时进行一定的约束。

（1）在政府层面，应严格制定有关绿色建筑运行标识申报的法律和法规。对于获得绿色建筑设计标识的项目，要求在项目运行 1~3 年内达到规定的运营标准，否则取消绿色建筑设计标识的认证，并剥夺给与的相应优惠政策，甚至强制要求实行绿色建筑运行标准。

（2）在绿色建筑评价机构层面，创新绿色建筑的评价机制，引入全寿命周期评价机制，将绿色建筑评价分为设计阶段、施工阶段、运行阶段，总分为 100 分，每个阶段的总分分别为 30 分、20 分、50 分，同时每个阶段都有最低分标准，只有每个阶段都达到了最低分标准，同时最终总得分达到 60 分以上，才能向企业颁发绿色建筑标识证书。

4. 加大绿色建筑理念的宣传

在住宅小区定期开展各类宣传和推广活动，通过各种形式向居民宣讲节水和节能相关的举措、垃圾分类的相关知识等。

（1）编制《绿色建筑运行操作指南》，在该指南中要详细介绍各种节能设备的功能，以及正确的操作方法、节水器材的推广和使用方法、垃圾分类和污水利用等具体的绿色环保措施，指导居民在日常的生活中正确实施绿色建筑的运行管理，真正使用户体会到节能环保的宜居环境。

（2）制作各种形式的节能和环保手册，定期组织有关节能环保的宣讲。通过这些措施提高居民的节能意识，进而用实际行动来实现绿色建筑的"四节一环保"目标。

习　题

1. 试论述绿色建筑运营管理的概念与内涵。

2. 与传统建筑相比，绿色建筑的运营管理有哪些特点？

3. 绿色建筑运营管理中涉及的利益相关者有哪些？他们互相之间有哪些联系？

4. 国外常见的绿色建筑运营管理标准有哪些？各自的特点是什么？

5. 结合我国国情和国外绿色建筑运营管理标准，思考我国的绿色建筑运营管理标准需要具备的特点。

6. 为什么要对绿色建筑运营管理进行评价？建立评价体系时应该从哪些方面进行考虑及其理由是什么？

7. 试阐述我国绿色建筑运营管理现状及其存在的问题。

8. 结合本章内容，为我国的绿色建筑运营管理提出建议。

第 6 章　绿色建筑费用效益分析

6.1　绿色建筑增量成本的概念

6.1.1　全寿命周期成本

全寿命周期成本（LLC），也被称为全寿命周期费用。它是指产品在有效使用期内所发生的与该产品有关的所有成本，包括产品设计成本、制造成本、采购成本、使用成本、维修保养成本、废弃处置成本等。

绿色建筑的全寿命（LLC）期成本，是指从项目前期决策、设计、招投标、施工、竣工验收、运营直至拆除等一系列过程所发生的费用，即项目在确定的寿命周期内或在预定的有效期内所需产生的决策成本、准备成本、建设成本、运营成本、报废成本等费用的总和，如图 6-1 所示。

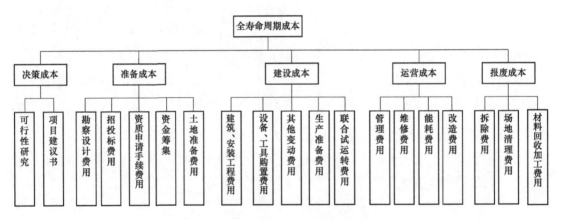

图 6-1　绿色建筑全寿命周期成本的构成

绿色建筑全寿命周期成本等于绿色建筑各阶段成本的总和，减去残值回收的现金流入值，其计算公式为

$$\mathrm{LCC} = C_{jc} + C_{zb} + C_{js} + C_{yy} + C_{bf} - R \tag{6-1}$$

式中　C_{jc}——决策成本；

$\quad\quad C_{zb}$——准备成本；

$\quad\quad C_{js}$——建设成本；

$\quad\quad C_{yy}$——运营成本；

$\quad\quad C_{bf}$——报废成本；

$\quad\quad R$——回收残值。

对于绿色建筑项目，投资者与用户应该站在全寿命周期的角度，用长远的眼光来看待其综合效益，不能单纯地局限于局部的短期费用，应充分考虑绿色建筑项目所降低的运行费用和节地、节能、节水、节材等效益。

6.1.2　增量成本

绿色建筑的增量成本是指为了达到某一水平的绿色建筑标准而在基准成本的基础上，额外增加的成本投入。

一般来说，建筑的基准成本可以定义为：建筑在特定市场定位下满足当前法定要求（法规、政策、规范）的建筑设计、建造及管理水平的成本。不同经济主体对"基准"的水平和定义理解不一。就整个市场来说，建筑的基准成本会因不同经济主体的建筑商业定位和建造水准要求而有异。

6.2　绿色建筑增量成本的构成与计算

在绿色建筑的全寿命周期内，存在一定的绿色建筑增量成本，因此，针对绿色建筑的某一个阶段展开增量成本的研究并不科学，同时也不利于在实际的绿色建筑施工中控制施工的成本。通过对已经建成的绿色建筑项目的相关数据进行收集整理后发现，在绿色建筑的不同阶段，其增量成本的差异是非常大的。所以，本书针对绿色建筑增量成本的研究，分为决策阶段的增量成本、准备阶段的增量成本、实施阶段的增量成本、运营维护阶段的增量成本及拆除回收阶段的增量成本。

绿色建筑增量成本的计算过程如图 6-2 所示。

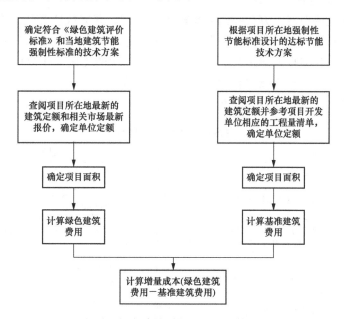

图 6-2　绿色建筑增量成本的计算过程

6.2.1　决策及准备阶段增量成本

1. 决策阶段增量成本 ΔC_{jc}

对所选取的各个绿色建筑方案进行比较，选出最佳方案，这一过程称为决策阶段。该阶段选取最佳绿色建筑方案的依据是各方案中的技术、成本和经济效益。依据决策阶段的工作内涵，与基准建筑进行对比，对绿色建筑的技术可行性和经济合理性进行评价，对其环境影响程度和能耗水平进行评估，在此过程中所产生的成本增加额是该阶段的主要成本增量。

对于基准建筑收费所执行的标准可参考《国家计委关于印发建设项目前期工作咨询收费暂行规定的通知》（计价格〔1999〕1283 号）。绿色建筑的收费标准可依据各地方建设管理部门所发布的收费标准和依据计取，见表 6-1。

表 6-1 　　　　　　　　　**按建设项目估算投资额分档收费标准** 　　　　　　　　单位：万元

估算投资额咨询评估项目	3000 万~1 亿元	1 亿~5 亿元	5 亿~10 亿元	10 亿~50 亿元	50 亿元以上
编制项目建议书	6~14	14~37	37~55	55~100	100~125
编制可行性研究报告	12~28	28~75	75~110	110~200	200~250
评估项目建议书	4~8	8~12	12~15	15~17	17~20
评估可行性研究报告	5~10	10~15	15~20	20~25	25~35

注　建筑行业的调整系数为 0.8。

将决策阶段绿色建筑和基准建筑的主要工作进行对比，可得出在此阶段绿色建筑的增量成本主要包含审查和优化绿色建筑初设方案时所产生的成本增加额，从而得到决策阶段的增量成本的计算公式为

$$\Delta C_{jc} = C_{jc\text{-}ls} - C_{jc\text{-}jz} \tag{6-2}$$

式中　$C_{jc\text{-}ls}$——绿色建筑决策阶段增量成本；

　　　$C_{jc\text{-}jz}$——基准建筑决策阶段增量成本。

2. 深化设计咨询增量成本 ΔC_{sj}

深化设计咨询主要对建设方案和概算指标进行明确，并完成所优化方案的施工图设计。通过对建设方案进行比较和优化，从而选出健康舒适、节约资源，同时又保护环境的建筑方案。在对绿色建筑深化设计方案进行优化的过程中所产生的优化设计费和对优化后的绿色建筑方案进行审查所产生的审查费之和即为设计咨询增量成本。

设计阶段的基准建筑所执行的收费标准见表 6-2。

表 6-2 　　　　　　　　　　　　　　**基准建筑设计咨询收费**

类别		计算
按费率收费		概算投资造价 2%~3%收取
按面积收费	多层住宅（含六跃七跃层）	方案：3 元/m² 2.5~5 元/m² 扩初：7~12 元/m²。施工图：16~25 元/m²
	小高层住宅（8~11 层，含 11 层跃 12 层）	方案：4.5 元/m² 3.5~8 元/m² 扩初：10~16 元/m²。施工图：22~32 元/m²
	高层住宅（12~30 层）	方案：6 元/m² 5~10 元/m² 扩初：14~19 元/m²。施工图：30~38 元/m²
	超高层住宅（30 层以上）	方案：8 元/m² 起扩初：17 元/m² 起。施工图：38 元/m² 起
	别墅	方案：12 元/m² 8~20 元/m² 扩初：20~40 元/m²。施工图：40~80 元/m²

注　①上述取费中执行全过程收费的为扩初和施工图。②上述取费已考虑一定的经验套用率。③根据小区规模的不同做出如下调整：总建筑面积<5 万 m²，系数为 1.2；5 万 m²<总建筑面积<20 万 m²，系数为 1.0；总建筑面积>20 万 m²，系数为 0.95。④独栋或多栋别墅的收费率单独进行规定。⑤上述费用未包含修建性详细规划设计收费。⑥依据修建性详细规划设计收费的标准执行对修建性详细规划设计的收费。⑦总图费用未包含在上述费用中。⑧建筑总造价的 5%~10%为室外总体造价。⑨室外总体造价的 2%~3%为总图费用。⑩普通地下室设计取费及人防地下室设计取费：普通地下室设计取费标准为 35 元/m²，人防地下室设计取费标准为 45 元/m²。⑪独立地下车库，设计取费标准为 35~45 元/m²。

绿色建筑深化设计咨询的收费依据各地方建设管理部门发布的收费标准执行。

依据绿色建筑深化设计咨询的主要工作内容与基准建筑进行比较，绿色建筑的深化设计和审查费用是深化设计咨询的主要增量成本。其具体计算公式为

$$\Delta C_{sj} = C_{sj\text{-}ls} - C_{sj\text{-}jz} \tag{6-3}$$

式中　$C_{sj\text{-}ls}$——绿色建筑深化设计咨询增量成本；

$C_{sj\text{-}jz}$——基准建筑深化设计咨询增量成本。

3. 认证增量成本 ΔC_{rz}

绿色建筑一般需要进行评价认证，以《绿色建筑评价标准》为例，通过评价后获得星级认证，认证工作主要包括：申报单位提交绿色建筑星级认证的相关材料，缴纳相关费用；相应的认证机构对所提交的认证材料进行审核并做出评价结果；申报单位确认或复议后接受评价结果。认证增量成本为除审查成本外（见表6-3）的完成绿色建筑星级认证所产生的费用。

表 6-3　　　　　　　　　　　　　基准建筑审查阶段成本

工程等级	大型项目	中型项目	小型项目	备注
收费标准（元/m²）	1.8	1.6	1.5	人防工程施工图审查服务费统一按 4 元/m² 收取

注　①对房屋建设过程中工程施工图的审查调整系数（人防工程除外）：a. 施工图中含有防震设计内容。抗震设防为 6 度楼层在 10 层以下的系数为 1.1，抗震设防在 6 度楼层在 10 层以上和抗震设防在 7 度楼层在 10 层以下的系数为 1.15，超限高层的系数为 1.4；b. 工程中含有建筑节能设计内容的系数为 1.2。②可对以上调整系数进行连乘，但总收费不得高于 2 元/m²。③对房屋建筑工程施工图的审查和收费（对工程勘察文件的审查不进行收费，对绿色建筑施工图的专项审查需收取费用）不足 3000 元的按 3000 元收取。

绿色建筑认证的主要增量成本为认证过程中申报、注册及评审所导致的成本增加额。认证增量成本的计算公式为

$$\Delta C_{rz} = C_{rz\text{-}ls} - C_{rz\text{-}jc} \tag{6-4}$$

式中　$C_{rz\text{-}ls}$——绿色建筑认证增量成本；

$C_{rz\text{-}jz}$——基准建筑审查增量成本。

以广东省为例，在发布的《绿色建筑工程咨询、设计及施工图审查收费标准（试行）》（粤建节协〔2013〕09 号）中对绿色建筑收费的标准规定，见表6-4。

表 6-4　　　　　　　　　　　　　广东省绿色建筑收费标准

咨询项目	咨询服务内容（占总费用比例）	收费标准［2 万 m²（含）以下按单栋，2 万 m² 以上按单栋＋面积增量］		
		星级	单栋（咨询收费）	建筑群（按面积增量）
绿色建筑星级评价设计认证	1. 初步设计方案阶段咨询服务（20％） （1）分析项目适用的技术措施与实现策略； （2）完成初步方案、投资估算、星级评估。 2. 方案优化设计阶段咨询服务（40％） （1）确定项目技术措施要求； （2）完成设计各专业的提案，落实技术要点、相关产品； （3）指导施工图设计； （4）完成认证所需要的各项模拟分析	一星级	20	在单栋收费标准的基础上每增加 1m² 加收 1 元
		二星级	30	在单栋收费标准的基础上每增加 1m² 加收 1.2 元
		三星级	40	在单栋收费标准的基础上每增加 1m² 加收 1.5 元

6.2.2 实施阶段增量成本 ΔC_{sg}

实施阶段是把绿色建筑方案变成现实的过程，在此过程中需要大量的资金投入。通过使用相关的绿色技术达到绿色建筑方案的要求，由此而产生的成本增量为实施阶段增量成本。

结合《绿色建筑评价标准》的要求，可将实施阶段增量成本按照节地与室外环境、节能、节水、节材和室内环境来划分。

1. 节地与室外环境增量成本 ΔC_{jd}

节地技术是指使用旧建筑或废弃的场所进行建造并尽可能有效地利用地下部分所占空间。室外环境技术是指提高室外绿化面积覆盖率并增加地面的透水面积等微观气候营造措施。因此，应用节地与室外环境技术主要会在增加室外绿化面积、提高土地透水率及提升土地使用效率3个方面增加成本。

（1）土地利用增量成本 $\Delta C_{jd\text{-}lyl}$。项目建设选址过程中应优先考虑废弃的场所或旧建筑，对于地下空间应充分发挥其使用效率。对废弃场所进行整改处理后再加利用，对旧建筑再利用、合理改造，既能节约土地和材料，又能防止大拆乱建。地下空间的合理开发利用是城市节约用地的必由之路，地下空间可以用作车库、仓库、设备机房等。这部分带来的成本投入包括废弃场所处理费用、旧建筑保护及改造费用，以及地下空间建设费用。

（2）室外绿化增量成本 $\Delta C_{jd\text{-}lh}$。为增加室外绿化覆盖率而在室外种植植物群或使用相应立体屋面绿化技术所增加的费用为室外绿化增量成本。例如，深圳的泰格公寓在屋顶种植15cm厚的佛甲草，此种方法在增大绿化面积覆盖率的同时有很强的隔热效果，能为人们的活动提供更多空间，但此种屋面造价高于普通屋面，这部分价差就是增量成本。

（3）透水地面增量成本 $\Delta C_{jd\text{-}ts}$。建筑施工时尽可能扩大道路和地面停车场的面积，以此来提升地面排水能力，改善生态环境和城市排水率，在此过程中所产生的增量成本为透水地面增量成本。例如，为缓解地面积水情况，降低地面热岛效应，提高地面呼吸功能而在室外停车场铺植草砖的做法。

由此可见，通过节地技术和室外环境（节地）技术所产生的成本增量为

$$\Delta C_{jd} = \Delta C_{jd\text{-}lyl} + \Delta C_{jd\text{-}lh} + \Delta C_{jd\text{-}ts} \tag{6-5}$$

2. 节能增量成本 ΔC_{jn}

在建筑过程中使用降低能耗的节能材料和节能设备等技术手段为节能技术。在对能源进行利用时，采用能耗低的可再生资源的技术方法为能源利用技术。因使用这两种技术手段而产生的成本增量为节能与能源利用增量成本，具体表现为以下4部分。

（1）围护结构增量成本 $\Delta C_{jn\text{-}wh}$。围护结构增量成本是指在门窗、屋面及外墙上对节能材料的使用，以此来降低能耗而产生的成本增量。例如，建筑墙体使用具有质轻、隔热、隔音等优势的加气混凝土砌块；窗户使用具有隔音隔热功能的中空玻璃材料等。空调能耗中，由围护结构传热所消耗的热量：夏热冬暖地区约为20%；夏热冬冷地区约为35%；寒冷地区约为40%；严寒地区约为50%。通过改善围护结构热工性能，能够有效降低建筑物的冷热能耗，这部分增加的成本投入包括外墙保温、门墙节能、屋顶节能等费用。

（2）空调系统增量成本 $\Delta C_{jn\text{-}kt}$。空调系统的增量成本，即为了有效减少空调系统的电量耗损而产生的成本增量。空调系统增量成本包括使用冷水输送系统和使用新风系统产生的成本增量两种。通过计算绿色建筑冷水输送系统或新风系统的造价成本，与基准建筑的冷水输送系统或新风系统的造价进行比较，来计算这两部分的增量成本。

（3）照明系统增量成本 $\Delta C_{jn\text{-}zm}$。为降低能耗同时提高照明系统光效而对灯具进行智能控制，从而减少不必要灯具的使用，所产生的增量成本为照明系统增量成本。例如，为充分利用自然光而在项目中使用导光管、光纤等自然采光技术来提升室内照明质量和自然光利用率。与此同时，为降低整个系统的运行能耗，在能采到自然光的地方设置光电控制系统。照明系统增量成本主要包括因使用高效照明灯具和使用智能照明而产生的成本增加额两种。

（4）可再生能源利用增量成本 $\Delta C_{jn\text{-}kzs}$。通过对可再生能源的利用来给建筑提供能源，以此来降低能耗而产生的成本增量，为可再生能源利用增量成本。例如，采用太阳能发电系统、在屋顶设置空气源热泵、采用冷热源是地能的地源热泵等。

综上所述，因使用节能与能源利用技术而产生的成本增加额为

$$\Delta C_{jn} = \Delta C_{jn\text{-}wh} + \Delta C_{jn\text{-}kt} + \Delta C_{jn\text{-}zm} + \Delta C_{jn\text{-}kzs} \tag{6-6}$$

3. 节水增量成本 ΔC_{js}

通过使用采取提高雨水利用率或对生活用水、绿化用水进行节水处理的措施来节约用水的技术，称为节水与水资源利用技术。利用该技术实现对水资源的节约，由此产生的成本即为节水与水资源利用增量成本。

（1）节水措施增量成本 $\Delta C_{js\text{-}cs}$。节水措施增量成本是指使用节水设备或高效节水灌溉技术来节约资源而产生的成本增量。例如，在项目中使用具有节水功能的淋浴器、水龙头、坐便器等来降低水源使用率，使用自动喷灌方式对绿化植物进行浇灌。

（2）水源利用增量成本 $\Delta C_{js\text{-}sy}$。水源利用增量成本是指为有效节省清洁水源而收集雨水、污水等水源来满足相应的用水需求而产生的成本增量。对雨水和中水进行回收再利用而产生的成本增量为水源利用增量成本。

综上所述，因使用节水与水资源利用技术而产生的成本增量为

$$\Delta C_{js} = \Delta C_{js\text{-}cs} + \Delta C_{js\text{-}sy} \tag{6-7}$$

4. 节材增量成本 ΔC_{jc}

节材与材料资源利用的增量成本，主要包括使用绿色建筑作为建筑主体材料和对建材进行资源再利用两个部分，与使用传统建筑材料相比产生的增量成本。

（1）绿色建材增量成本 $\Delta C_{jc\text{-}jc}$。使用性能更好、强度更高的混凝土和钢材，不仅可以大大降低两者的使用量，还能够达到延长建设工程主体使用寿命的良好效果。由此，可以将绿色建材增量成本定义为：建筑过程中由于使用性能和强度更高的绿色建材，而在普通建材使用成本之上产生的增加成本。

（2）回收再利用增量成本 $\Delta C_{jc\text{-}hs}$。建筑阶段和完工后，若对建筑废弃物实行回收再利用，就必须通过加工改造环节以达到符合再利用的标准，因此产生的成本费用为回收再利用增量成本。例如，对部分建筑废渣进行加工后，再次运用到混凝土和砖材的制作生产过程中，同时也尽可能地减轻了排放建筑废弃物对环境造成的污染和破坏。

通过以上分析，将两部分增量成本相加就可推导出节材增量成本为

$$\Delta C_{jc} = \Delta C_{jc\text{-}jc} + \Delta C_{jc\text{-}hs} \tag{6-8}$$

5. 室内环境增量成本 ΔC_{sn}

为了满足使用者对于室内环境多层次多方面的需求，采用室内环境质量技术相关措施给使用者带来更加健康舒适体验的同时，也会产生相应的增加成本，其具体包括 5 个方面的增量成本。

（1）改善光环境技术措施增量成本 $\Delta C_{sn\text{-}g}$。绿色建筑对光环境的要求：一是提倡使用自然光源，自然采光的意义不仅在于节能，还能创造舒适的光环境；二是使用高效节能的照明系统，能够配合采光共同发挥作用，营造舒适健康的光环境。这部分的成本投入包括智能照明控制系统、光导管、采光天窗等费用。

（2）改善声环境技术措施增量成本 $\Delta C_{sn\text{-}s}$。常见的改善声环境技术十分多样化，如外窗使用中空玻璃、外墙使用加气混凝土砌块等，诸如此类达到更好的建筑隔音效果而产生的成本增量费用。

（3）改善热环境技术措施增量成本 $\Delta C_{sn\text{-}r}$。例如，夏季室外日照强烈时期，通过使用外窗可调节控制的遮阳装置等措施所产生的成本费用。

（4）改善风环境技术措施增量成本 $\Delta C_{sn\text{-}f}$。改善风环境技术增量成本主要是指为了提升建筑室内通风环境、保证室内空气流通而增加的成本。

（5）改善空气质量技术措施增量成本 $\Delta C_{sn\text{-}kq}$。此项增量成本的主要目的是改善室内空气的健康洁净度，常见的改善方法有安装空气净化器或空气监测器等。

综上所述，室内环境增量成本为

$$\Delta C_{sn} = \Delta C_{sn\text{-}g} + \Delta C_{sn\text{-}s} + \Delta C_{sn\text{-}r} + \Delta C_{sn\text{-}f} + \Delta C_{sn\text{-}kq} \tag{6-9}$$

6.2.3　运营阶段增量成本 ΔC_{yy}

运营阶段是指绿色建筑竣工验收后，使用者在一定时间段内担任管理主体角色，通过管理和使用建筑功能，做出判定的周期阶段。此阶段增加的成本不仅包括为满足建筑使用功能的运维增量成本，还有绿色建筑认证的增量成本，具体定义及计算方式如下。

1. 节能设备维修增量成本 $\Delta C_{yy\text{-}wx}$

定期对节能设备进行检查维修，是保证运营阶段正常运转的重要环节。通过比较绿色建筑节能设备维修成本与普通设备维修成本的差值计算增量成本。

2. 节能设备替换增量成本 $\Delta C_{yy\text{-}th}$

节能设备达到规定使用年限就必须及时进行替换，因此此部分的增量成本就是指节能设备与普通设备替换时的差额部分。

3. 生活垃圾分类处理再利用增量成本 $\Delta C_{yy\text{-}gf}$

绿色建筑运营阶段生活垃圾的处理方式，对其能够达到目标认证建筑起到至关重要的作用。为了实现环境保护目的，就必须采用分类、对循环回收的方式处理生活垃圾。

4. 绿色建筑运营认证增量成本 $\Delta C_{yy\text{-}rz}$

绿色建筑可以申请已有建筑运营认证，以中国《绿色建筑评价标准》为例，申请运营评价标识与星级认证的具体时间为建成并正式运营 1 年以后，产生的费用主要为申报、注册及相关评审 3 个环节的费用，有住房和城乡建设部颁布执行的认证收费标准可以参照。在具体认证阶段，绿色建筑可结合前期设计和自身实际运营阶段的情况，申请更高星级评价标识认证。

结合运营阶段绿色建筑的增量成本所包含的 4 个方面的内容及计算公式，该阶段绿色建筑的增量成本为

$$\Delta C_{yy} = \Delta C_{yy\text{-}wx} + \Delta C_{yy\text{-}th} + \Delta C_{yy\text{-}gf} + \Delta C_{yy\text{-}rz} \tag{6-10}$$

6.2.4　回收阶段增量成本 ΔC_{hs}

作为建筑全寿命周期的收尾，回收阶段进行增加投入的主要目的是通过分类处理拆除后的建筑垃圾、回收建筑垃圾再利用等措施，尽可能减少拆除对生态环境造成的破坏和不利影

响，实现节约资源和保护环境的双重目标。回收阶段增量成本主要包括拆除过程中环境保护增量成本、生态环境复原增量成本和建筑垃圾分类回收处理再利用增量成本。

1. 拆除过程中环境保护增量成本 $\Delta C_{\text{hs-cc}}$

通常情况下，对达到规定使用年限的建筑进行拆除施工时，相比较普通拆除，若采用更为环保、对环境保护更加有利的绿色拆除技术，虽然能尽可能减少对环境的不利影响，但在成本方面肯定会有所增加。具体的差额为绿色建筑采用绿色拆除技术成本减去标准建筑采用一般或者低级别的绿色拆除技术成本。

2. 生态环境复原增量成本 $\Delta C_{\text{hs-sthh}}$

建筑拆除后还需要通过种植植被的方法，将原来已经被破坏的、与周围环境不和谐的场址地貌恢复，力求回归到自然的生态环境状态，主要是指种植植物产生的增量成本。

3. 建筑垃圾分类回收处理再利用增量成本 $\Delta C_{\text{hs-gfzly}}$

建筑垃圾是拆除活动造成环境污染的一个主要原因，可通过建筑垃圾分类，采取针对性措施处理废弃垃圾和可循环垃圾，减少对环境的破坏。对于钢材、混凝土碎粒、木材等具有再利用价值的建筑垃圾，可将其再利用于其他工程建设。此部分增量成本是绿色建筑采用分类处理的成本减去基准建筑使用普通方法的成本差额。

$$\Delta C_{\text{hs}} = \Delta C_{\text{hs-cc}} + \Delta C_{\text{hs-sthh}} + \Delta C_{\text{hs-gfzly}} \tag{6-11}$$

汇总可得，绿色建筑全寿命周期内增量成本为（见图 6-3）

$$\begin{aligned} \Delta C = C - C' &= \Delta C_{\text{I}} + \Delta C_{\text{II}} \\ &= \Delta C_{\text{jc}} + \Delta C_{\text{sj}} + \Delta C_{\text{rz}} + \Delta C_{\text{sg}} + \Delta C_{\text{yy}} + \Delta C_{\text{hs}} \end{aligned} \tag{6-12}$$

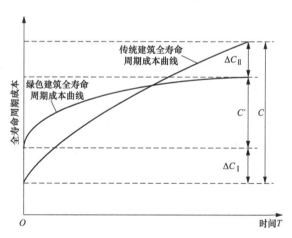

图 6-3　绿色建筑全寿命周期成本

C—传统建筑全寿命周期成本；C'—绿色建筑全寿命周期成本；ΔC_{I}—增量建设成本；ΔC_{II}—增量运营成本

6.3　绿色建筑增量效益

绿色建筑会带来增量成本，同时也会带来增量效益，而增量效益可以用经济价值来衡量比较。绿色建筑的增量效益包括：比常规建筑在运营寿命周期内节省的能源费用；业主及开发商可能得到政府支持绿色建筑的财政激励（如税收减免、财政补贴等）；企业员工在绿色建筑内工作效率的提升；企业通过使用绿色建筑而建立的企业形象和品牌价值；绿色建筑为宏观经济带来的效益。

整体来说，绿色建筑增量效益可以分为直接增量效益和间接增量效益。直接增量效益是采用绿色技术降低能耗量所产生的经济效益；间接增量效益是通过绿色建筑对室内外环境的改善，从而减少污染物、提高环境质量、提高居民生活质量所产生的环境效益和社会效益。绿色建筑增量效益的构成如图 6-4 所示。

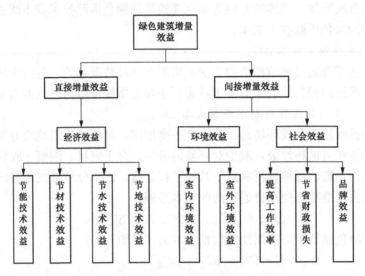

图 6-4　绿色建筑增量效益的构成

6.3.1　直接增量效益

绿色建筑的直接增量效益包含节能技术、节材技术、节水技术、节地技术产生的效益。直接增量效益范围划分明确且市场体系完善，通常利用市场价值法对其进行量化估算。

市场价值法又称生产率法，通过计算因环境质量变化引起的某区域产值或利润的变化，来计量环境质量变化的经济效益或经济损失。这种方法把环境看成生产要素，环境质量的变化导致生产率和生产成本的变化，用产品的市场价格来计量由此引起的产值和利润的变化，估算环境变化所带来的经济损失或经济效益。利用市场价值法计算直接增量效益为

$$S_d = (\sum_{i=1}^{k} P_i Q_i - \sum_{i=1}^{k} C_i Q_i)_y - (\sum_{i=1}^{k} P_i Q_i - \sum_{i=1}^{k} C_i Q_i)_x \qquad (6\text{-}13)$$

式中　S_d——直接增量效益；

　　　P——产品的市场价格；

　　　Q——销售量；

　　　C——产品的成本；

　　　i——受环境影响的产品种类；

　x，y——环境变化前后。

市场价值法是适用最广、最易于理解的直接增量效益估算手段，但其有明显的缺点。

（1）已发生的环境变化可能是源于一个或多个原因，而很难把其中一种原因同其他原因区别开。例如，绿色建筑物经济寿命延长，可能是使用绿色环保建材和绿色技术使建筑能耗大幅降低，也可能是城市绿化使空气污染指数降低，很难清晰区别。

（2）当环境变化对市场有显著影响时，需要采取更复杂的方法来观察和了解市场结构、

弹性系数、供求反应等。当市场不是很有效时，市场价格是不准确的，而在完全有效的市场上，如果存在明显的消费剩余，价格也会低估经济价值。这时，就要对市场价格进行调整，甚至用影子价格来取代市场价格。

1. 节能技术直接增量效益 S_{jn}

（1）围护结构节能经济效益 S_W。建筑的围护结构包括外墙、门窗、屋面等设施，在我国的能耗中有 20%～50% 的空调能耗是由外围护结构传热所消耗的。其中窗墙比的影响最为显著，窗户散发的能耗占围护结构散发耗能的 50%。因此，绿色建筑设计合理的窗墙比、选用良好的外墙保温材料都能够有效减少耗能。围护结构节能经济效益为

$$
\begin{aligned}
S_W &= \Delta P_W C_d \\
&= \left[\left(\frac{Q_C - Q'_C}{EER} \right) + \left(\frac{Q_H - Q'_H}{COP} \right) \right] C_d
\end{aligned} \tag{6-14}
$$

式中　ΔP_W——绿色建筑外围护结构节省的用电量，kW·h；

　　　　C_d——电价，元/(kW·h)；

　Q_C，Q'_C——基准建筑、绿色建筑的年度夏季冷负荷，kW·h；

　Q_H，Q'_H——基准建筑、绿色建筑的年度冬季热负荷，kW·h；

EER，COP——基准建筑空调制冷、热能效比，名义制冷、热量与运行功率之比。

（2）空调系统节能经济效益 S_K。空调系统是建筑能耗的大户，在公共建筑全年能耗中有一半以上的消耗来自空调制冷与采暖系统。因此，绿色建筑选用清洁高效的空调设备可以有效地降低耗电量。空调系统节能为经济效益为

$$
\begin{aligned}
S_K &= \Delta P_K C_d \\
&= \left[\left(\frac{Q'_C}{EER} + \frac{Q'_H}{COP} \right) - \left(\frac{Q'_C}{EER'} + \frac{Q'_H}{COP'} \right) \right] C_d
\end{aligned} \tag{6-15}
$$

式中　　ΔP_K——绿色建筑空调系统节省的用电量，kW·h；

　　　　C_d——电价，元/(kW·h)；

　Q'_C，Q'_H——绿色建筑的夏季冷负荷、冬季热负荷，kW·h；

EER'，COP'——绿色建筑空调制冷、热能效比。

（3）屋顶绿化节能经济效益 S_{wd}。屋顶绿化能够增加城市绿地率，吸收大气污染物质，还能有效地减少建筑的空调耗能。根据研究，绿化种植屋面具有明显的保温、隔热作用，与普通平屋面相比，夏季室内温度比普通屋面平均低 1.3～1.9℃，冬季室内温度比普通屋面平均高 1～1.1℃，绿化屋顶和普通屋顶最大年温差分别为 29.2℃、58.2℃。假设所散失和增加的热量均通过空调来平衡，则绿化屋顶与普通屋顶比较，每平方米房间用电量减少 0.1399～0.39kW·h/(m²·d)，取其平均值为 0.18kW·h/(m²·d)。该部分增量效益为

$$
S_{wd} = \Delta P_{wd} C_d = \Delta W A T_w C_d \tag{6-16}
$$

式中　ΔP_{wd}——绿色建筑屋顶绿化节省的用电量，kW·h；

　　　　C_d——电价，元/(kW·h)；

　　　　ΔW——屋顶绿化每平方米房间减少的日用电量，kW·h/(m²·d)；

　　　　A——绿色建筑的屋顶面积，m²；

　　　　T_w——采暖期与制冷期之和，天。

(4) 照明系统节能经济效益 S_m。建筑照明耗能占到整个建筑能耗的 1/3 左右，我国大部分建筑采用的是非节能灯，虽然价格低廉，但是长期大范围使用造成的能源浪费不容忽视。绿色建筑配置智能照明系统、节能灯具、自然采光设备，不仅能提供更为优质的光环境，也能减少照明的用电量。照明系统节能经济效益为

$$S_m = \Delta P_{ZM} C_d = (Q_Z - Q'_Z) C_d \tag{6-17}$$

式中　ΔP_{ZM}——绿色建筑照明系统节省的用电量，$kW \cdot h$；

$\quad\quad Q'_Z$——绿色建筑照明系统年用电量，$kW \cdot h$；

$\quad\quad Q_Z$——基准建筑照明系统年用电量，$kW \cdot h$；

$\quad\quad C_d$——电价，元/$(kW \cdot h)$。

(5) 可再生能源利用节能经济效益 S_z。利用可再生能源是未来能源的发展方向，目前我国可再生能源的应用主要是太阳光热利用、太阳能光电利用和地源热泵技术。

1) 太阳能光热系统节能经济效益 S_{gr}。常见的太阳能光热系统有太阳能热水器、太阳房、太阳灶、太阳能温室、太阳能干燥系统等。它是利用集热器把太阳辐射热能（光能）集中起来加以利用。在现代建筑中应用最广泛的是太阳能热水器系统。

太阳能光热系统节能经济效益的计算如下。

首先计算太阳能光热系统节省的能耗，即

$$\Delta Q_{gr} = Q_W C_W (t_e - t_i) f \tag{6-18}$$

式中　ΔQ_{gr}——太阳能光热系统节省的能耗，kJ；

$\quad\quad Q_W$——年度太阳能热水器总用水量，kg；

$\quad\quad C_W$——水的定压热容，为 $4.1868kJ/(kg \cdot ℃)$；

$\quad\quad t_e$——水箱的终止水温，$℃$；

$\quad\quad t_i$——水箱的初始水温，$℃$；

$\quad\quad f$——太阳能保证率，一般为 $0.3 \sim 0.8$。

然后根据能源热值（见表 6-5）和相应单价，计算产生的节能经济效益，即

$$S_{gr} = \frac{\Delta Q_{gr}}{H} C \tag{6-19}$$

式中　H——各能源的实际热值，$kJ/℃$；

$\quad\quad C$——各热源的单价。

表 6-5　　　　　　　　　　　　　　不同热源的热值表

名称	热值	热效率（%）	实际热值
电热水器	3599.83kJ/℃	90	3230.85kJ/℃
天然气	35 161.355kJ/m³	65	22 854.88kJ/m³
液化气	35 207.2kJ/kg	65	22 884.68kJ/kg

2) 太阳能光电系统节能经济效益 S_{gd}。太阳能光电系统主要是指太阳能发电系统，把太阳光能转化为电能。

太阳能光电系统节能经济效益计算方法如下。首先计算太阳能光电系统节约的能耗，即

$$\Delta Q_{gd} = J_T A_C \eta \tag{6-20}$$

式中　ΔQ_{gd}——太阳能光电系统节省的能耗，kJ；

J_T——年度太阳能年辐射量，kJ/m^2；

A_C——太阳能光伏阵列采光面积，m^2；

η——光伏阵列转换效率。

然后根据能源热值和相应单价，计算产生的节能经济效益，即

$$S_{gd} = \frac{\Delta Q_{gd}}{H} C \qquad (6-21)$$

式中　H——各能源的实际热值，$kJ/℃$；

$\quad\quad$ C——各热源的单价。

3）地源热泵技术节能经济效益 S_{rb}。热泵空调以其优越的环保性能在发达国家得到广泛应用。热泵空调利用土壤或水体所储藏的太阳能作为冷热源，与其他类型热泵的空调相比，这种空调有着较高的能效比（见表6-6），是一种清洁环保的可再生能源技术。以地源热泵为例：冬季热泵机组从土壤中吸收热量，向建筑物供暖；夏季热泵机组从室内吸收热量并转移释放到土壤中，实现空调制冷。热泵空调产生的节能经济效益计入空调系统的节能效益中，不再重复计算。

表 6-6　　　　　　　　　　不同空调系统能效比

热泵类型	冬季空调制热能效比	夏季空调制冷能效比
空气源热泵	3.2～4.0	3.8～4.5
地源热泵	3.3～5.8	5.0～6.5
水源热泵	3.0～4.3	4.6～5.5
冷水机组中央空调	2.8～3.2	3.0～2.5

（6）高效用能设备节能经济效益 S_E。绿色建筑的高效用能设备一般有节能电梯、能量回收系统等设备。其中最常见的是节能电梯，以此为例计算的高效用能设备节能经济效益为

$$S_E = S_{DT} = \Delta P_{DT} C_d = (Q_{DT} \alpha_1) C_d \\ = [K_1 K_2 K_3 HFP]/(V \times 3600) + E_{stand\,by}] \alpha_1 C_d \qquad (6-22)$$

式中　Q_{DT}——普通电梯的用电量，$kW \cdot h$；

$\quad\quad$ α_1——节能电梯节能率；

$\quad\quad$ K_1——驱动系统系数：1.6（交流调压调速驱动系统），1.0（VVVF 驱动系统）；

$\quad\quad$ K_2——平均运行距离系数，取 1.0（对于 2 层）、0.5（对于单梯或 2 台且超过 2 层）、0.3（对于 3 台及以上的电梯）；

$\quad\quad$ K_3——平均载荷系数，取 0.35；

$\quad\quad$ H——最大运行距离，m；

$\quad\quad$ F——年启动次数，一般在 100 000～300 000 次；

$\quad\quad$ P——电梯的额定功率，kW；

$\quad\quad$ V——电梯速度，m/s；

$E_{stand\,by}$——年使用的待机时的总能量，$kW \cdot h/年$；

$\quad\quad$ S_{DT}——节能电梯的节能经济效益；

$\quad\quad$ ΔP_{DT}——节能电梯节省的用电量，$kW \cdot h$。

2. 节材技术直接增量效益 $S_{节材}$

（1）装饰性建材的效益。建筑业浪费材料有两大特点：一是业主自行装修，拆除原有的墙体、窗户等，浪费材料的同时造成了噪声和建筑垃圾；二是为片面追求奇、特、怪，设计了不必要的构件。在绿色建筑装饰设计时，设计师和开发商遵循"土建装修一体化"原则，秉承"资源节约"的理念，剔除了大量没有功能作用的装饰性构件，使建筑造型简约而不失美观，避免了不必要的浪费。绿色建筑的装饰性构件应小于工程总造价的 2%。

（2）可循环和高性能建材的效益。可循环材料是指在不改变所回收材料形态或经过简单处理后可以直接利用的材料。可循环利用的建材包括以下两类：一是设计选材时选择可循环材料；二是循环利用拆除旧建筑的材料。

高性能建材可以达到节材和增加建筑使用面积的效果。以高性能混凝土（High Performance Concrete，HPC）为例，相比于普通混凝土，采用高性能混凝土可以节约 10% 左右的用钢量与 30% 的混凝土用量，相同建筑面积可以增加 1%～1.5% 的建筑使用面积。

可循环材料和高性能建材的使用，还可以延长材料的使用周期，达到延长建筑使用寿命、节约原材料、减少废弃物的目的。

3. 节水技术直接增量效益 S_{js}

（1）节水型器具经济效益 S_{jsqj}。节水型器具是指在满足相同的饮用、厨用、洁厕、洗浴、洗衣等用水功能的前提下，较同类常规产品能够减少用水量的设备、器具。常用的器具有节水型水龙头、节水型坐便器、节水型淋浴器等。在"十三五"规划中要求城镇新建公共建筑和新建小区节水器具全覆盖。市场调查显示，在使用节水型器具后，节水率能达到 15%～30%。这部分增量经济效益的计算公式为

$$S_{jsqj} = Q_W \alpha_1 C_W \tag{6-23}$$

式中　Q_W——标准用水量，m^3；

　　　α_1——节水器具综合节水率；

　　　C_W——水价，元/m^3。

（2）雨水收集利用系统 S_{ys}。雨水直接利用，是指将雨水收集后经沉淀、过滤、消毒等处理后，用于洗车、冲洗路面等。雨水间接利用，是指将雨水适当处理后回灌至地下水层，涵养地下水。雨水收集途径有路面、绿地、屋顶，其中以屋面雨水最佳。

绿色建筑由于使用雨水收集利用系统所带来的增量经济效益为

$$S_{ys} = \Delta Q_{ys} C_W \tag{6-24}$$

式中　ΔQ_{ys}——雨水收集利用系统雨水收集量，m^3；

　　　C_W——水价，元/m^3。

（3）中水回用系统 S_{zs}。中水是雨水、污水等经处理后达到一定回用水质标准的水，水质介于优质水和污水之间，可重复利用。中水是一种很好的建筑用水替代水源，在发达国家的应用比较广泛，早在 1975 年美国城市回用工业的污水水量就占到了污水总量的 35%。

中水系统将原水经过中水处理设备处理，达到生活杂用水的水质标准，再供给室外绿化景观、路面浇洒、室内厕所等用水点。原水来源有污水处理厂出水、生活排水、城市雨水等。其中来源最广泛的是生活排水，来源顺序为淋浴排水、盥洗排水、洗衣排水、厨房排水。中水系统循环工作流程图如图 6-5 所示。

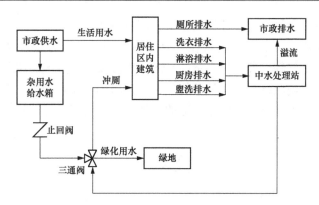

图 6-5　中水系统循环工作流程图

绿色建筑由于使用中水回用系统所带来的增量经济效益为

$$S_{zs} = \Delta Q_{zs} C_W \tag{6-25}$$

式中　ΔQ_{zs}——中水回用系统中水回用量，m^3；

　　　C_W——水价，元/m^3。

4. 节地技术直接增量效益 S_{jd}

（1）节约的土地购置费。绿色建筑选址的基本原则是保证其外部大环境安全，尽量减少对原生态环境和生物多样性的破坏。近年来，房地产市场发展迅速，土地价格直线上升，新"地王"不断出现。在土地资源如此紧俏的情况下，另辟蹊径的选址策略将会大大节约土地成本，如可选用不能用作耕地和养殖的盐碱地、滩涂换填区等。

（2）提高土地利用率。绿色住宅节地项目主要包括小区规划节地和建筑设计节地两个方面，土地的规划与设计要因地制宜，突出多样性和协调性，与自然环境和人文环境相得益彰。绿色建筑节地策略的核心是提高土地利用率，达到节约人力、物力、财力的目的。绿色建筑节地最突出的表现是地下空间开发利用。城市寸土寸金，合理开发利用地下空间，可以缓解城市用地紧张的状况，同时房屋设置地下室能够提高整体结构性能。绿色建筑提倡设置地下室、地下车库、设备机房等，合理地开发地下空间，将更多的空间留给绿化和人们生活。

由于现在绿色建筑节地技术措施经济效益研究还停留在定性分析上，具体的量化因为其影响因素的变化不一和复杂程度难以进行，所以在实例分析中，项目节地技术的经济效益暂时不做考虑。

6.3.2　间接增量效益

间接效益是在直接效益中没有直观反映出来的由实施项目引起的效益。例如，舒适的环境给居民带来健康的生活环境，同时也能提高员工的工作效率，这些都能在无形中表现出来。这一部分的效益无法直接进行量化。根据调查研究，LEED 银级认证的绿色建筑平均带来 1% 的健康度与工作效率的提升，而金级和铂金级别的可以带来 2% 的健康度与工作效率的提升。间接效益包括环境效益和社会效益，用 S_{jjxy} 表示。

1. 环境效益

绿色建筑重视建筑室内与室外环境。实现室内的光环境、风环境、空气流通等性能的提升。室外环境主要是降低资源的浪费，减少污染物的排放。对环境效益的核算主要从 CO_2

的减排量、居民健康、建筑物耐久性提高 3 个方面进行研究。

(1) CO_2 的减排量 S_{CO_2}。绿色建筑在全寿命周期内，会因为建筑材料的生产与运输消耗电、煤、石油、天然气等，释放出大量的 CO_2，对环境造成影响。绿色建筑为了降低 CO_2 过多对人体的危害，强调原材料制作的节能环保、建材的可循环利用、设备的高能效、加大绿化面积等，不仅美观也可以营造健康舒适的居住环境。为了计算减排效益，将绿色建筑节约的能源换算为 CO_2 的减排量，即

$$S_{CO_2} = \sum_{t=1}^{n} Q_{CO_{2(t)}} P_{CO_{2(t)}} \tag{6-26}$$

式中　$Q_{CO_{2(t)}}$——第 t 年 CO_2 的减排量；

　　　$P_{CO_{2(t)}}$——第 t 年 CO_2 的处理成本。

(2) 居民健康 S_{jmjk}。建筑业能耗高、污染大，近些年环境污染已经严重影响到居民的生活质量，如空气中 NO_2、SO_2、$PM_{2.5}$ 等对人体的伤害。

根据国家大气二级标准，将当地排放物的平均值与国家标准值（$NO_2 < 0.04mg/m^3$、$SO_2 < 0.06mg/m^3$、$PM_{2.5} < 0.07mg/m^3$）比较得出传统建筑的大气环境指数 W_1，同时再对绿色建筑大气环境指数假设，根据国家大气一级环境指标（$NO_2 < 0.04mg/m^3$、$SO_2 < 0.02mg/m^3$、$PM_{2.5} < 0.04mg/m^3$），得出绿色建筑大气指数 W_2。

$$W_1 = \frac{a}{0.04} + \frac{b}{0.06} + \frac{c}{0.07}, \quad W_2 = \frac{d}{0.04} + \frac{e}{0.02} + \frac{f}{0.04} \tag{6-27}$$

式中　a，b，c——传统建筑环境下 NO_2、SO_2、$PM_{2.5}$ 的平均值；

　　　d，e，f——绿色建筑环境下 NO_2、SO_2、$PM_{2.5}$ 的平均值。

大气污染给人体带来的健康损害可用医药费用 Y 来表示，即

$$Y = K \times M \times 365 \times (W_1 - W_2) \tag{6-28}$$

式中　K——每人每天的医疗费用，元/天；

　　　M——每天患病人数。

则居民健康的经济效益为

$$S_{jmjk} = Y \tag{6-29}$$

(3) 建筑物耐久性提高 S_{ycsm}。绿色建筑周边空气质量、生态环境都会比传统建筑更好，良好的室外环境对绿色建材的保持、维护有重要作用，可以有效延长建筑物的耐久性，降低维护成本，减少建筑维修次数。该部分产生的增量效益为

$$S_{ycsm} = Sf(W_1 - W_2) \tag{6-30}$$

式中　S——绿色建筑的面积；

　　　f——相应的调整系数。

2. 社会效益

绿色建筑越来越受到社会各界人士的关注。这不仅因为它所带来的经济效益，也因为它舒适、美观、节约资源，为居民创造舒适、高效能的居住和工作环境。此处估算社会效益主要从市政公用设施的减负效益、节省的财政损失、提高工作效率的效益、居民宜居福利 4 个方面考虑。

(1) 市政公用设施的减负效益 S_{szjf}。在绿色建筑建造过程中，市政公用设施的减负效益是实施节水措施后可以有效回收雨水和污水的排放量，从而缓解市政排水的压力，节省部分

用于市政排水管网和市政污水处理设备的投资成本。

$$S_{szjf} = P_{pwf} Q_{fctsy} \eta_{jp} \qquad (6\text{-}31)$$

式中　P_{pwf}——单位体积水源的排污费用；

　　　Q_{fctsy}——非传统水源的节省量；

　　　η_{jp}——减排效率。

（2）节省的财政损失 S_{czss}。绿色建筑实施节水措施后，能够有效缓解建筑用水，提高水资源利用率，节约水资源，有效减少因缺水造成的年财政损失费用。

$$S_{czss} = P_{czss} Q_{fccsy} \qquad (6\text{-}32)$$

式中　P_{czss}——单位体积水源节省的财政费用。

（3）提高工作效率的效益 S_{gzxy}。绿色建筑由于采用绿色技术，为使用者带来幸福感、满足感和舒适度，呈现良性循环，能够提升团队协作意识，有利于工作效率的提高。因此，可以用使用者的年收入增加值来衡量提高工作效率带来的绿色建筑增量效益。

（4）居民宜居福利 S_{fl}。绿色建筑项目提供居民宜居福利较为明显，通过合理规划人文环境和生态环境设施，不断满足和提升居民的生活、交通、医疗、休闲等多方位需求，从整体上提升居住者的生活质量。这部分的福利带来的增量社会效益暂无法直接量化，目前多为定性评价。

6.3.3　绿色建筑增量效益案例分析

1. 项目概况

某绿色建筑位于四川省成都市，建筑类型为公共建筑。项目于 2009 年 12 月立项，2011 年 4 月竣工，2011 年 8 月通过中国绿色建筑三星级认证。项目地下 2 层，地上 4 层，建筑高度为 19.95m，地上建筑面积为 2133.16m²。地下建筑与和芯科技研发中心 A、B 楼座共享，地下建筑面积为 7270.56m²，主要用途为停车库及设备用房。该项目工程总建筑面积为 9403.72m²，总投资为 7600 万元，其中本次申报绿色建筑 C 座投资 1000 余万元。

项目针对夏热冬冷地区和成都的气候特点，探索目前条件下切实可行的绿色建筑三星级技术体系，在方案设计阶段融入绿色建筑理念，充分运用节地、节能、节水、节地、室内外环境技术方案，打造健康、舒适、环保、高效的办公环境。

2. 节能技术直接增量效益

（1）围护结构。该项目种植屋面采用 50mm 厚挤塑聚苯板，传热系数为 0.43W/(m²·K)；外墙采用 60mm 厚膨胀聚苯板，传热系数为 0.60W/(m²·K)；外窗、玻璃幕墙采用断热桥铝合金中空玻璃 Low-E（6Low-E+12A+6），传热系数为 2.3W/(m²·K)。部分节能参数见表 6-7。

表 6-7　　　　　　　　　　　　　　　部分节能参数

项目	夏季空调制冷能效比	冬季空调制热能效比	全年热负荷（kW）	全年冷负荷（kW）	采暖/制冷计算期（天）
绿色建筑	5.14	3.37	100 215.53	703 65.31	90/80
基准建筑	2.3	1.9	151 921.53	100 826.60	90/78

此外，当地的电价为 0.8594 元/(kW·h)。则围护结构节能经济效益为

$$S_W = \Delta P_W C_d = \left[\left(\frac{Q_C - Q_C'}{EER} \right) + \left(\frac{Q_H - Q_H'}{COP} \right) \right] C_d$$

$$= \left[\left(\frac{100\,826.605 - 70\,365.311}{2.3} \right) + \left(\frac{151\,921.53 - 100\,215.534}{1.9} \right) \right] \times 0.859\,4$$

$$= 41\,732.255\,1 \times 0.859\,4 = 35\,864.7 (元 / 年)$$

（2）可再生能源、空调系统节能经济效益。在公共建筑全年能耗中有一半以上来自空调制冷与采暖系统。该项目空调系统为闭式地源热泵系统，一台带热回收功能的螺杆式地源热泵机组。空调系统节能经济效益为

$$S_K = \Delta P_K C_d = \left[\left(\frac{Q'_C}{EER} + \frac{Q'_H}{COP} \right) - \left(\frac{Q'_C}{EER'} + \frac{Q'_H}{COP'} \right) \right] C_d$$

$$= \left[\left(\frac{70\,365.311}{2.3} + \frac{100\,215.534}{1.9} \right) - \left(\frac{70\,365.311}{5.14} + \frac{100\,215.534}{3.37} \right) \right] \times 0.859\,4$$

$$= 42\,295.671\,4 \times 0.859\,4 = 36\,348.9 (元 / 年)$$

（3）屋顶绿化节能经济效益。该项目屋顶种植屋面采用 50mm 厚挤塑聚苯板，同时外覆盖 450mm 轻质混合种植土。绿化屋顶每平方米房间日用电量减少值取 0.18kW·h/(m²·d)，项目采暖期与制冷期共为 168 天，屋顶绿化面积为 580m²。根据公式可计算得

$$S_{wd} = \Delta P_{wd} C_d = \Delta W A T_w C_d$$

$$= 0.18 \times 580 \times 168 \times 0.859\,4 = 175\,392 \times 0.859\,4 = 15\,073.2 (元 / 年)$$

（4）照明系统节能经济效益。该项目采用节能 T5、T8 荧光灯；C 座各层采用德国 i-Bus 智能照明控制系统，节能率为 15%～30%；地下车库设有 7 套光导管装置，白天地下车库只需要开启 30% 的电灯。据负责人提供的资料，年照明耗电量为 156 638kW，年用电小时为 2580h；基准建筑平均用电指标为 9W/m²。按照公式计算照明系统节能经济效益为

$$S_m = \Delta P_{ZM} C_d = (Q_Z - Q'_Z) C_d$$

$$= (0.009 \times 9400.72 \times 2580 - 156\,638.0) \times 0.859\,4$$

$$= 61\,630.718\,4 \times 0.859\,4 = 36\,348.9 (元 / 年)$$

（5）高效用能设备节能经济效益。该项目高效用能设备为一台带能量反馈功能的奥迪斯节能电梯。电梯采用 Regen 能源再生变频器，将电梯运行中的势能转换成电能，将清洁无污染的电能提供给电网中其他用户使用，实现能源的再生。奥迪斯节能电梯与永磁同步无齿轮曳引驱动技术同时使用，综合节能率可达 60%。驱动系统系数为 1.6，平均运行距离系数为 0.5，平均载荷系数为 0.35，最大运行距离为 24m，年启动次数为 200 000 次，电梯的额定功率为 12kW，电梯速度为 1.6m/s，年使用待机时的总能量为 3870kW·h。计算得

$$S_E = S_{DT} = \Delta P_{DT} C_d = (Q_{DT} \alpha_1) C_d$$

$$= \left[(K_1 \times K_2 \times K_3 \times H \times F \times P) / (V \times 3600 + E_{stand\,by}) \right] \times \alpha_1 \times C_d$$

$$= \left[(1.6 \times 0.5 \times 0.35 \times 24 \times 200\,000 \times 12) / (1.6 \times 3600) + 3870 \right] \times 0.6 \times 0.859\,4$$

$$= 6670 \times 0.6 \times 0.859\,4 = 3439.3 (元 / 年)$$

3. 节水技术直接增量效益

（1）节水器具经济效益。C 座所有卫生间共有 16 套节水型器具，小便器采用低水箱冲洗，盥洗池采用红外感应龙头。根据调查，在使用节水型器具之后，节水率平均能达到 30%。假设每人每年用水量为 61 950L，共 200 人。办公楼终端水价为 4.39 元/m³（包含了城市供水营运费 2.69 元/m³、水利工程水费 0.24 元/m³、水资源费 0.06 元/m³、污水处理费 1.4 元/m³）。计算得

$$S_{jsqj} = Q_W \alpha_1 C_W = (61\ 950 \times 200 \times 10^{-3}) \times 0.3 \times 4.39$$
$$= 3717 \times 4.39 = 16\ 317.6(元 / 年)$$

（2）雨水收集系统经济效益。该项目设有雨水收集系统，系统最高日回收水量为 38.8m³。雨水来源为屋面和路面，在地下 1 层设有容量 100m³ 的雨水储蓄池，收集的雨水可供大楼的绿化、路面清洗、景观等用水。该项目年雨水回用量为 1505m³，计算得

$$S_{ys} = \Delta Q_{ys} C_W = 1505 \times 4.39 = 6607(元 / 年)$$

（3）中水回用系统经济效益。该项目的中水回用系统，水源采用 A、B 座卫生间盥洗排水和屋面排水，中水用于 C 座各层卫生间冲厕、路面浇洒、绿化用水、景观用水等。该中水设备日处理总规模为 10m³/d，年中水回用量为 2832.9m³/年。计算得

$$S_{zs} = \Delta Q_{zs} C_W = 2832.9 \times 4.39 = 12\ 436.4(元 / 年)$$

因此，该项目的直接增量效益为

$$S_{zj} = S_{jn} + S_{js} = 127\ 065 + 35\ 361 = 162\ 426(元 / 年)$$

4. 环境间接增量效益

（1）CO_2 的减排量 S_{CO_2}。该项目采用了绿色节能技术，与传统建筑相比，整个项目每年可以节约 67.9tce。按每吨标准煤释放的 CO_2 值为 2.68t 计算，假设处理 CO_2 的成本为 340 元/t，则每年 CO_2 的减排效益为

$$S_{CO_2} = Q_{CO_2} P_{CO_2} = 67.9 \times 2.68 \times 340 = 61\ 870.48(元 / 年)$$

（2）居民健康 S_{jmjk}。根据统计得出，非绿色环境下大气综合指数 $W_1 = 3.432$，绿色环境下大气综合指数 $W_2 = 2.9875$，假设每天患病 3 人，每人每天的医药费 Y 为 40 元。则大气污染给人体带来的医药损失为

$$Y = K \times M \times 365 \times (W_1 - W_2)$$
$$= 40 \times 3 \times 365 \times (3.432 - 2.987\ 5) = 19\ 469.1(元 / 年)$$

则

$$S_{jmjk} = 19\ 469.1(元 / 年)$$

（3）建筑物耐久性提高 S_{ycsm}。绿色建筑面积为 9403.72m²，设调整系数为 0.4。则

$$S_{ycsm} = Sf(W_1 - W_2) = 9403.72 \times 0.4 \times (3.432 - 2.987\ 5) = 1672(元 / 年)$$

5. 社会间接增量效益

（1）市政公用设施的减负效益 S_{szjf}。该项目非传统水源主要是中水（2832.9m³），排污费为 0.5 元/m³，取 η_{jp} 为 1.0，因此，每年节省的排污费为

$$S_{szjf} = P_{pwf} Q_{fctsy} \eta_{jp} = 0.5 \times 2832.9 \times 1 = 1416.5(元 / 年)$$

（2）节省的财政损失 S_{czss}。取基准值 P_{czss} 为 6.2 元/m³/年，可得到每年该项目可节约的财政损失费为

$$S_{czss} = P_{czss} Q_{fctsy} = 6.2 \times 2832.9 = 17\ 563.98(元 / 年)$$

因此，该项目的间接增量效益为

$$S_{jjxy} = S_{hj} + S_{sh} = 83\ 011.6 + 18\ 980.5 = 101\ 992.1(元 / 年)$$

6. 项目增量效益综合评价

考虑到资金的时间价值，假设行业基准收益率 i 为 12%，计算周期 T 为 50 年。假设在理想状态下水价、电价均不发生变化，可得到本项目全寿命周期内直接效益、间接效益的增量分别为

$$S_{\text{d}} = 162\ 426 \times (P/A,12\%,50) = 162\ 426 \times 8.304 = 134.88(万元)$$

$$S_{\text{jjxy}} = 101\ 992.1 \times (P/A,12\%,50) = 101\ 992.1 \times 8.304 = 84.69(万元)$$

总的增量效益 S_{zlxy} 为

$$S_{\text{zlxy}} = 134.88 + 84.69 = 219.57(万元)$$

综上所述,本项目的增量效益十分可观,表明该项目经济可行。

6.4 绿色建筑增量成本效益模型

6.4.1 成本效益分析理论

成本效益分析(Cost Benefit Analysis,CBA)是通过比较项目的全部成本和效益来评估项目价值的一种方法。它的基本原理:针对某项支出目标,提出若干实现该目标的方案,运用一定的技术方法,计算出每种方案的成本和收益,通过比较方法,并依据一定的原则,选出最优的决策方案。

成本效益分析常用于评估需要量化社会效益的公共事业项目的价值,非公共行业的管理者也可采用这种方法对某一大型项目的无形收益进行分析。在该方法中,某一项目或决策的所有成本和收益都将被一一列出,并进行量化。绿色建筑成本效益分析是建立在增量成本和增量效益的测算之上进行的项目盈利能力评估,它反映了绿色建筑在政策和投资方面的经济效率。

对绿色建筑进行成本效益分析时应遵循下述原则。

1. 以本国居民作为分析主体

成本效益分析属于国民经济评价的方法,其重点分析对象是本国居民,对本国以外区域产生的成本和效益应单独列出。

2. 全寿命周期原则

绿色建筑对成本效益的识别与量化,应该从全寿命周期角度出发。全面考虑从决策、设计、施工、运营维护到报废回收整个过程中,每个阶段和环节所产生的增量成本和获得的效益。

3. 内外关联效益

成本效益分析从国民经济的整体利益出发,其系统分析范围是整个国民经济环境。在分析时除了要考虑绿色建筑投资产生的自身内部直接效益,还要考虑项目对国民经济其他部门和个体所产生的外部间接效益,注重效益的内外关联性。

4. "有无对比"增量分析原则

成本效益分析是建立在增量费用和增量效益基础上进行的,对绿色建筑费用进行效益分析时,按照"绿色"与"非绿色"有无对比增量分析的原则,通过项目的实际效果与无项目的情况下产生的效果进行对比分析,作为计算的基础和依据。

5. 剔除转移支付原则

项目的某些财务支出和收益,并没有造成实际资源的增加或者减少,而是在内部发生转移支付。因此,在识别和测算时不记作项目的经济效益与费用。在绿色建筑转移支付剔除时应当注意:税金、补贴、借款、利息都属于转移支付,一般不得计算转移支付的影响。

对绿色建筑成本效益的整体研究技术路线包括 3 部分:对已获得绿色建筑评价标识的项

目，收集分析绿色建筑项目应用设计数据和技术效果及相关资源能源节约目标/效应；按应用技术对建造/设备成本进行当地市场调研和询价，对常规和绿色建造成本估价，测算增量成本和带来的效益；对收集与调研得到的成本效益数据进行全面的经济效益分析。

绿色建筑成本效益分析框架如图 6-6 所示。

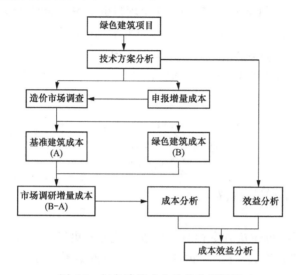

图 6-6　绿色建筑成本效益分析框架

6.4.2　成本效益分析指标

绿色建筑成本效益分析主要进行经济盈利能力分析，常用的分析指标有净现值、内部收益率和增量效益费用比等。需要注意的是，对绿色建筑的经济性评价建立在绿色建筑与传统建筑相比的增量分析基础上。

1. 绿色建筑的增量净现值

绿色建筑的增量净现值（$ENPV$）是在项目的全寿命周期内，按照行业基准收益率，将绿色建筑项目在计算期内各年增量净效益流量折算到建设期初的现值之和，即

$$ENPV = \sum_{t=1}^{n}(S - \Delta B)_t(1 + i_s)^{-t} \qquad (6\text{-}33)$$

式中　$ENPV$——经济净现值；

　　　　S——第 t 年的绿色建筑的增量效益；

　　　　ΔB——第 t 年的绿色建筑的增量成本；

　　　　n——项目计算期；

　　　　i_s——社会折现率。

经济净现值是一项反映项目绝对经济效果的指标：当 ENPV＜0 时，表示绿色建筑项目所产生的增量效益不能满足投资者预期的收益水平，该绿色建筑方案不可行；当 ENPV≥0 时，表示绿色建筑项目所产生的增量效益满足或超过投资者预期的收益水平，该绿色建筑方案可行。

2. 绿色建筑的增量内部收益率

绿色建筑的增量内部收益率（$EIRR$）是指绿色建筑项目在计算期内增量净效益流量的现值累计等于零时的折现率，即

$$\sum_{t=1}^{n}(S-\Delta B)_t(1+EIRR)^{-t}=0 \qquad (6\text{-}34)$$

式中　$EIRR$——经济内部收益率。

其他符号含义同前。

若 $EIRR \geqslant i_s$（社会折现率），表明绿色建筑项目资源配置的经济效率达到了可以被接受的水平，方案可行。$EIRR < i_s$，则表明绿色建筑方案不可行。

3. 绿色建筑的增量效益费用比

绿色建筑的增量效益费用比（R）是指将计算期内各年的增量效益与增量成本分别折算为现值的比值，即

$$R=\frac{\sum\limits_{t=1}^{n}S_t(1+i_s)^{-t}}{\sum\limits_{t=1}^{n}\Delta B_t(1+i_s)^{-t}} \qquad (6\text{-}35)$$

式中　R——绿色建筑的增量效益费用比。

其他符号含义同前。

当 $R>1$ 时，说明绿色建筑方案相对于传统建筑方案更经济可行；当 $R=1$ 时，说明该绿色建筑方案有待改进；当 $R<1$ 时，说明该绿色建筑方案不可行。

6.4.3　成本效益风险分析

风险分析方法是在进行风险辨别与估计的基础上，将风险分析与反映工程项目特点的投入与产出相结合，在综合考虑主要风险因素的影响情况下，对随机投入和产出的情况进行概率分布估计，并对每个投入和产生之间的关系开展探讨。以工程项目预期投资和产出的效益计算净现值的平均离散程度，以此来度量风险，从而得到表示风险程度的净现值的概率分布。

绿色建筑项目的净现值随着很多社会条件的变化而不断变化，通过对绿色建筑的经济净现值进行风险分析，能清楚地看到项目的抗风险能力。其计算过程如下。

首先假设第 t 年经济净现金流量 F_t，根据概率论的中心极限定理，假设其服从正态分布：$F_t \sim n(\mu_t, \sigma_t^2)$，$\mu_t$ 为第 t 年的净现金流量的均值，σ_t^2 为方差。采用统筹法的 3 种数值估计法，得到 F_t 的最乐观值 a，最可能值 m，最悲观值 b。

考虑到经济净现金流量按照正态分布，取 m 的概率等于取 a、b 概率的 2 倍，而且取 a、b 概率相等，则第 t 年的期望和方差分别为

$$\mu_t=E(F_t)=\frac{a+4m+b}{6} \qquad (6\text{-}36)$$

$$\sigma_t^2=D(F_t)=\frac{(b-a)^2}{6} \qquad (6\text{-}37)$$

净现值的未来平均值根据期望的性质可得出：

$$\mu=E(ENPV)=\sum_{t=1}^{n}E(F_t)(1+i_s)^{-t}=\sum_{t=1}^{n}\mu_t(1+i_s)^{-t} \qquad (6\text{-}38)$$

$$\sigma^2=D(ENPV)=\sum_{t=1}^{n}D(F_t)(1+i_s)^{-t}=\sum_{t=1}^{n}\sigma_t^2(1+i_s)^{-t} \qquad (6\text{-}39)$$

式中　i_s——社会折现率。

假设各年的净现金流量 F_t 服从正态分布，又净现值与 F_t 是线性关系，则根据正态分布的性质，净现值服从正态分布，根据正态分布的概率计算法，可以求出净现值大于或者等于某个值时的概率，即

$$P\{ENPV \geqslant ENPV_0\} = 1 - P\{ENPV < ENPV_0\} = 1 - \Phi\left[\frac{ENPV_0 - \mu}{\sigma}\right] \quad (6\text{-}40)$$

式中　$\Phi(x)$——标准正态分布的函数，所得到的概率即为净现值大于或者等于某一数值时的概率。该值越大，项目承受风险的能力越强。

6.4.4　绿色建筑成本效益分析案例

1. 绿色建筑增量效益分析

某绿色建筑项目的现金流量见表 6-8。

表 6-8　　　　　　　　　　　　　绿色建筑项目现金流量表　　　　　　　　　　单位：万元

计算期	0	1	2	3	4	…	49	50
增量成本	−185.71	−0.87	−0.87	−0.87	−0.87	…	−0.87	−0.87
增量效益	27	45.98	45.98	45.98	45.98	…	45.98	45.98
净现金流量	−158.71	45.11	45.11	45.11	45.11	…	45.11	45.11

根据现金流量可计算该项目的成本效益分析指标（计算期为 50 年，社会折现率为 8%）。

（1）增量净现值。

$$
\begin{aligned}
ENPV &= \sum_{t=1}^{n}(S - \Delta B)_t(1 + i_s)^{-t} \\
&= -158.71 + 45.11(P/A, 8\%, 50) \\
&= -158.71 + 45.11 \times 12.2335 \\
&= 393.143(万元)
\end{aligned}
$$

该项目的 $ENPV > 0$，该绿色建筑方案可行。

（2）增量内部收益率。

由
$$\sum_{t=1}^{n}(S - \Delta B)_t(1 + EIRR)^{-t} = 0$$

计算得
$$EIRR = 28.42\%$$

$EIRR > i_s = 8\%$，表明该项目资源配置的经济效率已经远远超过了可以被接受的水平。

（3）增量效益费用比。

$$R = \frac{\displaystyle\sum_{t=1}^{n} S_t(1 + i_s)^{-t}}{\displaystyle\sum_{t=1}^{n} \Delta B_t(1 + i_s)^{-t}} = \frac{27 + 45.98 \times (P/A, 8\%, 50)}{185.71 + 0.87 \times (P/A, 8\%, 50)} = 3$$

增量效益费用比 $R > 1$，该绿色建筑方案可行。

2. 敏感性分析

绿色建筑成本效益分析的不确定因素有增量投资、电价、水价、节电量、节水量。敏感性分析指标为增量净现值、增量内部收益率和增量效益费用比。

（1）绿色建筑增量净现值敏感性分析。增量投资、电价、水价、节电量、节水量变化后，绿色建筑项目的增量净现值将随之变动，相应的敏感性分析见表 6-9。

表 6-9　　　　　　　　　　　　绿色建筑增量净现值敏感性分析

不确定性因素	变化幅度							敏感度系数
	-30%	-20%	-10%	0	10%	20%	30%	
增量投资（元）	440.76	424.89	409.01	393.14	377.27	361.4	345.53	-0.4
电价［元/(kW·h)］	339.57	357.43	375.28	393.14	411	428.86	446.72	0.45
水价（元/m³）	378.17	383.16	388.15	393.14	398.13	403.13	408.12	0.13
节电量（kW·h）	290.62	324.79	358.97	393.14	427.32	461.49	495.67	0.87
节水量（m³）	370.32	377.93	385.54	393.14	400.75	408.36	415.96	0.19

　　增量净现值对各不确定性因素的敏感性排序依次为节电量、电价、增量投资、节水量、水价。随着项目增量投资的增大，项目的增量净现值有所减少；随着电价、水价、节电量和节水量增长幅度的变大，项目的增量净现值有所增加。

　　（2）绿色建筑增量内部收益率敏感性分析。绿色建筑增量内部收益率敏感性分析见表 6-10。

表 6-10　　　　　　　　　　绿色建筑增量内部收益率敏感性分析

不确定性因素	变化幅度							敏感度系数
	-30%	-20%	-10%	0	10%	20%	30%	
增量投资（元）	40.60	35.81	31.58	28.42	25.84	23.69	21.86	-1.10
电价［元/(kW·h)］	25.66	26.58	27.50	28.42	29.34	30.26	31.18	0.32
水价（元/m³）	27.65	27.91	28.16	28.42	28.68	28.94	29.19	0.09
节电量（kW·h）	23.14	24.90	26.66	28.42	30.18	31.95	33.70	0.62
节水量（m³）	27.24	27.64	28.03	28.42	28.57	29.20	29.60	0.14

　　增量投资变化对增量内部收益率的影响最大，其后依次为节电量、电价、节水量、水价。随着项目增量投资的增大，项目的增量内部收益率有所降低；随着电价、水价、节电量和节水量增长幅度的变大，项目的增量内部收益率有所提高。

　　（3）绿色建筑增量效益费用比敏感性分析。绿色建筑增量效益费用比敏感性分析见表 6-11。

表 6-11　　　　　　　　　　绿色建筑增量效益费用比敏感性分析

不确定性因素	变化幅度							敏感度系数
	-30%	-20%	-10%	0	10%	20%	30%	
增量投资（元）	4.19	3.70	3.32	3.00	2.74	2.52	2.34	-1.03
电价［元/(kW·h)］	2.73	2.82	2.91	3.00	3.09	3.18	3.28	0.30
水价（元/m³）	2.93	2.95	2.98	3.00	3.03	3.05	3.08	0.08
节电量（kW·h）	2.48	2.65	2.83	3.00	3.18	3.35	3.52	0.58
节水量（m³）	2.89	2.92	2.96	3.00	3.04	3.08	3.12	0.13

　　增量投资和节电量变化对增量效益费用比的影响较大，电价、节水量、水价变化对效益费用比几乎没有影响。

　　3. 风险分析

　　分析该绿色建筑项目的风险，由于增量投资已固定，分析电价、水价、节电量、节水量等变化时的风险概率即可。该项目的净现金流量值为 45.11 万元，假设该值最小为 36.73 万元，最大为 53.49 万元。

　　则根据中心极限定理，假设净现金流量服从正态分布 $F_t \sim n(\mu_t, \sigma_t^2)$，根据之前计算的数据，设净现金流量 F_t 的最乐观值 $a = 45.11$，最可能值 $m = 45.11$，最悲观值 $b = 35.73$。得到第 t 年的期望和方差分别为

$$\mu_t = E(F_t) = \frac{a + 4m + b}{6} = \frac{35.73 + 4 \times 45.11 + 53.49}{6} = 44.94$$

$$\sigma_t^2 = D(F_t) = \frac{(b-a)^2}{6} = \frac{(53.49 - 35.73)^2}{6} = 52.57$$

　　设各年现金流量相互独立，由于 F_t 服从正态分布，则 $ENPV$ 是 F_t 的线性函数，也服从正态分布，假设项目的投资在 20 年内回收，则可得出：

$$\mu = E(ENPV) = \sum_{t=1}^{n} E(F_t)(1 + i_s)^{-t} = \sum_{t=1}^{n} \mu_t (1 + i_s)^{-t} = 282.52$$

$$\sigma^2 = D(ENPV) = \sum_{t=1}^{n} D(F_t)(1 + i_s)^{-t} = \sum_{t=1}^{n} \sigma_t^2 (1 + i_s)^{-t} = 71.19^2$$

　　计算得到其净现值为 $ENPV_0$，根据标准正态分布函数表，可以求出净现值大于或者等于 $ENPV_0$ 时的概率。

$$P\{ENPV \geqslant ENPV_0\}$$
$$= 1 - P\{ENPV < ENPV_0\}$$
$$= 1 - \Phi\left[\frac{ENPV_0 - \mu}{\sigma}\right]$$

其中 $\Phi(x)$ 为标准正态分布函数，所得到的概率为净现值大于或者等于 $ENPV_0$ 时的概率，表示该绿色建筑项目承受风险的能力强弱。

当 $ENPV > ENPV_0 = 0$ 时：

$$P\{ENPV \geqslant 0\}$$
$$= 1 - P\{ENPV < 0\} = 1 - \Phi\left[\frac{-\mu}{\sigma}\right]$$
$$= \left[1 - \Phi\left(\frac{-282.52}{71.19}\right)\right] \times 100\% = 99.98\%$$

当 $ENPV > ENPV_0 = 284.18$（投资回收期为 20 年时的增量经济净现值）时：

$$P\{ENPV \geqslant 284.18\}$$
$$= 1 - P\{ENPV < 284.18\}$$
$$= 1 - \Phi\left[\frac{284.18 - 282.52}{71.19}\right] = 50.8\%$$

　　根据上述结果可知：$ENPV \geqslant 0$ 的概率为 99.98%，$ENPV \geqslant 284.18$ 的概率为 50.8%。因此，该项目抵抗风险能力较强，项目在 20 年内能够回收成本的概率在 90% 以上，且该项目的盈利在实际情况下仍有一定上升的潜力。

习　题

一、思考题

1. 什么是绿色建筑全寿命周期成本？

2. 什么是绿色建筑增量成本？试论述其计算过程。

3. 绿色建筑增量成本的影响因素有哪些？

4. 绿色建筑直接增量效益的构成有哪些？每一项的计算过程是什么？

5. 什么是绿色建筑的间接增量效益？如何进行计算？

6. 试简要论述绿色建筑成本效益分析理论。

7. 如何对绿色建筑项目的成本效益进行分析？

8. 绿色建筑成本效益分析指标有哪些？如何通过这些效益指标对绿色建筑项目进行评价？

9. 查找我国的某一绿色建筑项目案例，利用绿色建筑增量成本效益模型进行分析。

二、计算题

北方某住宅公建项目的主体建筑属于绿色建筑，占地总面积为 29 340m²，总建筑面积为 14 578m²。该绿色建筑的节能率为 70%，当地基准建筑的节能率为 58%。该项目的主要增量费用见表 6-12。

表 6-12 项目的主要增量费用

项目	节能技术	单位增量费用（元/m²）
节地与室外环境质量	自然通风	3.56
	建筑隔声	84.78
	采用植草砖	12.47
节能与能源利用	外墙保温	14.56
	高效用能设备和系统	85.36
	高效照明系统	23.47
	可再生能源利用	63.49
节水与水资源利用	中水回用系统	16.28
	雨水收集系统	17.27
运营管理	智能化技术	25.93

该建筑的增量效益主要来源于以下技术（假设标准煤的价格为 480 元/t；当地的水价为 2.6 元/m³。为方便计算，此处不考虑煤价和水价的增长）：

围护结构：该项目位于寒冷地区，只考虑冬季采暖期的节省效益。项目的采暖面积为 7289m²，采暖天数为 120 天，采暖指标为 60W/m²，锅炉运行效率为 81%，室外管网输送效率为 78%。

可再生能源技术：该项目采用了户式太阳能热水器，以满足该项目全年供热水 295 天，且每天将 89 410kg 水从 15℃ 加热到 40℃，太阳保证率 f 取 0.5，水的定压比热容取 4.186 8kJ/(kg·℃)；标准煤热值为 29 400kJ/kg。

绿色照明技术：项目年度绿色照明能耗为 692 356kW·h，煤热值取 8.14kW·h/kg，一次转化为电能的效率为 35%。

节水技术：该项目每年可节约用水 283 540m³。

提示：复利现值系数 $(P/F, 8\%, 20) = 0.214\ 5$；年金现值系数 $(P/A, 8\%, 20) = 9.818$；1J=1W·s。

试根据上述信息，计算（结果保留两位小数）：

（1）该项目的增量费用。

（2）该项目的增量效益。

（3）假设该项目运营期的计算年限为 20 年，基准收益率为 8%。若只考虑建设期的增量费用和运营期的增量效益，试从增量效益费用比的角度判断该绿色建筑方案与传统建筑相比是否可行，并给出原因。

第 7 章 合 同 能 源 管 理

7.1 合 同 能 源 管 理 概 述

合同能源管理（Energy Performance Contracting，EPC）是 20 世纪 70 年代在西方发达国家开始发展起来的一种基于市场运作的节能机制。在这种机制下，节能服务公司（Energy Services Company，ESCO）通过与用能单位签订合同能源管理项目合同，为用能单位提供节能改造、运维管理等提高能效的节能服务，从用能单位接受能效管理服务后获得的节能效益中收回投资并取得利润。在这一过程中，允许用能单位不为节能服务公司支付酬劳，用能单位只要授予节能服务公司为自己服务权限就可以实现节能效益，而节能服务公司的利润来源于用能单位能源费用的节省。典型合同能源管理模式示意图如图 7-1 所示。

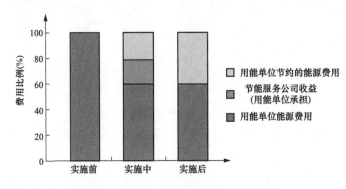

图 7-1 典型合同能源管理模式示意图

7.1.1 合同能源管理相关概念

1. 合同能源管理

合同能源管理是指节能服务公司与用能单位以契约形式约定节能项目的节能目标，节能服务公司为实现节能目标向用能单位提供必要的服务，用能单位以节能效益支付节能服务公司的投入及其合理利润的节能服务机制。

2. 合同能源管理项目

合同能源管理项目（Energy Performance Contracting Project）是指以合同能源管理机制实施的节能项目。

3. 节能服务公司

节能服务公司是指提供用能状况诊断、节能项目设计、融资、改造（施工、设备安装、调试）、运行管理等服务的专业化公司。

4. 能耗基准

能耗基准（Energy Consumption Baseline）是指由用能单位和节能服务公司共同确认的，用能单位或用能设备、环节在实施合同能源管理项目前某一时间段内的能耗状况。

5. 项目节能量

项目节能量（Project Energy Savings）是指在满足同等需求或达到同等目标的前提下，通过合同能源管理项目实施，用能单位或用能设备、环节的能耗相对于能耗基准的减少量。

6. 节能效益

节能效益（Benefit Of Energy Savings）是指合同能源管理项目节能量的市场价值。

7. 全寿命周期

全寿命周期是指一种产品、工艺或活动，从原材料采集，到产品生产、运输、销售、使用、回用、维护和最终处置的整个寿命周期阶段。

8. 能源审计

能源审计（Energy Audit）是指用能单位自己或委托从事能源审计的机构，根据国家有关节能法规和标准，对能源使用的物理过程和财务过程进行检测、核查、分析和评价的活动。

9. 节能诊断

节能诊断（Saving Diagnosis）是指对用能单位或设备的能耗状况进行调查、测试和计算分析，查明用能不合理的环节和原因，提出改进对策的方法。

7.1.2　合同能源管理的实质

合同能源管理实质是基于市场的节能机制。它既是一种投资方式，又是一种工程总承包模式。

作为一种投资方式，节能服务公司投资回报的保障是提供节能服务后带来的节能效益。节能服务公司通过向用能单位提供能效管理服务，以用能单位未来减少的能源费用支出，来收回实施节能项目的全部成本并获得投资收益。这种投资方式允许用能单位使用未来的节能效益为能源系统和设备升级，降低目前的运行成本，提高能源利用效率。

作为一种工程总承包模式，节能服务公司先提供能效管理服务，用能单位见到节能效益后，才会支付节能服务费用。节能服务公司需要提供包括用能状况诊断、节能项目设计、融资、改造（施工、设备安装、调试）、运行管理等在内的多种能效管理服务，承担合同能源管理项目的资金风险和技术风险，参考能耗基准证明用能单位的能源费用支出减少后，才能获得服务费或节能效益的分配权力，从而收回成本和取得利润。

7.1.3　合同能源管理的优势

作为一种基于市场的节能机制，合同能源管理是一项"多赢"的能效管理模式，它不仅适应现代企业经营专业化、服务社会化的需要，而且适应企业节能减排的社会责任潮流。从企业层面来看，通过合同能源管理实现能效的提高，不仅能低成本地降低能源费用支出，还能建立良好的绿色企业形象，提升企业竞争力。从社会角度来看，合同能源管理有助于公用事业节能减耗，减少财政支出，同时带动了诸如融资租赁业、金融服务业、节能设备制造业、信息咨询等相关产业的发展。

用能单位通过合同能源管理项目提高能效的优势体现在以下几点。

1. 风险低

用能单位可无需承担合同能源管理项目实施的资金、技术风险。见到节能效益后，用能单位再与节能服务公司分享节能效益或支付费用。合同结束后，用能单位可一并获得实施项目带来的收益和节能服务公司提供的设备。

2. 节能更专业

节能服务公司可为用能单位提供全过程、专业化节能解决方案与能效管理服务，利用其专业资源优势，保证用能单位可以在项目实施后实现能源成本下降。用能单位可以获得专业节能资讯和能源管理经验，提升管理人员素质。

3. 节能效率高

合同能源管理本质上是促进能效管理的市场机制。合同能源管理项目的节能率一般在20％以上，甚至可达到60％。用能单位可通过市场进行招标，以获取技术方案可行、经济合理的能效管理服务。而自由的市场竞争状态可以促进节能服务公司提高服务的质量和创新水平。广泛实施合同能源管理项目是促进社会整体能效管理水平的重要手段。

4. 提升主营业务竞争力

用能单位通过合同能源管理进行节能改造或获得其他能效管理服务，用能效率更高后，能够减少用能成本支出，有利于提高产品竞争力。另外，可以改善现金流量，把有限的资金投资在主营业务及其他更擅长的投资领域。

5. 倡导绿色发展

绿色发展是生态文明建设的重要内容，也是经济转型升级的必由之路。发展节能环保产业，广泛实施节能措施是"十三五"时期的重要内容。加快节能服务产业发展、推行合同能源管理，对我国完成"十三五"节能降耗目标、实现绿色低碳发展具有重要意义。

7.2　合同能源管理项目

7.2.1　合同能源管理项目的管理内容

以合同能源管理机制为基础，节能服务公司与需要节能服务的工业、民用等用能单位签订合同，根据合同约定为合同能源管理项目提供能效管理服务，在达到合同约定的节能效果后获得合同期内分享节能效益的权利（或者一次性服务费），在合同期结束后进行产权移交。合同能源管理项目全寿命周期内的能效管理内容包括用能状况诊断、节能项目设计、节能项目投融资、材料和设备采购、节能改造（施工、设备安装、调试）、运维管理、节能量监测分析、效益分享及产权移交等。

上述能效管理内容也是节能服务公司的主要服务内容，各阶段主要服务内容如下。

1. 用能状况诊断

节能服务公司通过能源审计和节能诊断进行合同能源管理项目的用能状况诊断，测定项目当前用能量和用能效率，设立能耗基准，提出节能潜力所在，并对各种可供选择的节能措施的节能量进行预测。主要包括能源管理概况、用能工艺概述和能源流程、能源利用状况分析评价、用能设备或工艺系统运行效率、能量平衡和物料平衡分析、节能量和节能潜力的计算分析。

2. 节能项目设计

根据能源审计和节能诊断的结果，节能服务公司针对用能单位的能源系统提出如何利用成熟的节能技术来提高能源利用效率、降低能源成本的方案和建议。根据用能单位需要，进一步针对合同能源管理项目进行施工图设计，同时对工期、进度、预算及场地协调等进行规划。

3. 节能项目投融资

节能服务公司实施合同能源管理项目的资金来源可以是自有资金直接投资，也可以通过其他融资渠道，包括银行信贷、融资租赁、债券融资、股权融资、资产证券化等。

4. 材料和设备采购

节能服务公司根据项目设计或用能单位用能需要采购材料和设备，由于节能服务公司有专业平台的性质，当用能单位有短期性、小规模的节能采购需求时，由节能服务公司采购材料或设备可以获得专业建议和价格优惠。另外，可以采用融资租赁型与节能服务公司合作，减小资金压力、规避技术风险。

5. 节能改造

根据合同和设计要求，由节能服务公司组织合同能源管理项目的施工、设备安装和调试。

6. 运行管理

节能服务公司应对节能改造系统的运行管理人员进行培训，以保证达到预期的节能效果。在合同期内，负责节能改造系统的运行、维护管理。

7. 节能量监测分析

节能服务公司与用能单位共同（或委托第三方机构）监测和确认合同能源管理项目在合同期内的节能效果，确认合同中确定的节能效果是否达成。

8. 效益分享和产权移交

项目合同期内，节能服务公司对项目的投入拥有所有权，并与用能单位按合同约定定期分享节能效益或者一次性节能服务费，以收回成本并获取利润。项目合同期满后，所有权无偿或有偿转让给用能单位。

7.2.2　合同能源管理项目的类型

合同能源管理项目的运营模式可分为节能效益分享型、节能量保证型、能源费用托管型、融资租赁型、混合型5种类型。

1. 节能效益分享型

如图7-2所示，节能效益分享型是指项目期内节能改造的投入和风险由节能服务公司承担，节能改造完成后，用能单位和节能服务公司双方共同确认或者委托第三方机构对项目节能量（率）进行测量和确认，并按约定比例和期限分享节能效益的合同能源管理模式。项目合同结束后，节能设备所有权和节能效益按合同约定形式处理，一般将无偿移交给用能单位，此后所产生的节能收益归用能单位。

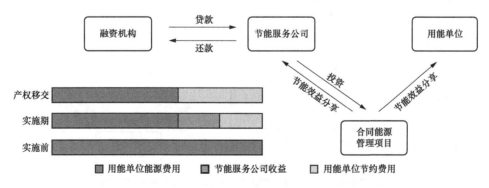

图7-2　节能效益分享型（融资机构为非必选环节，下同）

　　节能效益分享型应注意约定：①由节能服务公司负责项目全部或部分融资和项目全过程管理；②节能指标、项目范围和节能量（率）的确认方式；③合同期内用能单位与节能服务公司双方分享节能效益的比例和时间；④合同结束后节能效益及节能设备的归属。

2. 节能量保证型

　　如图 7-3 所示，节能量保证型是指由节能服务公司或用能单位提供项目资金，节能服务公司提供能效管理服务并向用能单位承诺一定比例的节能量，保证节能效果，用能单位按合同规定一次性或分次向节能服务公司支付服务费用的合同能源管理模式。如果合同期内项目没有达到承诺的节能量或节能收益，节能服务公司按合同约定向用能单位补偿未达到的节能收益，超出承诺的部分，双方可以事先约定分享方式。项目合同结束后，节能设备所有权和节能效益按合同约定形式处理，一般将无偿移交给用能单位，此后所产生的节能收益归用能单位。

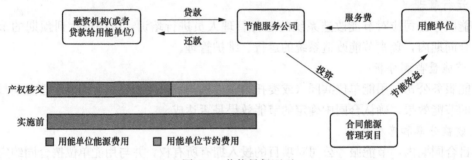

图 7-3　节能量保证型

　　节能量保证型应注意约定：①节能服务公司保证用能单位的能耗将减少一定的比例或数量；②融资可由节能服务公司提供或用能单位自行解决；③节能指标、项目范围、节能量（率）、节能收益的确认方式；④合同期项目没有达到承诺的节能量或节能收益时，节能服务公司的赔付方式。

3. 能源费用托管型

　　如图 7-4 所示，能源费用托管型是指用能单位委托节能服务公司进行能源系统运行管理或节能改造，并按照合同约定支付能源托管费用或分享节能效益的合同能源管理模式。节能服务公司通过优化运维管理或节能改造提高能源效率、降低能源费用，并按照合同约定拥有全部或部分节省的能源费用。节能服务公司的经济效益来自能源托管费用或节能效益的分享，用户的经济效益来自能源费用的减少。项目合同结束后，节能设备所有权和节能效益按合同约定形式处理，一般将无偿移交给用能单位，此后所产生的节能收益归用能单位。

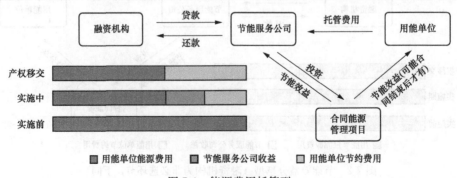

图 7-4　能源费用托管型

能源费用托管型应注意：①节能服务公司负责管理用能单位的能源系统运行及维护工作的范围；②约定用能单位支付的能源托管费用和是否进行节能效益分享；③能源服务质量标准及确认方法；④合同期项目没有达到承诺的节能量或节能收益时，节能服务公司的赔付方式。

4. 融资租赁型

融资租赁型是指由融资公司投资购买节能服务公司的节能设备和服务，并租赁给用能单位使用，根据租赁协议向用能单位收取租赁费用的合同能源管理模式。节能服务公司负责对用能单位的能源系统进行改造，并在合同期内对节能量进行测量验证，担保节能效果。项目合同结束后，节能设备所有权和节能效益按合同约定形式处理，可选择留购或无偿移交给用能单位，此后所产生的节能收益归用能单位。融资租赁型可分为直接租赁和售后回租两种模式。

（1）直接租赁模式。直接租赁模式下，由融资租赁公司与承租人（一般指用能单位）签订租赁合同，融资租赁公司根据承租人对租赁物（节能服务或设备）的选择，与供货人签订融资租赁合同，融资租赁公司向供货人（节能服务公司或设备供应商）支付购买价款，供货人向承租人提供租赁物，承租人根据租赁合同的约定向融资租赁公司支付租金（见图 7-5）。租赁期限届满后，承租人从租赁公司留购或无偿接受产权移交，融资租赁合同终止。

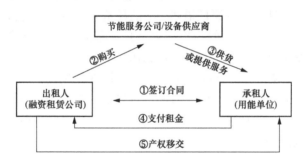

图 7-5　直接租赁模式

在合同能源管理项目开工建设前或者项目建设过程中，如果有融资需求，可以采用直接租赁模式。

（2）售后回租模式。售后回租模式下，由承租人（一般指用能单位）将自有租赁物出卖给融资租赁公司（出租人），并与其签订融资租赁合同，融资租赁公司支付租赁物购买价款后拥有租赁物的所有权，承租人再根据合同支付租金进行售后租回（见图 7-6）。租赁期限届满后，承租人从租赁公司留购或无偿接受产权移交，融资租赁合同终止。

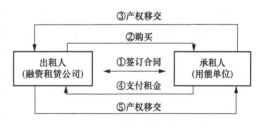

图 7-6　售后回租模式

在合同能源管理项目竣工验收后，由节能服务公司或设备供应商移交给用能单位时，如果有融资需求，可以采用售后回租模式。

5. 混合型

混合型是指混合了节能效益分享型、节能量保证型、能源费用托管型、融资租赁型等模式中的两种或两种以上的合同能源管理项目模式。

7.2.3　合同能源管理项目合同文本

合同文本是合同能源管理项目实施的重要载体。项目双方可以按合同能源管理项目的类型签订节能效益分享型、节能量保证型、能源费用托管型、融资租赁型、混合型等合同。GB/T 24915—2010《合同能源管理技术通则》中，附录 A 发布了节能效益分享型合同能源管理项目参考合同，项目各相关方可以参考执行。

GB/T 24915—2010《合同能源管理技术通则》的合同样本中，节能效益分享型合同的内容应包括：①术语和定义；②项目期限；③项目方案设计、实施和项目的验收；④节能效益分享方式；⑤甲方的义务；⑥乙方的义务；⑦项目的更改；⑧所有权和风险分担；⑨违约责任；⑩不可抗力；⑪合同解除；⑫合同项下的权利、义务的转让；⑬人身和财产损害与赔偿；⑭保密条款；⑮争议的解决；⑯保险；⑰知识产权；⑱费用的分担；⑲合同的生效及其他；⑳附件一（项目方案文件）和附件二（合同解除后项目财产的处理方式）。

特别应指出的是，合同中"节能效益分享方式"一节应明确效益分享期内项目节能量/率、预计的节能效益、效益分享期内乙方分享的节能效益比例，明确共同或者委托第三方机构对项目节能量进行测量和确认，并填制和签发节能量确认单。

另外附件一对合同能源管理项目的方案文件组成内容进行了梳理，项目方案文件应包括：①项目内容、边界条件、技术原理描述；②能耗基准、项目节能目标预测及能源价格波动及调整方式（调价公式和所依据的物价指数及其发布机关）；③节能量测量和验证方案；④项目性能指标和安全检测认证书；⑤节能目标达标认证书；⑥培训计划（包括人员资质要求等）；⑦项目进度阶段表和节能量确认单；⑧技术标准和规范；⑨项目财产清单（设备、设施、辅助设备设施的名称、型号、购入时间、价格及质保期等）；⑩项目所需其他设备材料清单；⑪施工条件约定；⑫项目投资分担方案；⑬项目验收程序和标准；⑭设备操作规程和保养要求；⑮设备故障处理约定等。

7.3　节能服务公司

7.3.1　节能服务公司的业务特点

节能服务公司是市场经济下的节能服务商业化实体，在市场竞争中生存和发展，是集能源分析、技术实施、运营管理、投融资运作为一体的复合型企业。在合同能源管理机制下实施节能项目时，节能服务公司的特殊性在于其销售的不是有形的产品，而是无形的节能效益。

节能服务公司业务的具体特点如下。

1. 商业性

节能服务公司是商业化运作的公司，以合同能源管理机制或其他模式为用能单位提供能效管理服务，通过服务目标的达成实现盈利。

2. 平台性

节能服务公司可以为用能单位提供经过优选的、集成化的能效管理方案和服务。节能服务公司根据自己擅长的领域开展业务，运用不断积累的专业优势集成资金、技术、施工、运营等相关资源，发挥可以集中科研院所、金融机构、产业联盟、第三方机构、用能单位、节能主管部门的平台优势，不断提高能效管理的服务水平。

3. 多赢性

一个合同能源管理项目的成功实施，将使介入项目的各方包括节能服务公司、用能单位、节能设备制造商、投融资机构等都分享到相应的收益，从而形成多赢的局面，而节能服务公司是项目实施的重要主体和资源配置平台。

4. 长期性

实施合同能源管理项目时，从项目开始到达到合同约定节能效果，直至分期分享节能效益到合同结束，这一过程的时间跨度根据项目难度从数月到数年不等（以 2019 年为例，节能效益分享型平均合同期为 7 年，能源费用托管型平均合同期为 11.7 年）。节能服务公司的资金、人员往往长期与项目绑定，资金周转慢、服务时间长。

5. 风险性

节能服务公司向用能单位承诺合同能源管理项目的节能效益，投入大量资金并承担技术风险，在达到合同约定的节能效果后才能收到节能服务费或节能效益分享权，承担了项目的大多数风险。

合同能源管理项目的管理内容和节能服务公司的业务特点，要求节能服务公司有较强的综合管理能力，其中包括市场开发、合同能源管理模式运用和创新、风险控制、投资管理、融资、技术研发、采购管理、施工管理、运行管理、收益管理、沟通与协调等能力。

7.3.2 节能服务公司的类型

随着节能服务产业规模的不断扩大和产业优惠政策的不断推动，节能服务公司迅速发展。节能服务行业以中小型企业、民营企业参与为主，国企也积极参与其中，近年来频繁出现部分国企和民企合作的发展模式。有的大型集团根据自身的节能需求和技术优势，成立专门的节能服务公司，从能源供应、房地产业、设计研究院等传统行业向节能服务产业延伸。据中国节能协会节能服务产业委员会（ESCO Committee of China Energy Conservation Association，EMCA）统计（见图 7-7），我国从事节能服务业的企业数量从 2003 年的不到 100家发展到 2019 年的 6547 家，十几年间增长了 60 余倍。

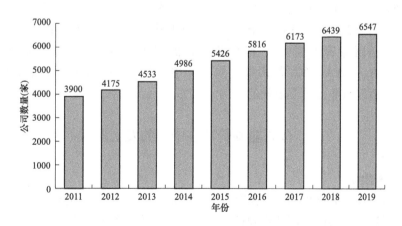

图 7-7　2011—2019 年中国节能服务公司数量

节能服务公司可分为技术型、投资型、厂商型、综合型 4 种类型，见表 7-1。

表 7-1 节能服务公司的类型

类型	特征	投入	核心收益
技术型	以节能技术的研发及应用为核心	一种或多种专项节能技术投入	技术投入的服务费用
投资型	以资金为纽带,对接技术、提供设备及其他相关服务	资金投入	项目转让和股权投资
厂商型	以节能设备的研发及销售为核心	设备及相关服务	设备销售
综合型	综合能源服务供应商	技术、资金、设备、运营等综合服务	多资源投入产生的节能效益

1. 技术型

技术型节能服务公司是指以某种或多种节能技术为基础发展起来的节能服务公司,重视节能技术的创新。

2. 投资型

投资型节能服务公司以拥有资金优势为主要特征,其市场定位往往是有节能潜力或节能需求但因缺乏资金无力实施节能项目的用能单位。这类公司以资金为纽带,可以在市场上对接技术、提供设备及其他相关服务,从而为用能单位提供集成化的能效管理服务。

3. 厂商型

厂商型节能服务公司是指设备制造商成立的节能服务公司,是从设备销售商转型或附属于设备制造商的节能服务公司。这类节能服务公司借助节能设备厂商的影响力开拓市场,依靠厂商的资金、技术实力实施节能项目。

4. 综合型

综合型节能服务公司一般有着多种资源,既有技术又有资金,有的以技术和管理见长,有的整合资源能力强。近年来,节能服务公司向综合能源服务供应商转型成为趋势,追求提高面向整个能源系统(供给侧、输配侧、用户侧)的能效管理服务水平,通过综合能源系统中多种能源的优化组合或一个用能系统内多种技术、方案、服务的优化配置,向用能单位提供从项目规划设计到运维管理的全过程能效管理服务。

另外,EMCA 从 2015 年开始接受审理节能服务公司的评级工作,评级参考指标主要包括节能服务公司的成立时间、注册资金、员工人数及构成、项目经验、相关产品技术、公司管理制度(特别是财务管理制度)、客户及相关机构评价等。节能服务公司的等级分为 AAAAA、AAAA、AAA、AA 和 A 级。截至 2018 年年底,申请并审核通过评级的企业数量为 142 家,占节能服务公司总数量的比例为 2.21%。

7.4 合同能源管理在中国的发展概况

7.4.1 投资规模

合同能源管理这一商业机制在中国存在着广阔的市场,中国合同能源管理机制的应用起步较晚但发展迅速。节能服务产业在政府、企业、行业协会等全社会共同努力下保持良好的发展势头,如图 7-8 所示,截至 2019 年,节能服务产业产值达 4774 亿元,其中以合同能源管理项目投资规模逐年扩大,投资规模达到 1141 亿元。合同能源管理项目年节能能力为 3801.13 万 tce,年减排 CO_2 能力为 10 300.71 万吨。随着国家对节能环保愈加重视,对合同能源管理机制的认可和推广，合同能源管理行业有望迎来一波量质齐升的发展阶段。

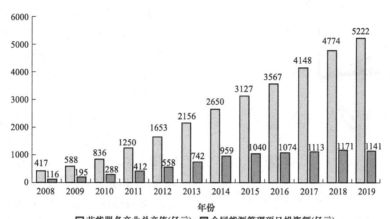

图 7-8　中国近年节能产值与合同能源管理投资规模

7.4.2　业务模式

合同能源管理机制引入中国 20 年来，历经示范和本土化推广、创新，商业模式已从最初以节能效益分享型为主，逐步发展为多种模式平衡发展。可根据用能单位的不同节能需求、防控风险需要及外部融资机构要求，灵活组合为多种复合模式。就 2019 年我国节能服务公司业务模式统计结果来看（见图 7-9），节能效益分享型的合同能源管理项目仍占多数，作为"十二五"期间财政奖励唯一支持的商业模式，节能效益分享型多年来始终是节能服务公司的主流服务模式，但投资占比逐步下降：从"十二五"期间平均占比 70％下降至 2019年 25％。节能量保证型类似于传统的工程项目总承包，有具体的节能成果约束，占比也较大。值得注意的是，能源费用托管型近年来投资增速较快，占比达到 8％。较之节能效益分享型，能源费用托管型是具有长效机制的合同能源管理模式，突出了节能服务公司提供专业化服务的核心功能，有利于拉长与用能单位的合同周期，可以有效解决节能效益分享型中甲乙双方地位不对等、节能量监测与确认的推诿、效益回款慢等问题。

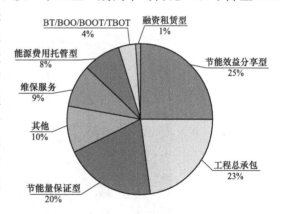

图 7-9　2019 年中国节能服务公司业务模式
BT（Build-Transfer，建设—移交）；
BOO（Build-Own-Operate，建设—拥有—经营）；
BOOT（Build-Own-Operate-Transfer，
建设—拥有—经营—拥有）；TBOT（Transfer-Build-
Operate-Transfor，移交—建设—经营—移交）

7.4.3　资金渠道

融资难、回款慢是目前我国合同能源管理项目的突出问题。为此国家出台了一系列金融支持政策推动节能项目的开展，主要包括银行贷款利率优惠、绿色债券融资、绿色资产证券化产品、为节能项目增信及风险分担等，拓宽了合同能源管理项目的融资渠道。如图 7-10 所示，银行信贷是合同能源管理项目最主要的资金来源，占比达到 41％；其次为自有资金，占比达到 18.8％。融资租赁和股权融资的占比也较大，成为除银行外第三方资金的主要投资方式。

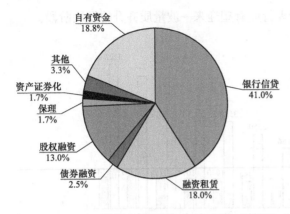

图 7-10   2018 年中国合同能源管理项目资金来源

近年来，随着合同能源管理机制在单一设备、能源系统辅助工艺等方面节能改造的推广实施，合同能源管理项目开始向能效管理系统化、运维服务长期化升级，已形成涵盖能源管控系统、供热系统节能、余热余压利用、中央空调系统节能、电机系统节能、新能源与可再生能源利用、工业锅炉窑炉节能、能量系统优化、能源站建设运营、储能技术、道路及隧道绿色照明等在内的多样服务种类。近年来可再生能源发展迅速，节能服务公司也开始在分布式光伏、生物质耦合发电、可再生能源微网等领域采用合同能源管理模式实施项目，节能服务公司逐渐向综合能源服务供应商转型升级，合同能源管理项目的类型愈加丰富。

7.5   合同能源管理项目案例

7.5.1   某市少年宫项目

1. 项目概况

某市少年宫（见图 7-11）是市委员会下属的公益性事业单位，是集科技馆、剧院、电影院等功能为一体的综合性多功能服务型社会教育机构。其占地面积为 2.64 万 m^2，建筑面积为 5.3 万 m^2。

图 7-11   某市少年宫外视图

2. 用能状况诊断

项目主要用能设备包括供配电系统设备、照明设备、空调设备等。改造前，能源管理人员无法掌握大楼详细的用电情况，更无法对能耗进行准确拆分；照明系统使用的是传统的荧光灯，亮度低、耗能较大；玻璃天窗导热系数较大，保温性能差，导致空调能耗随之增大。

3. 合同签订

本项目于 2015 年 10 月进行公开招标，2015 年 12 月签订节能效益分享型合同，项目合同期为 6 年。合同期内，节能改造所有技术、资金均由节能服务公司负责，并无偿提供项目投资设备的运营维护。合同期满，在业主方结清所有节能效益款项后，节能服务公司投入的节能改造设备设施所有权无偿转让给业主单位，同时移交项目的所有技术资料。

4. 节能设计、改造、运行管理

运用远传电表、数据采集器、数据库软件等建立能耗分项计量系统，能够快速按日、月、年统计一段时期的各类能耗数据，为节能管理提供依据。照明系统使用节能高效环保的 LED 灯替换原来的荧光灯，照明系统改造年节电量为 25.5 万 kW·h。对空调系统加装温感变流量装置、变频装置、系统节能优化控制系统等，自动运行时更加节能、提升室内空气质量，空调系统改造年节电量为 19.6 万 kW·h。对玻璃围护结构采用建筑玻璃贴膜的方法进行改造，建筑贴膜改造的方式成本较低、节能效果好，夏季可阻挡 45% ~ 85% 的太阳直射热量进入室内，冬季可减少 30% 以上的热量损失，并可有效提升安全性、防眩光、紫外光，维护改造年节电量为 1.3 万 kW·h。

2016 年 6 月项目竣工并由节能服务公司成立能源管理办公室，全面负责项目日常能源管理工作。

5. 项目投资额及融资渠道

项目投资额为 240 万元，主要来源于银行贷款。

6. 年节能量

项目能耗基准为 404 万 kW·h，按改造后同期的供电局发票电量统计，年综合节能效率为 20.76%，年节电量达 83.68 万 kW·h，折合 276.14tce。

7. 年节能效益

项目节约能源品种主要为电能，按项目所在地供电部门对项目征收的综合电价 1 元/kW·h 计算，年节能效益为 83.68 万元。

7.5.2　北京市某大厦项目

1. 项目概况

北京市某大厦（见图 7-12）建筑面积约为 30 374m²。主要用途为办公，地下 2 层，地上 14 层，其中商业面积为 26 452m²，居住面积为 3922m²。

2. 用能状况诊断

该大厦原供冷、供热和生活热水供应均采用附近锅炉房蒸汽作为热源，由于锅炉房搬迁，不能再为大厦提供热源，加之原有中央空调系统已运行 15 年以上，故障多、效率低、耗能大。

项目前期，节能服务公司对大厦进行了详细的调研，包括大厦冷热源站原耗能情况、管理情况、直燃机组安装位置，燃气管道铺设路线，大厦楼顶承重情况等。

图 7-12　北京市某大厦外视图

3. 合同签订

经过调研和前期洽商，双方于 2017 年 2 月 24 日签订了能源费用托管型合同。由节能服务公司负责项目节能改造的技术和资金，效益分享期为 25 年。分享期内节能服务公司具备设备所有权并负责设备的运行和维护；分享期前 5 年，节能收益均归节能服务公司，即业主按原供热、供冷和生活热水费用向节能服务公司缴费；5 年后，业主享有 2 元/m² 的节能效益；分享期后，相应设备所有权及运行维护工作无偿移交给业主，此后产生的节能收益全部归业主所有。

4. 节能设计、改造、运行管理

结合大厦实际情况，采用直燃型吸收式冷机替换原蒸汽式吸收冷机，同时替换了原有低效率的冷冻、冷却、采暖泵及冷却塔，既满足大厦夏季供冷需求，又满足大厦冬季供暖需求，同时增加空气源热泵机组解决公寓生活热水供应问题。

节能改造主体 2017 年 6 月初竣工，节能服务公司开始改造系统的运行管理。

5. 项目投资额及融资渠道

本项目投资额共 647 万元，全部为节能服务公司自有资金。

6. 年节能量

本项目只对大厦冷热源站进行 Lee 改造，系统末端未做改动，节能量计算时只考虑冷热源部分的耗能量，同时默认改造前后冷热源站用电量不变。

改造大厦热源为临近锅炉房的蒸汽，年耗能量为蒸汽 10 908t，折合 981.72tce。

改造后，采用直燃机和空气源热泵为大厦提供冷热源和生活热水，能耗主要为天然气，年耗能量为 38.5 万 m³，折合 512.05tce；消耗电力 30 000kW·h，折合 522.04tce。年节能量为 459.68tce（981.72－522.04）。

7. 年节能效益

见表 7-2 和表 7-3，通过对比改造前后的采暖、供冷费用，项目年节能效益为 1 423 288 元（2 457 288－1 034 000）。

表 7-2　　　　　　　　　　　　北京某大厦改造前采暖供冷费用表

功能分类	建筑面积（m²）	收费标准（元/m²）	供暖费（元）	制冷费（元）	总费用（元）
商业办公区	26 452	42	1 110 984	1 110 984	2 221 968
住宅区	3922	30	117 660	117 660	235 320
合计	30 374	—	1 228 644	1 228 644	2 457 288

表 7-3　　　　　　　　　　　　北京某大厦改造后采暖供冷费用表

能耗种类	能耗量	能源单价	能源费用（元）
天然气	385 000m³	2.6 元/m³	1 001 000
电	30 000kW·h	1.1 元/(kW·h)	33 000
合计	—	—	1 034 000

习　题

1. 合同能源管理的定义是什么？
2. 合同能源管理的实质是什么？
3. 试阐述合同能源管理项目的 5 种类型。

4. 融资租赁型分为哪两种模式？各自的特点是什么？

5. 目前市场上应用最普遍的 3 种合同能源管理类型是什么？

6. 什么是节能服务公司？节能服务公司可以提供什么服务？

7. 试阐述合同能源管理项目全寿命周期的管理内容。

8. 什么是能源审计、节能诊断？它们的区别是什么？

9. 用能单位实施合同能源管理的优势具体体现在哪些方面？

10. 试列举节能服务公司的类型及各自主要特点。

11. 试思考合同能源管理在中国推广实行的障碍，并提出推广建议。

第8章 建筑能效标识

能效，即能源效率，是指能源产出（服务、产品、性能等）与能源投入之比。提高能效是解决能源枯竭和气候变化问题的重要手段：从源头上说，在保证经济发展和居民生活水平提高的情况下使用更少的能源，可以缓解全球能源供给的压力；从末端上看，达到同样效果排出的温室气体更少，可以有效缓解全球气候变化带来的影响。目前，用于衡量建筑节能效果的指标可以概括为两项：能效和能耗。它们常用于建筑节能设计、测评、监管与运行管理过程中。关于节能设计，各类建筑节能设计标准体现了提高建筑能效的思想；关于节能效果评价，世界各国纷纷推行能效标识制度，分别对不同体量、功能及阶段的建筑从能效或者能耗角度给出评价方法；在运行过程中，运行管理人员更多地通过计量仪表直接获得的能耗数据来判断是否节能，是否需要进一步改进，而节能服务公司主要依据实际监测的能耗，对建筑进行节能改造或调节。由此可见，能效和能耗这两项指标对于建筑节能工作开展有着重要的指导意义。

建筑能耗：广义的建筑能耗是指从建筑材料制造、建筑施工，一直到建筑使用的全过程能耗。狭义的建筑能耗，即建筑的运行能耗，就是人们日常用能，如采暖、空调、照明、炊事、洗衣等的能耗，是建筑能耗中的主导部分。可以通过终端用能设备的使用时间、功率大小及效率等来确定相应的能耗值。

建筑能效：不同于建筑能耗，建筑能效没有定量化的计算公式，是针对建筑物的一项综合性指标的描述，可以概括为在一定的服务量情况下，建筑使用能源的效率。通过计算建筑能耗可以评估建筑能效。

8.1 国内建筑能效标识制度

能效标识又称能源效率标识，是附在耗能产品或其最小包装物上，表示产品能源效率等级等性能指标的一种信息标签。其目的是为用户和消费者的购买决策提供必要的信息，以引导和帮助消费者选择高能效节能产品。能效标识最初主要应用在电器领域，如冰箱、洗衣机、计算机显示器等，后来慢慢拓展到建筑领域。

2008年起，我国开始在建筑领域实施能效标识制度。建筑能效标识是指依据测评结果，对建筑能耗相关信息向社会或产权所有人明示的活动。我国的建筑能效标识包括建筑能效测评和建筑能效实测评估两个阶段。建筑能效标识应以建筑能效测评结果为依据，建筑能效实测评估为复核方式。居住建筑和公共建筑应分别进行建筑能效标识。新建建筑能效测评应在建筑节能部分工程验收合格之后、建筑物竣工验收之前进行。建筑能效实测评估应在建筑物正常使用1年后，且入住率大于30％时进行。

8.1.1 建筑能效测评

建筑能效测评，是指对反映建筑物能耗量及建筑物用能系统效率等性能指标进行计算、核查与必要的监测，并给出其所处等级的活动。其中，建筑能耗量包括供暖、空调、照明，以及调节室内空气、湿度，改变居室室内环境质量的总能耗。建筑用能系统是指与建筑物同步设计、同步安装的用能设备及其配套设施的集合。居住建筑的用能设备是指供暖通风空调及生活热水系统的用能设备，公共建筑的用能设备是指供暖通风空调、生活热水和照明系统的用能设备，配套设施是指与设备相配套的、为满足设备运行需要而设置的服务系统。

在进行建筑能效测评时，应将与该建筑物用能系统相连的管网和冷热源设备包括在测评范围内，并在对相关文件资料、构配件性能检测报告审查、现场检查及性能检测的基础上，结合全年建筑能耗计算结果进行测评。建筑能效测评包括基础项、规定项与选择项。

（1）基础项为计算得到的相对节能率。相对节能率是标识建筑与比对建筑的全年单位建筑面积能耗之差，与比对建筑的全年单位建筑面积能耗的比值。其中，比对建筑是指与标识建筑及安装构造完全一致，围护结构热工性能指标及供暖通风、空调系统及照明性能满足国家现行有关节能设计标准的假象建筑。计算相对节能率时，除电之外的其他能源应折算为标准煤后，再根据上年度国家统计局发布的发电煤耗折算为耗电量进行计算。

（2）规定项为按照国家现行建筑节能设计标准要求，围护结构及供暖空调、照明系统需满足的要求。规定项实测结果应全部满足要求。

（3）选择项为对规定项中未包括且国家鼓励的节能环保新技术进行加分的项目，对未明确节能环保新技术应用比例的选择项，该技术应用比例应达到 60% 以上时方可作为加分项目。

建筑能效测评的内容见表 8-1。

表 8-1　　　　　　　　　　　建筑能效测评的内容

能效测评		居住建筑	公共建筑
基础项		严寒和寒冷地区应计算全年单位建筑面积供暖能耗和相对节能率； 夏热冬冷地区应计算全年单位建筑面积供暖、空调能耗和相对节能率； 夏热冬暖地区应计算全年单位建筑面积空调能耗和相对节能率； 温和地区应按与其最接近的建筑气候分区进行计算	建筑物单位建筑面积供暖空调、照明全年能耗计算及相对节能率
规定项	围护结构	外窗气密性； 热桥部位（严寒寒冷/夏热冬冷）； 门窗洞口密封（严寒寒冷/夏热冬冷）； 外窗玻璃可见光透射比	外窗/透明幕墙气密性； 热桥部位； 门窗洞口密封（严寒寒冷/夏热冬冷）； 外窗/透明幕墙可开启面积
	冷热源及空调系统	热源； 锅炉额定热效率； 户式燃气炉热效率； 热量表； 水力平衡； 集中供暖系统循环水泵耗电输热比； 集中冷热源自动监测与控制； 供暖量控制； 分户温控及计量或分摊装置； 冷水（热泵）机组性能系数； 单元式机组能效比； 溴化锂吸收式机组； 多联式空调（热泵）机组； 排风热回收； 地源热泵系统	设计新风量； 设备选型依据； 热源； 地源热泵系统； 锅炉额定热效率； 冷水（热泵）机组性能系数； 单元式机组能效比； 溴化锂吸收式机组； 多联式空调（热泵）机组； 集中供暖系统热水循环泵耗电输热比； 风机单位风量耗功率； 空调水系统输送能效比； 室温调节； 计量方式； 水力平衡； 集中供暖空调监控系统
	照明系统	—	照明功率密度； 照明控制

能效测评	居住建筑	公共建筑
选择项	可再生能源利用； 自然通风； 自然采光； 遮阳措施； 建筑外窗； 变流量或变速调节； 高性能等级机组和设备； 其他新型节能技术措施	可再生能源利用； 自然通风； 自然采光； 遮阳措施； 分布式冷热电联供； 蓄冷蓄热技术； 能量回收； 冷凝热利用； 全新风/可变新风比调节； 变水量/变风量； 供水回温差； 能耗计量和节能控制； 高性能等级机组和设备； 其他新型节能技术措施

建筑能效测评的基础项采用软件模拟计算评估的方法，计算评估方法应符合国家现行建筑节能设计标准的规定。当采用软件进行计算评估时，标识建筑与比对建筑的建模和计算方法应一致。规定项采用文件审查和现场检查的方法；当无国家认可的检测机构出具的检测报告，必要时可进行性能检测。选择项采用文件审查和现场检查的方法。

8.1.2 建筑能效实测评估

建筑能效实测评估是指对建筑实际使用能耗进行实测，并对建筑物用能系统效率进行现场检测与判定，包括基础项和规定项，如表 8-2 所示。

表 8-2　　　　　　　　　　　　建筑能效实测评估内容

实测评估	居住建筑	公共建筑
基础项	单位建筑面积建筑实际使用总能耗，包括全年供暖空调、照明、生活热水等所有耗能系统及设备的耗能总量； 对于采用集中供暖或空调的居住建筑还应包括单位建筑面积供暖或空调实际使用能耗	单位建筑面积实际使用总能耗，包括全年供暖空调系统、照明系统、办公设备、动力设备、生活热水等所有耗能系统的耗能总量； 单位建筑面积供暖或空调实际使用能耗，包括供暖空调系统耗电量，燃气、蒸汽、煤、油等类型的能耗及区域集中冷热源提供的供暖、供冷量
规定项	室内平均温度检测值达到设计文件要求，当设计文件无要求时，应符合国家现行有关居住建筑节能设计标准的规定； 居住建筑供暖系统能效按行业标准 JGJ/T 132—2009《居住建筑节能检测标准》的规定进行检测并满足相应要求，供热系统能效检测包括锅炉运行效率、室外管网热损失率和集中供暖系统耗电输热比	室内平均温度、温度检测值达到设计文件要求，当文件无要求时，应符合 GB 50189—2015《公共建筑节能设计标准》的规定； 供暖空调水系统性能应按行业标准 JGJ/T 177—2009《公共建筑节能检测标准》的方法进行检测并满足相应要求，供暖空调水系统性能检测包括冷水（热泵）机组实际性能系数、冷源系统能效系数； 空调风系统应按 JGJ/T 177—2009《公共建筑节能检测标准》的方法对风机单位风量耗功率进行检测并满足相应要求

建筑能效实测评估的基础项采用统计分析方法。对设有用能分项计量装置的建筑，利用能耗清单分析获得。统计分析方法应符合国家现行建筑节能检测标准的规定，定项采用性能检测方法，性能检测方法应符合国家现行建筑节能检测标准的规定。

8.1.3 建筑能效标识等级

我国民用建筑能效标识过去为五星标识等级（见表8-3），现在为三星标识等级（见表8-4）。

原有的民用建筑能效理论值标识阶段规定：当基础项节能率达到50%～65%并且规定项全部符合时，标识为一星；当基础项节能率达到65%～75%并且规定项全部符合时，标识为二星；当基础项节能率达到75%～85%并且规定项全部符合时，标识为三星；当基础项节能率超过85%并且规定项全部符合时，标识为四星。如果能效测评的选择项总分数高于60分，则再加一星。

现有的建筑能效理论值标识修定为：当基础项相对节能率在0%～15%且规定项均符合要求时，标识为一星；当基础项相对节能率在15%～30%且规定项均符合要求时，标识为二星；当基础项相对节能率大于等于30%且规定项均符合要求时，标识为三星；如果基础项相对节能率小于30%且选择项所加分数高于60分，则再加一星。

表8-3 我国民用建筑能效五星标识等级

标识等级	基础项节能率	规定项	选择项
★	50%～65%	均满足要求	选择项所加分数超过60分（满分100分）
★★	65%～75%		
★★★	75%～85%		
★★★★	85%以上		
★★★★★	85%以上		

表8-4 我国民用建筑能效三星标识等级

标识等级	基础项相对节能率 η	规定项	选择项
★	$0 \leqslant \eta < 15\%$	均满足要求	若得分超过60分（满分130分）则再加一星
★★	$15\% \leqslant \eta < 30\%$		
★★★	$\eta \geqslant 30\%$		

我国公共建筑能效标识等级与居住建筑能效标识等级类似，区别在于选择项满分为150分。

8.2 我国建筑能效标识数据分析

8.2.1 项目分布

截至2014年年底，全国有434个获得建筑能效标识的建筑项目（见图8-1），总建筑面积达到1000万 m^2（见图8-2和表8-5）。

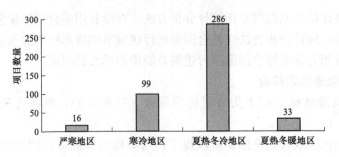

图 8-1　建筑能效标识项目分布情况（截至 2014 年）

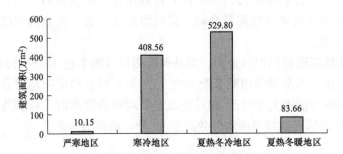

图 8-2　建筑能效标识项目建筑面积分布情况（截至 2014 年）

表 8-5　　　　　　　　建筑能效标识项目建筑面积情况（截至 2014 年）

排列	城市	建筑面积（万 m²）	排列	城市	建筑面积（万 m²）
1	上海	381.17	12	广西	8.12
2	天津	308.39	13	内蒙古	7.84
3	江苏	91.56	14	河北	6.83
4	广东	62.05	15	辽宁	5.59
5	北京	45.24	16	湖北	5.41
6	四川	25.25	17	山西	2.49
7	山东	22.68	18	安徽	1.48
8	陕西	17.34	19	江西	1.08
9	福建	13.49	20	青海	1.07
10	河南	12.10	21	黑龙江	0.82
11	湖南	11.75	22	吉林	0.42

　　从图 8-1 和图 8-2 可以看出，夏热冬冷地区获得能效标识的建筑项目数量和面积最多，其次是寒冷地区。分析可知，夏热冬冷地区以上海、江苏等省市为代表，大力推行与建筑节能相关的技术规范和政策文件，包括完善制度建设、健全管理机制、提升配套能力及完备激励手段等，极大地推动了建筑能效标识的发展，对其他省市开展建筑能效标识工作也有很好的借鉴作用。

　　不同气候区域和地方政策环境造成能效标识项目数可能会不同。不同城市的宏观经济水平与房地产市场条件有较大差异，反映出能效标识项目的市场价值不一样，对于建筑能效标识发展的影响也有差异。

　　北方地区居住建筑和南方地区居住建筑达到同样节能率的难度不同，即达到同样星级水平难度不同。北方地区居住建筑和南方地区居住建筑所付出的成本不一致。提高居住建筑的节能率可通过提高围护结构热工性能、采取被动式节能措施（如自然通风，但是目前缺乏标准的计算方法和统一的衡量标准）、提高建筑内部能源系统设备效率等方式。北方地区居住建筑以供暖为主，提高围护结构热工性能对降低供暖能耗的贡献较大；南方地区居住建筑以空调为主，提高围护结构热工性能对降低空调能耗的贡献较小。以北京市为例，北京市在2004 年就发布了 DBJ 01-602-2004《居住建筑节能设计标准》，规定居住建筑要求达到节能65％的要求，也就是说北京地区的居住建筑只要按照地方标准，通过提高围护结构热工性能就已经能够达到二星级的标准。然而对于深圳等地方来说，要达到节能 65％的标准，需要从提高围护结构热工性能、充分利用自然通风和提高空调设备效率等多方面努力才能达到要求，即节能率从 50％提高到 65％，南方地区建筑付出的代价要远高于北方地区的建筑。

8.2.2　等级分布

从建筑类型角度分析，公共建筑与居住建筑获得的能效标识等级分布有所差异。公共建筑与居住建筑能效标识等级分布情况如图 8-3 所示。公共建筑能效标识等级以一星级标识为主，约占总体项目的 2/3，获得三星级标识的项目仅占公共建筑的 5％。居住建筑获得一星级和二星级标识的项目比例相差不大，获得三星级标识的项目超过 10％。

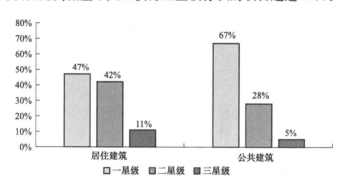

图 8-3　公共建筑与居住建筑能效标识等级分布情况

公共建筑和居住建筑达到同样节能率的难度不一样。公共建筑内部发热量较大，空调负荷所占的比例大，围护结构对节能的贡献相对较小一些。与居住建筑相比，公共建筑节能率要从 50％提高到 65％的难度较大，即使采用较高性能的能源设备系统，夏热冬冷地区和夏热冬暖地区的公共建筑也较难达到节能 65％的要求。

高星级标识建筑对节能技术和节能率有较高要求。公共建筑通常体量较大且体形系数较小，通过提高围护结构性能影响能耗相对而言较不明显，这可能是公共建筑难以提高其节能率的一个重要原因。此外，居住建筑节能设计标准对不同气候区的节能率提出了不同的要求，而公共建筑节能设计标准要求的节能率为全国统一指标且一般低于居住建筑节能设计标准的要求，这也可能是公共建筑较难获得高星级标识的原因。

8.2.3　单位面积能耗分布

公共建筑和居住建筑单位面积能耗强度频率分布直方图如图 8-4 和图 8-5 所示。公共建筑能耗强度均值为 86.8kW·h/(m^2·a)，居住建筑能耗强度均值为 33.5kW·h/(m^2·a)，约为公共建筑的 40％。从能耗强度分布来看，超过 50％的公共建筑分布在 60～100kW·h/(m^2·a)，超过 90％的居住建筑分布在 16～56kW·h/(m^2·a)。比较来看，居住建筑能耗强度分布跨度较公共建筑要小，能耗强度分布更为集中。有关研究表明，在实测运行能耗中，北方居住建筑供暖能耗（标准煤）强度约 16kg/(m² · a)，按发电煤耗法折算为电耗约 40kW · h/(m² · a)，严寒地区和寒冷地区空调能耗约为 2kW · h/(m² · a)，夏热冬冷地区和夏热冬暖地区空调能耗约为 10kW · h/(m² · a)。对于获得建筑能效标识的居住建筑而言，在理论值测评阶段，严寒地区能耗强度均值约为 38kW · h/(m² · a)，寒冷地区约为 30kW · h/(m² · a)，夏热冬冷地区和夏热冬暖地区约为 35kW · h/(m² · a)。

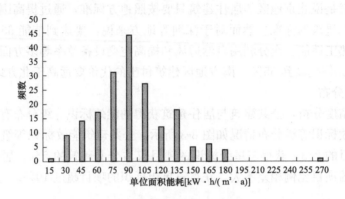

图 8-4　公共建筑单位面积能耗强度频率分布直方图

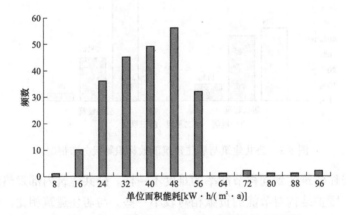

图 8-5　居住建筑单位面积能耗频率分布直方图

比较来看，建筑能耗强度的均值和分布反映了公共建筑和居住建筑使用行为的差异。公共建筑包括办公类建筑、宾馆酒店类建筑和商场类建筑等，建筑类型多，体形和用能特点差异大，导致能耗水平分布范围广。如商场建筑内部人员多、照明负荷大，且空调开启时间较其他建筑长，商场类建筑能耗一般较大；而办公建筑室内人员及上下班时间固定，室内设备、照明等开启数量相对固定，每天工作 8h 左右，因此，建筑能耗相对稳定且较低。由于不同建筑类型之间用能需求存在差异，在建筑能效标识中，可能出现高节能率高能耗的现象。由此来看，对于公共建筑而言，是否需要根据使用功能进一步分类进行能效标识，是未来值得考虑的一个因素。对于居住建筑，近年来研究表明，宜使用户均能耗强度反映其用能水平，这是由于居住建筑中空调和供暖（除北方集中供暖外）的使用，是以家庭为单位，建筑和设备形式将影响空调和供暖方式，进而对能耗产生影响。

目前，我国尚未推出专门针对绿色建筑能效测评的相关政策或文件，我国的能效测评研究仍有较大的发展空间。

8.3 国外建筑能效标识制度

建筑能效标识最初是从发达国家发展起来的一种建筑节能管理方式，下面介绍几种国外比较成功的建筑能效标识制度。

8.3.1 主要国家的建筑能效标识制度

1. 美国的"能源之星"

美国的"能源之星"（Energy Star）是目前世界上较为成功的能效标识。1992 年，美国能源部（Department of Energy，DOE）和环保局（Environmental Protection Agency，EPA）开始实施"能源之星"计划，它是一种自愿性保证标识。1998 年开始实施"能源之星"建筑标识，其主要对象是商用建筑和新建住宅建筑。"能源之星建筑"由能源部和环保局共同颁布统一的标准和指标，要求建筑物的能耗至少低于美国《节能模式规范》中的能耗指标的 30%～50%。其实施程序：首先，由建筑业主自愿向第三方测评机构提出申请；其次，测评机构对提出申请并经查验遵循一定的质量管理程序而建造的建筑进行测试，整个测评过程由一个工具软件完成，建筑业主须按测评软件的要求填写各项参数，并通过有关测试；测试结果按 100 分计，75 分以上的建筑授予"能源之星"标识，并将该标识镶贴在建筑物上。

2. 加拿大的 Ener Guide 建筑标识

1976 年，加拿大开始实施能效标识制度。1978 年 5 月，加拿大引入了世界上第一个电冰箱能效标识，即 Ener Guide 标识，其目的是鼓励消费者购买能效高的家用电器，并且保护消费者不受制造商夸大其词的声明的影响。1998 年，Ener Guide 的管理部门——加拿大自然资源部（Natural Resources Canada，NR Can）下属的能效办公室（Office of Energy Efficiency，OEE）推出了针对建筑的两个标识体系 EGH（Ener Guide for Houses，针对现有建筑）和 EGNH（Ener Guide for New Houses，针对新建建筑），这两项标识体系不仅关注建筑的能耗，还考虑室内舒适度、室内空气质量等，给出一个评价的分值，分级见表 8-6。对于现有建筑，标识机构会根据分值建议业主进行一定的改造或提出一些节能措施；对于新建建筑，除了上述建议，还会起到引导消费者购买的作用。

表 8-6   **Ener Guide 建筑标识体系分级表**

分值	建筑级别
0～50	老式建筑
51～65	升级后的老式住宅
66～74	节能老式住宅或一般新住宅
75～79	一般新住宅
80～90	较好的节能新住宅
91～100	基本不消耗能源的住宅

3. 德国的建筑物能耗认证证书

根据欧盟指令关于建筑物总能源效率的规定，从 2006 年起，在芬兰和葡萄牙之间的地区，每幢建筑在出售或出租前必须提供能耗认证证书，这个规定也同样对德国适用。为转换欧盟指令，德国能源署（Deutsche Energie-Agentur，DENA）提出建议：推广全联邦一致的建筑能耗认证证书项目。2005年，德国联邦议会通过了《能源节约法》修正案，使建筑物能耗认证证书于2006年起付诸实施，未履行该法者将受到一定的处罚。建筑物能耗认证证书主要记录一栋建筑物的能源利用效率，同时包括隔热材料和暖气设备的质量等级，将来用户出租或出售房屋时，需向新使用者提供该房屋的建筑物能耗认证证书。按照欧盟建筑物标准，能效标识证明必须包含的主要内容有单位能耗/能效特性系数、比较值及改造建议。

　　德国能源署已经在2005年启动了一轮市场推广运动，同时在全联邦开始签发建筑物能耗认证证书。其实施程序是非官方的，行事程序很简单：房主可以委托本地区具有相应职业资格并经德国能耗协会认可的能耗认证证书签发资格的建筑工程师，工程师对房屋进行能耗测试，然后开出建筑物能耗认证证书，该证书可以直接交付或者寄给房屋所有者。建筑物的能耗将会使用一个一致的评估方法进行计算，前提条件是按照建筑节能制度（En EV）和适用的德国工业标准。

　　4. 丹麦的住宅能耗标识体系

　　早在1993年丹麦就针对公共建筑的供热能耗开展了标识，并随后推广到住宅等私人建筑上。丹麦是欧洲开展住宅建筑能耗标识最早的国家。目前，丹麦采用的标识体系是1996年丹麦理工学院（Danish Technological Institute，DTI）建立的EM体系，针对对象为小型建筑（<1500m²），目前已经有超过15％的住宅建筑在销售时具有该项标识。它通过一个用于建筑热模拟的程序EN832，计算得到建筑全年能耗指标，并与类似建筑进行比较，供购房者参考。这项标识具有强制执行性，每套住宅的标识费用为300～450欧元。

　　5. 俄罗斯的能源护照

　　1994年初，莫斯科市开始实施"能源护照"计划，这个计划是《莫斯科新节能管理条例》的一部分。能源护照是份文件，是任何新建建筑需要呈递的设计、施工和销售文件的一部分。在建筑设计、施工、竣工每个关键环节中，能源护照都会记录建设项目执行市政府节能标准的情况，它从节能的角度成为控制设计、施工质量的主要手段，正式记录了执行有关节能规定的程度。例如，1998年，由于设计不符合标准，25％的设计方案送回原设计师。当一栋建筑物竣工后，能源护照就成了公共文件，向可能购买住房的客户提供该建筑物具体的节能信息。因此，能源护照有调节和开拓市场的双重功能：它既是跟踪和强制贯彻建筑节能标准的手段，也是供买方参考的政府认证的节能标识。此外，节能效率超过节能规范所规定的最低标准后，用户可持能源护照申请热价优惠的政策，节能效率越高，所得到的热价优惠幅度就越大。

8.3.2　各国能效标识制度对比研究

综合世界各国实施建筑能效标识的经验，建筑能效标识主要有以下几种类型。

　　1. 保证标识

　　保证标识又称认证标识或认可标识，主要是对数量一定且符合指定标准要求的产品提供一种统一的、完全相同的标签，标签上没有具体的信息。保证标识只表示产品已达到标准要求，而不能表示达到程度的高低。保证标识一般是自愿的，仅仅应用于某些类型的用能产品。美国的"能源之星"标识项目就属于保证标识。

　　2. 能效等级标识

　　能效等级标识在使用度量（如年度能耗量、运行费用、能源效率等）的同时，通常使用一个标准化的标尺（如多个星号、长度不同的横条、一组连续的数值或字母等）来说明每个型号产品的能效等级情况，如欧盟的能效等级标识。

3. 连续性比较标识

连续性比较标识在使用度量（如年度能耗量、运行费用、能源效率等）的同时，通常使用带有一个连续标度的比较标尺。标尺上标出可以购买到的建筑物的最高和最低效率值，同时在标尺的某一位置有一个箭头，以指示出此种建筑物具体的能效数值及在市场中所处的能效水平，如德国和加拿大的连续性比较建筑能效标识。

4. 单一信息标识

单一信息标识只提供与产品性能有关的数据，如产品的年度耗能量、运行费用或其他重要特性等具体数值，而没有反映出该类型产品所具有的能效水平、没有可比较的基础，不便于消费者进行同类别产品的比较和选择。

4 种建筑能效标识类型比较见表 8-7。

表 8-7　　　　　　　　　　　　4 种建筑能效标识类型比较

项　目	具体能耗指标	能否与同类产品进行比较	强制/自愿	应用范围
保证标识	无	否	自愿	广
能效等级标识	有	能	强制/自愿	广
连续性比较标识	有	能	强制/自愿	广
单一信息标识	有	能	强制/自愿	窄

从建筑能效标识 4 种类型的比较情况来看，保证标识、能效等级标识及连续性比较标识是在世界上应用范围较广的类型。其中：保证标识一般是自愿性标识，标识信息中没有关于建筑物的具体能效指标信息，因此不能与同类建筑进行能效比较；能效等级标识可实行强制性或自愿性，标识信息中不仅包含具体的能效绝对指标信息，还有能效等级指标，因此，可以与同类建筑的能效水平进行比较；连续性比较标识与能效等级标识类似，可实行强制性或自愿性两种方式，标识信息中包含建筑物的能耗信息，并可与同类建筑物的能效进行比较。

习　题

1. 什么是建筑能效与建筑能耗？二者的区别是什么？
2. 建筑能效测评的定义与内容是什么？
3. 什么是建筑能效标识？我国的民用建筑能效标识包括哪些内容？
4. 国际上常见的建筑能效标识类型有哪些？试通过典型的能效标识对各类型进行对比分析。
5. 根据我国的建筑能效标识数据，对我国的绿色建筑分布情况进行分析。
6. 绿色建筑能效测评有哪些不同于建筑能效测评的特点？
7. 我国在建立绿色建筑能效测评机制时会涉及哪些利益相关者？构建绿色建筑能效测评机制会对这些利益相关方造成怎样的影响？
8. 我国在推动绿色建筑能效测评机制的发展时，应该采取哪些措施？
9. 试结合绿色建筑发展现状，建立我国的绿色建筑能效测评体系。

第9章 中国绿色建筑评价体系

9.1 中国绿色建筑评价体系的发展历程

绿色建筑评价体系是界定建筑是否为绿色建筑的评估标准。它可以作为绿色建筑设计的指导，以规范的定性、定量要求对建筑设计、施工、运营给予一定的导向，引领一种建筑趋势。而就绿色建筑评价标准而言，不同的国家或地区又因为国情和环境而千差万别，但它们的最终目标皆是为了使建筑通过达到绿色建筑的标准，营造出既生态环保又适宜居住生活的建筑。2013年的《绿色建筑行动方案》（国办发〔2013〕1号）重点提及建立健全绿色建筑标准体系，要求充分发挥标准对绿色建筑产业发展的催生促进作用。此后在我国第一部绿色建筑评价标准——GB/T 50378—2006《绿色建筑评价标准》的基础上，绿色工业建筑、绿色办公建筑、绿色医院建筑、绿色饭店建筑、绿色生态城区、绿色校园、既有建筑绿色改造等标准不断立项、编制、颁布，我国的绿色建筑标准体系呈现出从民用建筑到工业建筑、从新建建筑到既有建筑改造、从规划设计到运营管理、从单体建筑到区域层面的发展态势。我国绿色建筑评价标准体系见表9-1。

表 9-1　　　　　　　　　　我国绿色建筑评价标准体系

序号	标准名称	现行版本号
1	《绿色建筑评价标准》	GB/T 50378—2019
2	《建筑工程绿色施工评价标准》	GB/T 50640—2010
3	《可再生能源建筑应用工程评价标准》	GB/T 50801—2013
4	《节能建筑评价标准》	GB/T 50668—2011
5	《绿色工业建筑评价标准》	GB/T 50878—2013
6	《绿色办公建筑评价标准》	GB/T 50908—2013
7	《城市照明节能评价标准》	JGJ/T 307—2013
8	《绿色铁路客站评价标准》	TB/T 10429—2014
9	《既有建筑绿色改造评价标准》	GB/T 51141—2015
10	《绿色商店建筑评价标准》	GB/T 51100—2015
11	《绿色医院建筑评价标准》	GB/T 51153—2015
12	《绿色博览建筑评价标准》	GB/T 51148—2016
13	《绿色饭店建筑评价标准》	GB/T 51165—2016
14	《绿色生态城区评价标准》	GB/T 51255—2017
15	《绿色校园评价标准》	GB/T 51356—2019

9.1.1 从民用建筑到工业建筑

在总结 GB/T 50378—2006《绿色建筑评价标准》用于民用建筑的实践经验基础上，2013年颁布实施了 GB/T 50878—2013《绿色工业建筑评价标准》，实现了绿色建筑从民用建筑领域到工业建筑领域的拓展。该标准突出工业建筑特色和绿色发展需求，核心内容是节地、节能、节水、节材、环境保护、职业健康和运行管理。在编制中体现了量化指标与技术要求并重的指导思想，采用权重计分法进行绿色工业建筑评级，重点规定了各行业工业建筑的能耗、水资源利用指标的范围、计算和统计方法。

9.1.2　从新建建筑到既有建筑改造

伴随着绿色建筑理念的扩散，部分既有建筑提出了按照绿色建筑理念进行改造的需求，催生了 GB/T 51141—2015《既有建筑绿色改造评价标准》的颁布实施。该标准在评价指标设置上有别于新建建筑的绿色评价，按照专业设置章节和大类评价指标，对建筑全寿命周期内规划与建筑、结构与材料、暖通空调、给水排水、电气与照明、施工管理、运营管理等性能进行综合评价，同时设置了加分项，在标准框架结构上与《绿色建筑评价标准》和其他专业标准统筹协调。

9.1.3　从规划设计到全寿命周期管理

绿色建筑"四节一环保"的理念贯穿建筑全寿命周期。从建筑物的规划设计开始，经历施工建造阶段，到建筑物竣工之后的运营管理，其中涉及的每个环节都需要明确绿色建筑的实施途径和具体要求。同时绿色建筑涉及多个专业学科领域，综合性较强，需要全行业的协同努力方能从真正意义上推动绿色建筑的发展，而全寿命周期各环节主要负责方和相关参与方都迫切需要了解各自实施绿色建筑的对应要求。我国的绿色建筑评价标准注重全寿命周期管理的同时，还发布了适应个别寿命周期阶段的 GB/T 50640—2010《建筑工程绿色施工评价标准》、GB/T 51141—2015《既有建筑绿色改造评价标准》。

9.1.4　从单体建筑到区域层面

伴随着近几年绿色建筑规模效应和绿色生态城区的快速发展，区域层面践行绿色建筑理念的需求不断被提出。我国在总结绿色建筑单体实践经验的基础上，发布了 GB/T 51255—2017《绿色生态城区评价标准》、GB/T 51356—2019《绿色校园评价标准》。

9.2　中国内地绿色建筑评价标识

绿色建筑评价标识是指对申请进行绿色建筑等级评定的建筑物，依据《绿色建筑评价标准》和相关文件，按照确定的程序和要求，确认其等级并进行信息性标识的一种评价活动，标识包括证书和标志。截至 2016 年年底，全国累计有 7235 个建筑项目获得绿色建筑评价标识，建筑面积超过 8 亿 m²。

9.2.1　申报程序和要求

1. 申报主体

绿色建筑评价标识应由业主单位或房地产开发单位提出申请，鼓励设计单位、施工单位和物业管理等相关单位共同参与申报。

2. 申报条件

申请绿色建筑设计评价标识的住宅建筑和公共建筑，应当完成施工图设计并通过施工图审查、取得施工许可，符合国家基本建设程序和管理规定，以及相关的技术标准规范。申请绿色建筑评价标识的住宅建筑和公共建筑，应当通过工程质量验收并投入使用 1 年以上，符合国家相关政策，未发生重大质量安全事故，无拖欠工资和工程款。

3. 申报材料

申报单位应当提供真实、完整的申报材料。填写评价标识申报书，提供工程立项批件、申报单位的资质证书，工程所用材料、产品、设备的合同的证书、检验报告等材料，以及必需的规划、设计施工、验收和运营管理资料。

4. 申报程序

开展绿色建筑评价标识工作应该按照规定的程序，科学、公正、公开、公平地进行。根据《绿色建筑评价标识管理办法（试行）》（建科〔2007〕206号）和《绿色建筑评价标识实施细则（试行修订）》（建科综〔2008〕61号）的规定，不同阶段、不同星级的绿色建筑评价标识申报流程主要包括5个环节：①申报单位提交申报材料；②绿色建筑评价标识管理机构开展形式审查；③专业评价和专家评审（有些管理机构尚未开展专业评价）；④各地应及时将通过评审项目的相关材料（纸质文件和电子版各1份）报住房和城乡建设部公示（备案）；⑤通过评审的项目由住房和城乡建设部统一编号进行公告，绿色建筑评价标识管理机构按照编号和统一规定的内容、格式，制作、颁发证书和标志。

9.2.2　评价标识体系的特点

中国绿色建筑评价标识制度起步较晚，与国外绿色建筑评价标识体系相比，中国的评价标识体系有以下特点。

1. 政府组织和社会自愿参与

不同国家绿色建筑的评价标识有所不同：美国LEED是由社会组织——美国绿色建筑委员会开展的评价和认证行为，属于社会自发的评价标识活动；日本CASBEE是由日本国土交通省组织开展、分地区强制执行的评价标识活动。中国的绿色建筑评价标识一方面由住房和城乡建设部及其他地方建设主管部门进行标识，另一方面委托第三方（如住房和城乡建设部科技与产业文化发展中心等机构）开展评价。

2. 符合中国国情

各国建筑行业的情况相差甚大，中国建筑业有以下两个特点：一是由于中国建筑量大，为保证建设质量，中国建设行业在各个建设环节的监管制度严于他国，并非设计主体和建设主体所在行业自身认可就行，而是基于中国行政管理制度而设立专门监管部门进行监管，如由专门的审图机关进行施工图审查，由专门的监理机构进行竣工验收等；二是建设行业的国家标准或行业标准是结合中国实际建设水平和相关技术应用水平而制定的，这样既保证了标准的可实施性，又可以在此基础上结合国情制定切实可行的指标。

9.2.3　绿色建筑设计评价标识和绿色建筑评价标识

本着分阶段鼓励的目的，《绿色建筑评价标识实施细则（试行修订）》明确将绿色建筑评价标识分为绿色建筑设计评价标识和绿色建筑评价标识（通常所说的运行标识），申报单位可分别申报。

绿色建筑设计评价标识针对的是处于规划设计阶段、施工阶段的住宅建筑和公共建筑。评审合格后颁发绿色建筑设计评价标识，包括证书和标志。绿色建筑设计评价标识的等级由低至高分为一星级、二星级和三星级3个等级。标识有效期为2年。绿色建筑设计标识可由业主单位、房地产开发单位、设计单位、咨询单位等相关单位进行申报，设计单位必须作为申报单位。

绿色建筑运行标识针对的是已竣工并投入使用的住宅建筑和公共建筑。评审合格后颁发绿色建筑运营标识，包括证书和标志。绿色建筑运行标识的等级由低至高分为一星级、二星级和三星级3个等级。标识有效期为3年。绿色建筑运行标识可由业主单位、房地产开发单位、设计单位、咨询单位、物业管理单位等相关单位进行申报，物业单位必须作为申报单位。

绿色建筑设计评价标识与绿色建筑运行标识对比见表 9-2。

表 9-2		绿色建筑设计评价标识与绿色建筑运行标识对比		
标识类别	对应建设阶段	主要评价方法	标识形式	标识有效期（年）
绿色建筑设计评价标识	完成施工图设计并通过施工图审查	审核设计文件、审批文件、检测报告	颁发标识证书	2
绿色建筑运行标识	通过工程质量验收并投入使用 1 年以上	审核设计文件、审批文件、施工过程控制文件、检测报告、运行记录，现场核查	颁发标识证书和标志（挂牌）	3

从目前中国绿色建筑的发展来看，实际运营项目数量较少。截至 2013 年，获得绿色建筑设计评价标识的项目数量较多，获得绿色建筑评价标识（运营标识）的项目数量却仅占 7％左右（见图 9-1）。其一，由于早期获得绿色建筑设计标识的项目数量较少，达到竣工 1 年后申报运行标识条件的项目也将随之逐年增多；其二，项目竣工后项目主体发生改变，特别对于住宅建筑由建设单位转变为物业管理单位，部分物业管理部门因管理水平有限而无法满足申报运行标识的要求，且对运行标识持冷漠态度；其三，个别项目申报设计标识仅仅是为了提高项目的销售竞争力，在获得丰硕回报并完成销售任务后，并不再关心后期的实际落实情况。因此，应出台相关政策措施，提高物业管理部门的运行管理水平，鼓励其申报运行标识并给予奖励，同时对明显未按承诺的绿色设计要求对施工建设的开发商给予惩罚。

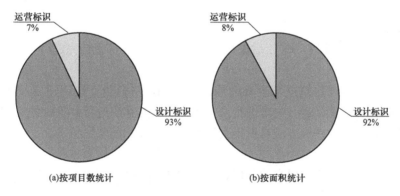

图 9-1　绿色建筑评价标识分类统计

9.3　中国绿色建筑评价标准

绿色建筑评价标准是为贯彻落实绿色发展理念，推进绿色建筑高质量发展，节约资源，保护环境，满足人民日益增长的美好生活需要而制定的。GB/T 50378—2006《绿色建筑评价标准》是在总结我国绿色建筑前期实践经验和研究成果的基础上，借鉴国际先进经验制定的我国第一部多目标、多层次的绿色建筑综合评价标准。该标准首次提出了我国"绿色建筑"的定义，确定了"四节一环保"的评价指标体系。为适应绿色建筑实践的新变化，响应发展的新需求，2014 年 6 月该标准完成了修订工作，将适用范围扩展至各类民用建筑，并细化和补充了对于不同类型建筑的具体要求。该标准是我国各类绿色建筑标准的母标准，不仅直接用于我国绿色建筑的评价，还为其他专项的绿色建筑标准发挥了基础性作用，有助于各特定类型的绿色建筑评价标准之间的协调，形成一个相对统一的绿色建筑评价体系，有利于绿色建筑评价标准体系的健全。自颁布实施以来，标准及其相关细则文件已成为我国各级、各类、各地绿色建筑相关标准研究和编制的重要基础，为绿色建筑的设计、施工及运营提供了技术支撑，有效指导了绿色建筑的评价及实践工作。

2019 年 5 月 6 日，住房和城乡建设部批准发布 GB/T 50378—2019《绿色建筑评价标准》为国家标准，自 2019 年 8 月 1 日起实施，GB/T 50378—2014《绿色建筑评价标准》同时废止。GB/T 50378—2019《绿色建筑评价标准》的修订工作确立了"以人为本、强调性能、提高质量"的绿色建筑发展新模式。在指标体系上，从"四节一环保"扩充为"安全耐久、健康舒适、生活便利、资源节约、环境宜居"5 个方面。同时，2019 版《绿色建筑评价标准》还将与国际主要绿色建筑评价技术标准接轨，完善分级模式，由 3 个评价等级变为 4 个评价等级，增加 1 个基本级。满足标准所有控制项的要求即为基本级，以利于兼顾我国地域发展的不平衡性，推广普及绿色建筑。

9.3.1　一般规定

绿色建筑评价标准的一般规定如下。

1. 评价对象

绿色建筑评价应以单栋建筑或建筑群为评价对象。评价对象应落实并深化上位法定规划及相关专项规划提出的绿色发展要求；涉及系统性、整体性的指标，应基于建筑所属工程项目的总体进行评价。

2. 评价时间

绿色建筑评价应在建筑工程竣工后进行。在建筑工程施工图设计完成后，可进行预评价。

3. 材料要求

申请评价方应对参评建筑进行全寿命周期技术和经济分析，选用适宜技术、设备和材料，对规划、设计、施工、运行阶段进行全过程控制，并在应进行评价时提交相应分析、测试报告和相关文件。申请评价方应对所提交资料的真实性和完整性负责。

4. 评价方式

评价机构应对申请评价方提交的分析、测试报告和相关文件进行审查，出具评价报告，确定等级。

5. 其他

申请绿色金融服务的建筑项目，应对节能措施、节水措施、建筑能耗和碳排放等进行计算和说明，并应形成专项报告。

9.3.2　等级与划分

绿色建筑评价指标体系由安全耐久、健康舒适、生活便利、资源节约、环境宜居 5 类指标构成，且每类指标均包括控制项和评分项；评价指标体系还统一设置加分项。控制项的评定结果应为达标或不达标；评分项和加分项的评定结果应为分值。对于多功能的综合性单体建筑，应按本标准全部评价条文逐条对适用的区域进行评价，确定各评价条文的得分。

绿色建筑评价分值设定见表 9-3。

表 9-3　　　　　　　　　　　　　　　绿色建筑评价分值

控制项基础分值		评价指标分项满分值					提高与创新加分项满分值
		安全耐久	健康舒适	生活便利	资源节约	环境宜居	
预评价分值	400	100	100	70	200	100	100
评价分值	400	100	100	100	200	100	100

注　预评价时，生活便利中的物业管理项和提高与创新加分项中的施工和管理条例不得分。

绿色建筑评价总得分的计算公式为

$$Q = \frac{Q_0 + Q_1 + Q_2 + Q_3 + Q_4 + Q_5 + Q_A}{10} \tag{9-1}$$

式中　Q——总得分；

　　　Q_0——控制项基础分值，当满足所有控制项的要求时取 400 分；

　　$Q_1 \sim Q_5$——分别为评价指标体系 5 类指标（安全耐久、健康舒适、生活便利、资源节约、环境宜居）评分项得分；

　　　Q_A——提高与创新加分项得分。

绿色建筑划分为基本级、一星级、二星级、三星级 4 个等级。当满足全部控制项要求时，绿色建筑等级应为基本级。绿色建筑星级等级应按下列规定确定。

（1）一星级、二星级、三星级 3 个等级的绿色建筑均应满足本标准全部控制项的要求，且每类指标的评分项得分不应小于其评分项满分值的 30%。

（2）一星级、二星级、三星级 3 个等级的绿色建筑均应进行全装修，全装修工程质量、选用材料及产品质量应符合国家现行有关标准的规定。

当总得分分别达到 60 分、70 分、85 分且满足表 9-4 的要求时，绿色建筑的等级分别为一星级、二星级、三星级，见表 9-4。

表 9-4　　　　　　　　一星级、二星级、三星级绿色建筑的技术要求

技术类型	一星级	二星级	三星级
围护结构热工性能的提高比例，或建筑供暖空调负荷降低比例	围护结构提高 5%，或负荷低 5%	围护结构提高 10%，或负荷降低 10%	围护结构提高 20%，或负荷降低 15%
严寒和寒冷地区住宅建筑外窗传热系数降低比例	5%	10%	20%
节水器具用水效率等级	3 级	2 级	1 级
住宅建筑隔声性能	—	室外与卧室之间、分户墙（楼板）两侧卧室之间的空气声隔声性能，以及卧室楼板的撞击声隔声性能达到低限标准限值和高要求标准限值的平均值	室外与卧室之间、分户墙（楼板）两侧卧室之间的空气声隔声性能，以及卧室楼板的撞击声隔声性能达到高要求标准限值
室内主要空气污染物浓度降低比例	10%	20%	
外窗气密性能	符合国家现行相关节能设计标准的规定，且外窗洞口与外窗本体的结合部位应严密		

注　①围护结构热工性能的提高基准、严寒和寒冷地区住宅建筑外窗传热系数降级基准均为国家现行相关建筑节能设计标准的要求；②住宅建筑隔声性能对应的标准为 GB 50118—2010《民用建筑隔声设计规范》；③室内空气污染物包括 NH_3、甲醛、苯、总挥发性有机物、氡、可吸入颗粒物等，其浓度降低基准为 GB/T 18883—2002《室内空气质量标准》的有关要求。此外，绿色建筑的评价除应符合本标准的规定，尚应符合国家现行有关标准的其他规定。

习　题

1. 试阐述我国绿色建筑评价的发展历程。
2. 什么是绿色建筑评价标识？其申报程序是什么？
3. 我国绿色建筑评价标识体系有哪些特点？
4. 对比分析绿色建筑设计评价标识和绿色建筑运行标识。
5. 我国绿色建筑评价标准的评价等级包括什么？是如何划分的？

第 10 章　LEED

10.1　LEED 的概念

LEED 是由 USGBC 建立并推行的建筑评价认证体系。LEED 是目前世界范围内用于建筑环保评估、绿色建筑评价及建筑可持续性评价等工作的最完善、最有影响力的标准体系之一，在全球范围内被广泛使用，中国是 LEED 认证在美国以外的最大市场。要获得 LEED 认证，需依据现行 LEED 评价体系中针对不同种类建筑、建筑不同寿命周期阶段的评级系统（或称评价标准、分支体系）实施建筑项目并自行注册申请。GBCI（Green Business Certification Inc，绿色事业认证公司）将对建筑项目在整合过程、选址与交通、可持续场址、用水效率、能源与大气、材料与资源、室内环境质量、创新、地域优先等方面的可持续性表现进行审查和验证，并根据评分细则进行打分，不同的得分对应建筑项目的不同认证级别。

10.1.1　LEED 认证的实质

LEED 认证实质上是由企业自愿选择的由第三方认证的商业行为。

1. 商业行为

获得 LEED 的认证并不是强制要求，获得认证需要支付一定的认证费用。LEED 认证有着较高的知名度和专业威望，获得认证这一商业行为对提高建筑在当地市场的声誉、取得优质的物业估值非常有帮助，可以吸引更多的买主、租户并收取较高的租金。据调研，获得 LEED 认证的楼宇比普通写字楼的租金高 25%～35%。

2. 企业自愿

LEED 认证针对的是愿意领先于市场、相对较早地应用绿色建筑技术的项目群体。项目业主往往出于减少能耗、保护自然资源、降低水资源消耗、降低温室气体排放、改善室内空气质量等原因自愿按照 LEED 评级系统的要求实施项目并申请认证。

3. 第三方认证

作为一个权威的第三方评价和认证结果，LEED 认证的制定者和推广者——USGBC 是一个独立于项目参建单位之外的第三方民间组织，侧重于 LEED 的制定和完善、宣传教育及推进绿色建筑事业发展等工作。USGBC 的组织成员很复杂，不仅包括建筑师、工程师、建筑发展商、建设者和建筑制造商，还包含环保主义者、各种企业、非营利机构的人士和公共机构的官员等。具体对 LEED 待认证项目进行审查和验证、对 LEED 从业人员进行资格认证的机构——GBCI 是由 USGBC 支持成立的第三方民间组织，作为一家独立的认证组织为与建筑环境相关的多个评价认证体系提供第三方审查和验证。除 LEED 外，GBCI 还是 WELL（WELL 健康建筑标准）、GRESB（房地产可持续发展投资基准）、Parksmart（停车设施可持续交通标准）等多个评价认证体系的认证机构及管理支持单位。

10.1.2　LEED 的评价理念

USGBC 是 LEED 认证体系的开发者及拥有者，致力于推广高效、节能的绿色建筑。该组织的主要目标是促使建筑业接受可持续理念、材料和技术，通过提高大众的环境意识和利用政府对绿色建筑的优惠政策，将绿色建筑推入建筑业的主流市场。

可以从 USGBC 的指导性原则中理解 LEED 的评价理念。

1. 促进三重底线

努力加强在环境、社会和经济繁荣 3 方面的活力，并在这三者之间取得平衡。

2. 建立领导地位

通过倡导一种可持续发展的模式，采取变革和进化的领导方式，实现三重底线的目标。

3. 实现人类和自然的协调

努力创造、恢复人类活动和自然系统的和谐。

4. 保持完整性

在利用技术和科学数据时，遵循谨慎的原则，以保护和恢复全球的环境、生态系统和物种的健康。

5. 保持高度的包容性

确保包容的、跨学科的民主意识，向更大的共同利益和共同的目标迈进。

6. 展现透明度

遵循诚实、公开性和透明度。

7. 促进社会平等

尊重所有社区和不同文化，激励社会平等的原则。

10.1.3 LEED 的发展历程

1973 年阿以战争爆发，引起的阿拉伯石油禁运造成了全球性能源危机，在这次能源危机当中，能源成本受到了越来越多的关注。开始出现一些采取可持续发展措施的办公楼，这些措施包括调整建筑物朝向、双层反射玻璃及节能的内部灯光系统等。20 世纪 80 年代初期，美国的整个建筑行业开始节能转型。20 世纪 90 年代，绿色建筑的概念开始推广，民间组织兴起。在此背景下，一直作为民间组织的 USGBC 在 1993 年成立，倡导发展绿色建筑。

USGBC 成立后，意识到对于建筑行业的可持续发展，需要一个可以定义并度量"绿色建筑"这一理念的标准体系，随后开始研究当时的各种绿色建筑度量指标和分级体系。1994年，推出能源与环境设计先锋绿色建筑评级系统（Leadership in Energy and Environmental Design-LEED Green Building Rating System）；1998 年，推出 LEED v1.0，成为绿色建筑发展历程中的一个里程碑。

自 1998 年发布之后，LEED 逐渐成为国际上广受认可的建筑评价认证体系。自 v1.0 版发布后，LEED 持续进行版本的迭代升级：2000 年发布 v2.0 版；2003 年发布 v2.1 版；2005 年发布 v2.2 版；2009 年发布 v2009（也称 v3）版；2013 年，经过 6 次征求意见的 v4版本发布；2016 年，v2009 版正式停用；2018 年，开始推出 v4.1 版。经过 20 多年的推广和完善，LEED 认证体系适用于几乎所有建筑种类，包括写字楼、住宅、仓储物流、数据中心、医院、学校等。涵盖建筑的整个寿命周期，针对建筑寿命周期的不同阶段（设计与新建、运营与管理、室内设计与施工等）都能提供相应的评价标准。截至 2019 年，LEED 在全球 175 个国家和地区得到应用，参与 LEED 认证的商业项目数量超过 10 万个。这些项目主要以办公、零售、教育类建筑的新建、装饰、改造为主。

2018 年开始，USGBC 开始着手 LEED 在 v4 版的基础上向 v4.1 版更新，截至 2019 年年底，更新尚未正式结束。本书将在 LEED v4 的基础上介绍 LEED，v4.1 版的主要更新内容在本章"LEED 前沿"一节进行介绍。

10.1.4　LEED 在中国的发展概况

从 2001 年中国第一个 LEED 注册及认证项目——中美 21 世纪合作发展协会办公楼开始，LEED 认证在中国长期保持着快速发展的势头，中国是 LEED 在世界范围内除美国外的第一大市场。截至 2019 年年末，LEED 在中国的总注册项目数为 5083 个，注册面积超过 2.9 亿 m^2，这些注册的项目以办公楼为主（见图 10-1）。在所有项目类型中，以申请设计与新建类认证居多，比例达到 70.04%；其次为室内设计与施工类，比例达到 23.51%；其他申请主要为运营与维护，比例达到 6.45%。

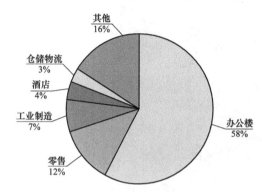

图 10-1　中国 LEED 注册项目类型
（截至 2019 年末）

中国已获得认证项目数达到 2187 个，认证面积为 8809 万 m^2，这些项目大都分布在经济较发达的城市。获认证项目数量分布前 10 位的城市（见表 10-1），占中国所有获认证项目数的 73.6%，认证面积占中国总认证面积的 70.7%。

其中排名前 5 位城市的认证项目数占总数的 57.4%，认证面积占总数的 52.8%。另外，中国 LEED 专业认证人员数量达到 4400 名。

表 10-1	中国 LEED 认证项目数前 10 位城市（截至 2019 年）		
序号	城市名称	认证项目数（个）	认证面积（m^2）
1	上海	551	1892
2	北京	299	1333
3	香港	208	334
4	苏州	104	341
5	深圳	94	755
6	广州	87	456
7	杭州	76	306
8	台北	68	162
9	天津	63	305
10	武汉	59	343

10.2　LEED v4 认证体系

10.2.1　认证体系的家族成员

LEED v4 认证体系由五大评级系统（或称评价标准、分支体系）组成（见图 10-2），通常简称为 LEED BD+C（LEED for Building Design and Construction，建筑设计与施工评级系统）、LEED ID+C（LEED for Interior Design and Construction，室内设计与施工评级系统）、LEED O+M（LEED for Building Operations and Maintenance，建筑运营和维护评级

系统）、LEED ND（LEED for Neighborhood Development，社区开发评级系统）和 LEED Homes（LEED for Homes，住宅认证评级系统）。

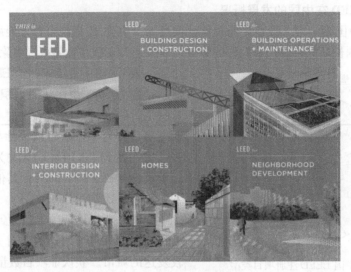

图 10-2 LEED v4 评级系统

不同的评级系统适用的建筑类型有所不同，LEED v4 对建筑类型的定义见表 10-2。

表 10-2 LEED v4 建筑类型定义

建筑类型	定义
新建建筑	主要服务于 K-12（中小学）教育、零售、数据中心、仓库和配送中心、酒店或医疗用途的新建建筑或重大翻新项目
核心与外壳	涉及外围护结构、内部核心机电、管道和消防系统的设计和施工，但还没有完成内部装修的新建或重大改造项目
既有建筑	已经投入使用的完整建筑项目
商业室内	除了零售及酒店以外的商业室内空间
既有室内	既有建筑的室内空间
学校	以 K-12 教育为用途的核心和辅助学习空间组成的项目
零售	用于零售消费品的建筑物，包括直接客户服务区域（如陈列室）和支持客户服务的准备或存储区域（如接待室）
医院	实行 24 小时、7 天工作制，提供医疗服务的项目，包急诊和长期护理的住院治疗
数据中心	用于数据的存储和处理，专为满足高密度计算设备安置需要而设计和装备的建筑物
酒店	旅馆、汽车旅馆、客栈或其他服务业内提供过渡性或短期住宿的建筑物
仓储和物流中心	用来存放货物、制成品、商品、原材料或个人物品的建筑物，如自用仓库、集散中心

各评级系统适用的建筑类型、建筑寿命周期阶段如下。

1. LEED BD+C

LEED BD+C 系统用于建筑项目的新建和重大改造，为建造一个完整的绿色建筑提供了具体框架。适用的建筑类型包括新建建筑与重大改造、核心与外壳、学校、零售、医院、数据中心、酒店、仓储和物流中心等。

2. LEED ID+C

LEED ID+C 系统用于完整的室内装修项目。适用的建筑类型包括商业室内、零售、酒店。

3. LEED O+M

LEED O+M 系统用于正在进行改造或几乎没有施工的既有建筑的运维管理，旨在通过较少的改造达到建筑性能优化。适用的建筑类型包括既有建筑、既有室内（包括数据中心、仓储和物流中心、酒店、学校、零售等）。

4. LEED ND

LEED ND 系统适用于新的社区土地开发项目，以及包含住宅用途、非住宅用途或混合用途区域的重建项目，旨在鼓励创造一个更加美好、可持续、紧密连接的社区。项目可以处于开发过程中从概念规划到建设的任何阶段。分为"规划"和"建成"两个认证类别，对应规划设计阶段（且已建成建筑面积低于 75%）的社区和即将完工或建成 3 年内的社区项目。

2019 年，LEED v4.1 推出 LEED for Cities and Communities（LEED 城市与社区）评级系统，两者或将最终合并。城市与社区评级系统详见本章"LEED 前沿"一节。

5. LEED Homes

LEED Homes 系统用于住宅的建筑设计和施工，包括单户住宅、多户低层住宅（一至三层）或多户多层住宅（四至六层）。该评级系统在 2019 年被 v4.1 版的 LEED for Residential（LEED 住宅）评级系统所替代，详见本章"LEED 前沿"一节。

10.2.2　评级系统的选用

LEED 评级系统旨在评估建筑物、空间或社区，以及与这些项目相关因素对环境的影响。要获得认证，不论是哪种建筑类型、要使用哪种评级系统，都要满足 LEED 最低计划要求——Mpr。

1. Mpr1：必须在现有土地上的永久位置

要获得 LEED 认证，很大一部分得分取决于待认证项目的位置，这就要求所有 LEED 待认证项目必须在现有土地上的永久位置建造和运营。任何会在其寿命周期内移动的项目，比如船只、移动房屋等，都不能进行 LEED 认证。

2. Mpr2：必须明确合理的 LEED 边界

定义合理的 LEED 边界可确保准确地进行项目评估。这要求 LEED 待认证项目必须在所有宣传和描述材料中准确地传达待认证项目的范围，将其与任何非认证建筑物、空间或场地区分开来。项目边界必须包括与项目相关的所有连续的、支持其运营的土地及建、构筑物，包括由于施工而改变的土地，以及主要由项目居住者使用的附属基础设施，如硬景观（停车场和人行道）、化粪池或雨水处理设备及景观美化。

不得为了满足评级系统中某些评价条目将一个完整项目的某些部分排除在外。项目边界之外的基础设施（如停车场、自行车存放处、淋浴设施、可再生能源等）如果直接服务于 LEED 项目，则可包括在项目边界内，项目团队必须拥有使用这些设施的许可。

3. Mpr3：必须符合项目规模要求

申请 LEED 认证的项目必须符合下列规模要求。

（1）LEED BD+C 和 LEED O+M：必须包括至少 93m² 的总建筑面积。

（2）LEED ID+C：必须包括至少 22m² 的总建筑面积。

（3）LEED ND：至少包含两座宜居建筑，面积不超过 6 070 284m²。

（4）LEED Homes：项目必须被所有适用的规范定义为住宅单元。这一要求包括但不限于《国际住宅法典》的规定，即住宅单元必须满足"生活、睡眠、饮食、烹饪和卫生方面的永久性供应"。

在满足上述 3 个最低计划要求的基础上才能进一步选用评级系统对项目进行评价。无论结构或空间使用类型如何,待认证项目都必须在单一评级系统下进行评价。当待认证项目有多个评级系统可用时,申请团队可参考 LEED 的"40/60"原则:如果项目建筑物或空间的总建筑面积中,适用某评级系统的部分不到 40%,则不应使用该评级系统;如果项目建筑物或空间的总建筑面积中,适用于某评级系统的部分达到 60% 以上,则应使用该评级系统;如果适当的评级系统落在总建筑面积的 40%~60%,申请团队自行确定哪种评级系统最适用。

10.2.3　认证级别

LEED 是一种建立在自愿、共识的基础上,根据建筑物所提供的空间质量和对环境影响的大小进行评分、分级的认证体系。获得认证之前,由 GBCI 的专业认证人员根据建筑项目在整合过程、选址与交通、可持续场址、用水效率、能源与大气、材料与资源、室内环境质量、创新、地域优先等指标类别(不同评级系统、不同项目类型的指标会有所不同)的表现进行评分,建筑项目根据项目得分表(见图 10-3)各指标得分点的累加总分得到不同的认证级别。

LEED 认证的满分是 110 分,根据项目得分表的结果分为 4 个认证等级。如图 10-4 所示,认证级别从低到高分为 Certified(认证级,获得 40~49 分)、Silver(银级,获得 50~59 分)、Gold(金级,获得 60~79 分)和 Platinum(铂金级,获得 80+分)。

LEED 认证有预认证和正式认证之分。预认证是 LEED 认证过程中的一个可选步骤,旨在表彰项目团队在获得认证过程中的前期努力。预认证允许已经注册的项目通过提前审核项目预期得分来获得预认证等级,以确认项目正处在完成认证的正确道路上。预认证象征着项目希望成为可持续发展群体一员的态度,正式认证则代表了项目团队在建筑设计、建造及运营中的对可持续发展理念的切实运用。从预认证到正式认证,项目团队还有很长的道路要走。

另外值得注意的是,已经获得某个版本某项 LEED 认证的建筑还可以获得再认证——LEED Recertification。进行再认证的项目必须提交 12 个月的绩效数据,经过审核确认项目符合最新版本 LEED 评级系统的标准后,会获得相应版本的等级认证。

10.2.4　专业认证人员

LEED 专业认证人员有完整的资质体系,通过 USGBC 和 GBCI 组织的考试后会获得资质认证。如图 10-5 所示,认证人员资质等级分为 LEED Green Associate(简称 LEED GA)、LEED Professional Accreditation(简称 LEED AP)和 LEED Fellow。

1. LEED GA

助理级从业人员资质认证,是针对支持绿色建筑设计、建设和经营的专业人士推出的绿色建筑业专业认证资格,主要考察从业者对绿色建筑和 LEED 认证基本原则和做法的基础知识。主要受众群体是学生、建筑行业新手、产品供应商、项目管理人员、环保工作者、媒体工作者等。成为 LEED GA 是申请成为 LEED AP 的前提。

2. LEED AP

专家级从业人员资质认证,主要考察专业人士对绿色建筑的深度认知、LEED 认证体系中某一分支的具体掌握。拥有该资质的个人意味着能够管理整个 LEED 认证项目的实施。LEED AP 专业分支按评级系统分为 5 个分支方向,即 LEED BD+C、LEED ID+C、LEED O+M、LEED ND 和 LEED Homes,可任选其中一个方向报名。

LEED v4 BD+C·学校 (Schools)
项目得分表

项目名称：
日期：

满足	?	不满足			

选址与交通　15

满足	?	不满足			
0	0	0	整合过程		1
			得分点　LEED社区开发选址		15
			得分点　敏感土地保护		1
			得分点　高优先场址		2
			得分点　周边密度和多样化土地使用		5
			得分点　优良公共交通连接		4
			得分点　自行车设施		1
			得分点　停车面积减量		1
			得分点　绿色机动车		1

可持续场址　12

满足	?	不满足			
0	0	0	先决条件　施工污染防治		必要项
			先决条件　场址环境评估		必要项
			得分点　场址评估		1
			得分点　场址开发 - 保护和恢复栖息地		2
			得分点　空地		1
			得分点　雨水管理		3
			得分点　降低热岛效应		2
			得分点　降低光污染		1
			得分点　场址总图		1
			得分点　设施共享		1

用水效率　12

满足	?	不满足			
0	0	0	先决条件　室外用水减量		必要项
			先决条件　室内用水减量		必要项
			先决条件　建筑整体用水计量		必要项
			得分点　室外用水减量		2
			得分点　室内用水减量		7
			得分点　冷却塔用水		2
			得分点　用水计量		1

能源与大气　31

满足	?	不满足			
0	0	0	先决条件　基本调试和查证		必要项
			先决条件　最低能源表现		必要项
			先决条件　建筑整体能源计量		必要项
			先决条件　基础冷媒管理		必要项
			得分点　增强调试		6
			得分点　能源效率优化		16
			得分点　高级能源计量		1
			得分点　需求响应		2
			得分点　可再生能源生产		3
			得分点　增强冷媒管理		1
			得分点　绿色电力和碳补偿		2

材料与资源　13

满足	?	不满足			
0	0	0	先决条件　可回收物存储和收集		必要项
			先决条件　营建和拆除废弃物管理计划		必要项
			得分点　减小建筑生命周期中的影响		5
			得分点　建筑产品分析公示和优化 - 产品环境要素声明		2
			得分点　建筑产品分析公示和优化 - 原材料的来源和采购		2
			得分点　建筑产品分析公示和优化 - 材料成分		2
			得分点　营建和拆除废弃物管理		2

室内环境质量　16

满足	?	不满足			
0	0	0	先决条件　最低室内空气质量表现		必要项
			先决条件　环境烟控		必要项
			得分点　增强室内空气质量策略		2
			得分点　低挥发性材料		3
			得分点　施工室内空气质量管理计划		1
			得分点　室内空气质量评估		2
			得分点　热舒适		1
			得分点　室内照明		2
			得分点　自然采光		3
			得分点　优良视野		1
			得分点　声环境表现		1

创新　6

满足	?	不满足			
0	0	0	得分点　创新		5
			得分点　LEED Accredited Professional		1

地域优先　4

满足	?	不满足			
0	0	0	得分点　地域优先：具体得分点		1
			得分点　地域优先：具体得分点		1
			得分点　地域优先：具体得分点		1
			得分点　地域优先：具体得分点		1

满足	?	不满足			
0	0	0	**总计**	**可获分数：**	**110**

认证级：40 至 49 分，银级：50 至 59 分，金级：60 至 79 分，铂金级：80 至 110 分

图10-3　LEED BD+C：学校项目得分表

注：项目得分表的评分条目分为先决条件和得分点两类，先决条件是获得该类得分指标得分的基本条件，得分点是项目团队可以争取的得分措施。每个评分条目都有具体的评分细则。计算最终得分的方式为得分点分数累加求和。

CERTIFIED	SILVER	GOLD	PLATINUM
40~49 points	50~59 points	60~79 points	80+ points

图 10-4　LEED 认证级别

3. LEED Fellow

LEED Fellow 是一个称号，旨在表彰杰出的 LEED AP。LEED Fellow 必须经提名产生，不允许自荐。被提名者需持有有效的 LEED AP 证书，并且对 LEED 的发展有连续 10 年以上的突出贡献。

另外，LEED 资质认证证书有专门的证书维护计划——CMP（Credential Maintenance Program）。证书每 2 年进行 1 次核验，这 2 年被称为 1 个汇报周期，在 1 个汇报周期内需要获得一定数量的继续教育学时才能保证所持有证书的有效性。继续教育学时分为综合学时和专项学时，综合学时为参加绿色建筑有关活动的时长，专项学时为有针对性地参加专业课程或活动的时长。

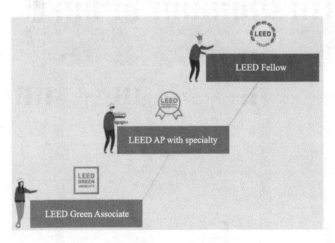

图 10-5　LEED 认证人员

10.2.5　认证流程

想获得 LEED 认证，需要遵循特定的流程（见图 10-6）。

1. 注册

注册是正式申请 LEED 认证的第一步。项目团队需要检查项目是否满足最低计划要求、选择合适的评级系统，并在官方网站上进行注册、缴纳注册费，从而获得相关软件工具及其他信息。

2. 准备申请文件

在这一阶段，根据评级系统的每个指标类别和得分点的要求，项目团队需要结合项目特点建立认证计划，计划中包括满足先决条件的具体措施和项目要争取的得分点及它们的具体措施，确立目标认证等级。若项目还在建设期，需要项目团队收集信息给各顾问团队发出规划、设计指引，分别按照各个指标的具体要求选择设计方案及材料、设备、工艺，同时避免与 LEED 认证评分系统有矛盾。

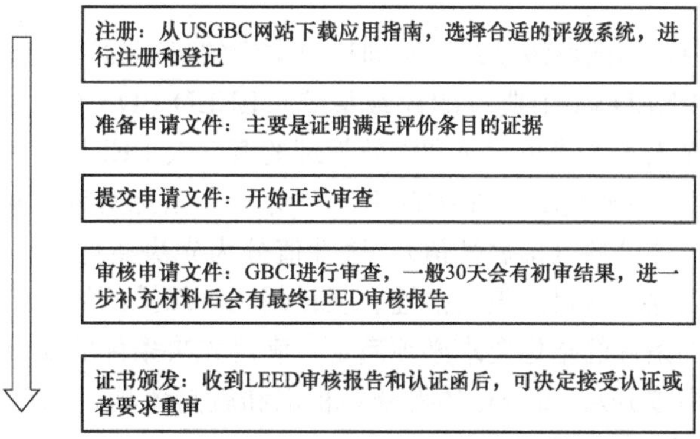

注册：从USGBC网站下载应用指南，选择合适的评级系统，进行注册和登记

准备申请文件：主要是证明满足评价条目的证据

提交申请文件：开始正式审查

审核申请文件：GBCI进行审查，一般30天会有初审结果，进一步补充材料后会有最终LEED审核报告

证书颁发：收到LEED审核报告和认证函后，可决定接受认证或者要求重审

图 10-6　LEED 认证流程

文件的主要组成部分是与项目相关的资料。LEED 认证的依据主要是与项目实施相关的资料，在整个项目建设过程中，认证资料的收集工作非常重要。建筑物的所有指标和数据必须有相应的文字作为依据。它体现在项目立项、设计、施工、调试等各个环节中，必须结合项目团队想获得的得分计划和得分点的评分细则进行收集。

申请文件包括但不限于以下资料。

（1）项目前期。项目立项的相关文件资料、与绿色建筑评价相关的配套资料等。

（2）设计阶段。可持续性选址资料、节约水源资料、能源与大气资料、材料与资源要求资料、室内环境品质要求资料、室外新风监控资料、室内化学污染源控制资料等。

（3）施工过程。施工过程污染防治方案资料、施工废弃物管理资料、再生材料运用资料、区域性材料运用资料、室内空气质量管理资料、入住前室内空气质量管理资料、低挥发性材料使用资料、创新与设计资料等。

3. 提交申请文件

项目团队检查各指标的满足情况，审核所有认证所需资料，将所有资料进行提交，支付认证费用，GBCI 将开始正式审核。

4. 审核申请文件

根据不同的评级系统和审核路径，申请文件的审核过程略有不同。一般包括文件审查和技术审查。GBCI 在收到申请书的一个星期之内会完成对申请书的文件审查，主要是根据检查表中的要求，审查文件是否合格并且完整。如果提交的文件不充分，那么项目团队会被告知欠缺哪些资料。文件审查合格后，便可以开始技术审查。GBCI 在文件审查通过后的两个星期之内，会向项目团队出具一份 LEED 初审文件。项目团队有 30 天的时间对申请书进行修正和补充，并再度提交给 GBCI。GBCI 在 30 天内对修正过的申请书进行最终评审，然后向 LEED 指导委员会建议一个最终分数。指导委员会将在两个星期之内对这个最终得分做出表态（接受或拒绝），并通知项目团队认证结果。

5. 证书颁发

在接到 LEED 认证通知后一定时间内，项目团队可以对认证结果做出回应，如无异议，认证过程结束。该项目被列为 LEED 认证的建筑，USGBC 会向项目组颁发证书和标识物。

10.3　LEED v4 BD＋C：新建建筑与重大改造

LEED认证体系中，不同评级系统、不同建筑类型的指标类别、指标分数分布及得分点有所不同。这里选取LEED v4中典型的评级系统"LEED BD＋C：新建建筑与重大改造"为例进行详述，以便深入了解绿色建筑和能效管理的概念及LEED的评价理念。

"LEED v4 BD＋C：新建建筑与重大改造"分为9个指标类别（见表10-3）。每一个指标类别中，又给出若干评分项（即属性值），属性值分为先决条件和得分点两类。先决条件设置评价门槛，得分点保证项目建设灵活性。项目团队可以挑选他们想要追求的得分点、争取得分的高低，但先决条件的指标要求必须满足（满足先决条件的要求不会获得分数，但不满足则对应指标类别为零分）。得分点的得分累积求和就是该项目的总得分，项目获得的总分数决定了它获得的LEED认证级别。

表 10-3　　　　　　　"LEED v4 BD＋C：新建建筑与重大改造"指标分数分布

指标类别	分值	分值占比（%）	先决条件	得分点
整合过程（Integrative Process，LP）	1	0.9	0	1
选址与交通（Location and Transportation，LT）	16	14.55	0	8
可持续场址（Sustainable Sites，SS）	10	9.1	1	6
用水效率（Water Efficiency，WE）	11	10	3	4
能源与大气（Energy and Atmosphere，EA）	33	30	4	7
材料与资源（Materials and Resources，MR）	13	11.8	2	5
室内环境质量（Indoor Environmental Quality，EQ）	16	14.5	2	9
创新（Innovation，IN）	6	5.55	0	2
地域优先（Regional Priority，RP）	4	3.6	0	4
合计	110	100	12	46

下面对"LEED v4 BD＋C：新建建筑与重大改造"得分表中各得分点的目的和要求进行概述，完整的得分表见附表2-1。

10.3.1　整合过程

"整合过程"（见图10-7）指标的目的在于通过对系统间的相互关系进行早期分析，实现高性能、高经济效益的项目成果。

满足	？	不满足			
			得分点	整合过程	1

图 10-7　"整合过程"部分得分表

"整合过程"指标要求从设计前期到设计阶段，寻找和利用在不同专业和不同建筑系统之间实现协同效应的机会。实施能源相关系统、水相关系统分析，为业主项目要求、设计任务书、设计文件和施工文件提供信息。

10.3.2　选址与交通

"选址与交通"指标类别的得分表及指标属性如图10-8所示。

0	0	0		选址与交通	16
			得分点	LEED社区开发选址	16
			得分点	敏感型土地保护	1
			得分点	高优先场址	2
			得分点	周边密度和多样化土地使用	5
			得分点	优良公共交通可达	5
			得分点	自行车设施	1
			得分点	停车面积减量	1
			得分点	绿色车辆	1

图 10-8　"选址与交通"部分得分表

1. LT 得分点：LEED 社区开发选址（LEED for Neighborhood Development Location）

目的在于避免在不合适的场址上开发，场址应减少车辆行驶距离、鼓励日常体育锻炼、提高宜居性，从而改善人类健康。

要求将项目选址在经过 LEED ND 认证的开发边界内。获得 LEED ND 银级认证的将获得 10 分，获得 LEED ND 金级认证的将获得 12 分，获得 LEED ND 铂金级认证的将获得 16 分。尝试获得该得分点的项目不能在其他选址与交通得分点中再次获得分数。

2. LT 得分点：敏感型土地保护（Sensitive Land Protection）

目的在于避免开发环境敏感型土地，减少建筑物选址对环境的不利影响。

要求选址于先前已开发过或不符合以下敏感性要求的土地：基本农田、水灾区、栖息地、水体（河流、湖泊等）、湿地等。在湿地和水体缓冲区内可进行小规模的改善工程以增加其价值，前提是此类设施向全体建筑用户开放。

3. LT 得分点：高优先场址（High-Priority Site）

目的在于鼓励项目选址在有开发限制的区域，促进周边区域的健康。

要求项目位于历史街区中的嵌入式场址或者计划优先开发的区域（政府制定的开发区、低收入社区等），或者位于已经发现土壤或地下水污染且有关部门要求改良的褐地。

4. LT 得分点：周边密度和多样化土地使用（Surrounding Density and Diverse Uses）

目的在于鼓励在已有基础设施的区域进行开发，以节约土地，保护农场和野生动物栖息地。提高可步行性和交通效率，减少车辆行驶距离、鼓励日常体育锻炼，从而改善公众健康。

要求项目边界 400m 半径范围内的既有建筑密度和项目容积率达到一定的量化要求。特别指出如果是学校，开发密度计算中不包括体育教学场所。或满足多样化使用要求，建造或改建建筑（或建筑中的空间）的主入口数量，为公众提供的多样化用途主入口的步行距离在 800m 之内。

5. LT 得分点：优良公共交通可达（Access to Quality Transit）

目的在于鼓励在拥有多种可选交通模式或可降低汽车使用率的场址中开发项目，从而减少温室气体排放、空气污染，以及其他与汽车使用相关的环境和公众健康危害。

要求使项目的任意功能性入口位于距既有或规划的公交车、有轨电车站点 400m 步行距离之内，或是距既有或规划的快速公交站台、轻轨站或普通有轨列车站台、公交通勤铁路车站或公交通勤渡轮码头 800m 步行距离之内。这些站点的交通服务总量必须满足评分细则中给出的最低要求（如具有多种交通工具类型的项目，日常交通服务满足工作日 72 班次、周末 40 班次的基础上可获得 1 分）。

6. LT 得分点：自行车设施（Bicycle Facilities）

目的在于提高自行车出行和交通效率、减少车辆行驶距离、鼓励实用和休闲的体育锻炼，从而改善公众健康。

要求设计或确定项目位置时，使自行车存车处距连通以下至少一项内容的自行车道网络在180m 步行距离：至少 10 种多样化用途；一所学校或就业中心；公车快速或专用通道站、轻轨站或火车站、通勤火车站或渡轮码头。所有目的地都必须在距项目边界 4800m 自行车骑行距离之内。拥有自行车存车处和带更衣室的淋浴间，自行车存放处必须位于距主入口30m 的步行距离内。

7. LT 得分点：停车面积减量（Reduced Parking Footprint）

目的在于尽量减少与停车设施相关的环境危害，包括对汽车的依赖、土地占用和雨水径流。

要求不得超过当地法规的最低停车容量要求。本得分点的计算必须包括项目租赁或拥有的非路边停车空间，包括位于项目边界以外但被项目使用的停车空间，不包括公共道路用地中的路边停车空间。

8. LT 得分点：绿色车辆（Green Vehicles）

目的在于推广传统燃料汽车的替代品以减少污染。

要求项目将所有停车空间的 5％作为绿色车辆停车位。清晰而明确地标识并强制规定仅供绿色车辆使用。在各种停车区域中按比例分配优先停车空间。为绿色车辆提供至少 20％的停车费折扣也可作为优先停车位的替代方案（该停车费折扣必须在停车场入口处公示，且永久适用于任何符合条件的车辆）。同时要求为项目所有停车位总量的 2％安装电动汽车充电设备，或者建立替代燃料补充设施、电池更换站。

10.3.3 可持续场址

"可持续场址"指标类别的得分表及指标属性如图 10-9 所示。

0	0	0		可持续场址	10
满足			先决条件	施工污染防治	必要项
			得分点	场址评估	1
			得分点	场址开发-保护和恢复栖息地	2
			得分点	开放空间	1
			得分点	雨水管理	3
			得分点	降低热岛效应	2
			得分点	降低光污染	1

图 10-9 "可持续场址"部分得分表

1. SS 先决条件：施工污染防治（Construction Activity Pollution Prevention）

目的在于通过控制水土流失、水道沉积、扬尘产生减少施工活动造成的污染。

要求针对与项目相关的所有施工活动制定和实施水土流失与沉积控制方案。该方案必须符合标准和规范（以更严格者为准）的水土流失和沉积要求，计划中必须描述实行的措施。

2. SS 得分点：场址评估（Site Assessment）

目的在于在设计之前评估场址条件，以评估可持续选项并通告场址设计的相关决定。

要求完成包含以下信息的场址调查或评估并形成文件：地形、水文、气候、植物、土壤、人类使用、人类健康影响。调查或评估应阐明上述场址特征与项目之间的关系，以及这些特征如何影响项目设计。

3. SS 得分点：场址开发-保护和恢复栖息地（Site Development-Protect Or Re Store Habitat）

目的在于保留原有自然区域、恢复受损区域、提供栖息地，从而促进生物多样性。

要求对于所有开发和施工活动，在场址中保留并保护 40％的绿地（如果存在此类区域）。同时要求进行场址内恢复（使用本地原生或可适应性植被来恢复受侵扰区域 30％的面积）或向环保相关部门提供财务支持（为场址总面积提供相当于每平方米 4 美元的财务支持。）

4. SS 得分点：开放空间（Open Space）

目的在于鼓励创建外部开放空间，以鼓励环境互动、社会互动、静态休憩和身体运动。

要求提供至少达到总场址面积 30％的室外空间。至少 25％的室外空间必须覆盖植被（草皮不算植被）或配有种植顶棚。室外空间必须可供人进出。

5. SS 得分点：雨水管理（Rainwater Management）

目的在于根据所在地区的历史情况和原始生态系统重现场址的自然水文和水平衡，从而减少径流量并提高水质。

要求采取最能重现场址自然水文机理的方法，使用低冲击开发和绿色基础设施，管理场址内降雨事件形成的雨洪径流。或者在场址中管理自然土地覆被经开发后而产生的径流年增长量。

6. SS 得分点：降低热岛效应（Heat Island Reduction）

目的在于降低热岛效应，尽可能减少对微气候及人类和野生生物栖息地的影响。

要求采取非屋面措施降低热岛效应：利用场址原有植物材料，或种植可在 10 年内为场址内铺装区域（包括操场）提供遮阴的植物；利用能源制造系统（如太阳能集热器、太阳能光伏板和风能发电机）的结构体提供遮阴；用种植结构提供遮阴等。或利用高反射屋面措施（使用太阳能反射指数较高的屋面材料）、种植屋面。停车位采取遮阴措施（将至少 75％的停车位置于遮蔽物下）。

7. SS 得分点：降低光污染（Light Pollution Reduction）

目的在于提高夜空可视度、改善夜间能见度，从而降低开发对野生动物和人的影响。

要求利用背光向上照射眩光法或计算法达到向上照射和防光侵扰的要求。对于向上照射和防光侵扰，项目可采用不同的选项。

10.3.4　用水效率

"用水效率"指标类别的得分表及指标属性如图 10-10 所示。

0	0	0		用水效率	11
满足			先决条件	室外用水减量	必要项
满足			先决条件	室内用水减量	必要项
满足			先决条件	建筑整体用水计量	必要项
			得分点	室外用水减量	2
			得分点	室内用水减量	6
			得分点	冷却塔用水	2
			得分点	用水计量	1

图 10-10　"用水效率"部分得分表

1. WE 先决条件：室外用水减量（Outdoor Water Use Reduction）

目的在于减少室外用水量。

要求采取无需灌溉措施（证明景观在长达 2 年的定植期内不需要永久灌溉系统）或者减少灌溉量措施（与场址浇灌高峰用水月份的计算基线相比，将项目的景观用水量降低至少 30%）减少室外用水量。

2. WE 先决条件：室内用水减量（Indoor Water Use Reduction）

目的在于减少室内用水量。

对于建筑用水，要求所有新安装的坐便器、小便器、私人使用卫生间水龙头和淋浴喷头等用水设施的用水量达到节能要求，且它们必须获得项目所在地的节能标识。对电器和工艺，要求洗衣机、洗碗机、冰箱等用电设备达到所在地节能标识要求，散热和冷却工艺系统也要配备相应的节能配件。

3. WE 先决条件：建筑整体用水计量（Building-Level Water Metering）

目的在于通过跟踪用水量来进行用水管理，并找到更多节约用水的机会。

要求安装永久性水表，测量建筑和相关场址所用的饮用水总量。仪表数据必须整理到月度和年度汇总中。同时承诺从项目接受 LEED 认证或全面入驻（以较早者为准）开始的 5 年内与 USGBC 分享整个项目的水耗数据。

4. WE 得分点：室外用水减量（Outdoor Water Use Reduction）

目的在于减少室外用水量。

要求采取无需灌溉措施（证明景观在长达 2 年的定植期内不需要永久灌溉系统）或减少灌溉量措施（与场址浇灌高峰用水月份的计算基线相比，将项目的景观用水量降低至少 50%）减少室外用水量。

5. WE 得分点：室内用水减量（Indoor Water Use Reduction）

目的在于减少室内用水量。

要求以"WE 先决条件：室内用水减量"中计算的基线为基础，进一步减少用水器具和配件的用水量。还可以使用替代水资源来节省比先决条件要求更多的节水量。对于电器和工艺也有了进一步的要求。

6. WE 得分点：冷却塔用水（Cooling Tower Water Use）

目的在于控制冷却水系统中的微生物、腐蚀和水垢，同时节约冷却塔补充水。

要求对于冷却塔和蒸发式冷凝器，进行一次事先冷却水分析。至少要测量 Ca、总碱度、SiO_2、Cl^-、电导率 5 个控制参数，用每个参数允许的最大浓度值除以在补充水中发现的每个参数实际浓度值，即可计算出冷却塔循环次数。限定冷却塔循环次数，以避免其中任何参数超出其最大值。

7. WE 得分点：用水计量（Water Metering）

目的在于通过跟踪用水量来进行用水管理，并找到更多节约用水的机会。

要求为下列两个或更多用水子系统安装永久性水表：灌溉、室内卫生器具及配件、生活热水、过滤、再生水、其他工艺用水（如加湿系统、洗碗机、洗衣机等）。

10.3.5　能源与大气

"能源与大气"指标类别的得分表及指标属性如图 10-11 所示。

0	0	0	能源与大气	33
满足			先决条件 基本调试和校验	必要项
满足			先决条件 最低能源表现	必要项
满足			先决条件 建筑整体能源计量	必要项
满足			先决条件 基础冷媒管理	必要项
			得分点 增强调试	6
			得分点 能源效率优化	18
			得分点 高阶能源计量	1
			得分点 需求响应	2
			得分点 可再生能源生产	3
			得分点 增强冷媒管理	1
			得分点 绿色电力和碳补偿	2

图 10-11　"能源与大气"部分得分表

1. EA 先决条件：基本调试和校验（Fundamental Commissioning and Verification）

目的在于使项目的设计、施工和最后运营满足业主对能源、水、室内环境质量和耐久性的要求。

要求根据与能源、水、室内环境质量和耐久性相关的标准，完成机械、电气、管道和可再生能源系统与组件的调试活动。在设计开发阶段（扩大初步设计阶段）结束时，让具有资质的调试机构参与进来，准备并更新高效运营建筑所需的设施要求及运营和维护计划。

2. EA 先决条件：最低能源表现（Minimum Energy Performance）

目的在于通过实现建筑及其各系统的最低节能等级，以减少因过度使用能源而带来的环境和经济危害。

要求进行建筑整体的能耗模拟，以表明与基线建筑性能水平相比，拟建建筑的性能水平提高 5%（新建建筑项目）。或者满足经过 USGBC 认可的强制和规范性规定。

3. EA 先决条件：建筑整体能源计量（Building-Level Energy Metering）

目的在于通过跟踪记录建筑整体能耗来支持能源管理，并提供更多节能的机会。

要求使用能源表提供建筑整体的能源数据，以推算建筑的总能耗（电力、天然气、冷却水、蒸汽、燃油、丙烷、生物质能等），承诺从项目通过 LEED 认证时起的 5 年内与 USGBC 分享能耗数据和电力需求数据。能耗至少需要每月跟踪记录一次。

4. EA 先决条件：基础冷媒管理（Fundamental Refrigerant Management）

目的在于减少对平流层臭氧的消耗。

要求在新的供暖、通风、空调和制冷系统中不使用氯氟化碳型冷媒制冷机。再利用既有空调和制冷设备时，在项目完成之前进行全面的淘汰改造。

5. EA 得分点：增强调试（Enhanced Commissioning）

目的在于进一步使项目的设计、施工和最后运营满足业主对能源、水、室内环境质量和耐久性的要求。

要求实施进一步调试活动及"EA 先决条件：基本调试和校验"所要求的活动。

6. EA 得分点：能源效率优化（Optimize Energy Performance）

目的在于实现比先决条件要求更高的节能等级，以减少因能源过量使用所引发的环境和经济危害。

要求在方案设计期间或设计之前建立节能目标。建立的目标必须以能耗的年每平方米千瓦数 $[(kW \cdot h/m^3)/a]$ 为单位。在"EA 先决条件：最低能源表现"的基础上进行更严格的整体能耗模拟，以降低更多的能耗。或者满足更高级别的强制和规范性规范。

7. EA 得分点：高阶能源计量（Advanced Energy Metering）

目的在于通过跟踪建筑级、系统级的能耗来进行能源管理，并发现和明确更多节能机会。

要求为以下各项安装高阶能源计量装置：供整栋建筑所使用的所有能源类型；任何占建筑年度总能耗 10% 以上的单独终端能耗。

高阶能源计量必须具有以下特性：计量表必须永久性安装，按照每小时或更短时间间隔来记录，并将数据传输到远程位置；电表必须记录消耗量和需求量（若适合，建筑的总电表应记录功率因数）；数据收集系统必须使用本地局域网、建筑自动化系统、无线网络或类似的通信基础设施；系统必须能够保存至少 36 个月的所有仪表数据；必须能够远程访问数据；系统中的所有仪表都必须能够每小时、每天、每月进行报告，以及报告年度能耗。

8. EA 得分点：需求响应（Demand Response）

目的在于更多参与可使能源系统更高效、增加电网可靠性、减少温室气体排放量的需求响应技术和计划。

要求建筑和设备可以通过负载减卸或转移参与需求响应计划。场址内发电不符合本得分点的目的。

9. EA 得分点：可再生能源生产（Renewable Energy Production）

目的在于增加可再生能源的自给，减少与化石燃料能源相关的环境和经济危害。

要求使用可再生能源系统为项目提供能源，以减少建筑的能源费用。按照以下公式计算可再生能源的百分比：

可再生能源百分比＝可再生能源系统产生的可用能源的费用/建筑年度总能源费用　（10-1）

10. EA 得分点：增强冷媒管理（Enhanced Refrigerant Management）

目的在于减少臭氧消耗并支持尽早遵守《蒙特利尔议定书》，同时尽量减少对气候改变的直接促进作用。

要求不使用制冷剂，或仅使用不会潜在破坏臭氧层和全球变暖潜能值小于 50 的制冷剂。或者通过制冷剂影响计算选择供暖、通风、空调和制冷设备中使用的制冷剂，尽量减少或消除促使臭氧消耗和气候改变的化合物排放。

11. EA 得分点：绿色电力和碳补偿（Green Power and Carbon Offsets）

目的在于鼓励通过使用可再生能源技术和碳减排项目来减少温室气体排放。

要求签订合同指定通过绿色电力、碳补偿或可再生能源认证的电源，这些电源需为项目提供 50% 或 100% 的用能。

10.3.6　材料与资源

"材料与资源"指标类别的得分表及指标属性如图 10-12 所示。

1. MR 先决条件：可回收物存储和收集（Storage and Collection Of Recyclables）

目的在于减少由建筑驻户产生并被运送到和弃置于掩埋场的废弃物。

要求提供专门的区域，可以让废弃物清运商及建筑驻户收集和存放整栋建筑的可回收材料。可回收材料必须包括混合纸、硬纸板、玻璃、塑料和金属。采取适当的措施安全地收集、存放和处理电池、含汞灯和电子垃圾中的两种。

0	0	0	材料与资源	13
满足			先决条件　可回收物存储和收集	必要项
满足			先决条件　营建和拆建废弃物管理计划	必要项
			得分点　降低建筑寿命期中的影响	5
			得分点　建筑产品的分析公示和优化—产品环境要素声明	2
			得分点　建筑产品的分析公示和优化—原材料的来源和采购	2
			得分点　建筑产品的分析公示和优化—材料成分	2
			得分点　营建和拆建废弃物管理	2

图 10-12　"材料与资源"部分得分表

2. MR 先决条件：营建和拆建废弃物管理计划（Construction and Demolition Wast E Management Planning）

目的在于回收、再利用材料，减少在填埋场及焚化设施中处理的营建和拆建废弃物。

要求制定与执行营建和拆建废弃物管理计划。提供最终报告，详细说明产生的所有主要废弃物物流，包括处理和转化率。

3. MR 得分点：降低建筑寿命周期中的影响（Building Life-Cycle Impact Reduction）

目的在于鼓励适应性再利用，优化产品和材料在环境方面的表现。

要求通过再利用现有的建筑资源或在寿命周期评估中显示材料的减量使用，表明在项目初始决策中降低了项目对环境的影响。

具体途径为维护历史建筑或历史街区内特色建筑的原有建筑结构、外围护结构和室内非结构构件；或者翻新被遗弃或荒废的建筑；或者进行建筑和材料再利用［结构构件（如地板、屋面平台）、外围护材料（如外表面、框架）和永久安装的外部构件（如墙壁、门、地板覆盖材料和天花板系统）］；或者对新建建筑项目的结构和外围护结构进行寿命周期评估，证明其相比于基线建筑，对环境的影响减量达到 10％，且其中一个分类必须是全球变暖潜能值。

4. MR 得分点：建筑产品的分析公示和优化——产品环境要素声明（Building Product Disclosure and Optimization—Environmental Product Declarations）

目的在于鼓励使用提供了寿命周期信息，且在寿命周期内对环境、经济和社会具有正面影响的产品和材料。对选购已经证明能改善寿命周期环境影响产品的项目团队进行奖励。

要求选购经 USGBC 认可的节能标识框架和选择决策框架的产品。

5. MR 得分点：建筑产品的分析公示和优化——原材料的来源和采购（Building Product Disclosure and Optimization—Sourcing of Raw Materials）

目的在于鼓励使用提供了寿命周期信息，且在寿命周期内对环境、经济和社会具有正面影响的产品和材料。奖励选用被证明以负责的方式开采或采购产品的项目团队。

要求产品具有原材料来源和开采报告，报告中包括原材料供应商开采位置、对长期土地使用生态责任的承诺、对减少开采或制造过程中环境危害的承诺。或者有证据证明材料供应商选择了对环境影响小的更加先进的开采技术或者制造技术（如使用了可再生原材料）。

6. MR 得分点：建筑产品的分析公示和优化——材料成分（Building Product Disclosure and Optimization—Material Ingredients）

目的在于鼓励使用提供了寿命周期信息，且在寿命周期内对环境、经济和社会具有正面影响的产品和材料。奖励项目团队选用了列出其化学成分的产品，以及选用经验证最大程度减少有害物质使用和产生的产品。奖励原材料制造商，因其所生产的产品被证明在寿命周期内改善了对环境的影响。

要求使用的材料有成分报告；或者进行了材料成分优化；或者产品制造商进行了供应链优化。

7. MR 得分点：营建和拆建废弃物管理（Construction And Demolition Waste Management）

目的在于回收、再利用材料，减少在填埋场及焚化设施中处理的营建和拆建废弃物。

要求回收或再利用无害的营建和拆建材料。可以通过将废弃物转化为燃料；或者选择减少废弃物材料总量。

10.3.7 室内环境质量

"室内环境质量"指标类别的得分表及指标属性如图 10-13 所示。

0	0	0	室内环境质量	16
满足		先决条件	最低室内空气质量表现	必要项
满足		先决条件	环境烟控	必要项
		得分点	增强室内空气质量策略	2
		得分点	低逸散材料	3
		得分点	施工期室内空气质量管理计划	1
		得分点	室内空气质量评估	2
		得分点	热舒适	1
		得分点	室内照明	2
		得分点	自然采光	3
		得分点	优良视野	1
		得分点	声环境表现	1

图 10-13 "室内环境质量"部分得分表及指标属性

1. EQ 先决条件：最低室内空气质量表现（Minimum Indoor Air Quality Performance）

目的在于建立室内空气质量最低标准，改善建筑驻户的舒适和健康。

要求满足通风和监测要求。对于采用机械通风的空间，达到相应标准的最小新风量要求。对于采用自然通风的空间，达到相应标准的最小新风开口和空间配置要求。安装达到精度要求的气流测量设备，并能在超出设定的变化范围时发出警报。

2. EQ 先决条件：环境烟控（Environmental Tobacco Smoke Control）

目的在于防止或尽量减少让建筑驻户、室内表面和通风空气配送系统接触环境烟害。

要求在建筑内部禁烟。禁止在建筑外吸烟（指定的吸烟区除外），这些吸烟区与所有入口、新风进气口和活动窗的距离至少为 7.5m。还要禁止在商务用途空间的用地界线以外区域吸烟。必须在距所有建筑入口 3m 的距离内设置标志，标示无烟政策。

3. EQ 得分点：增强室内空气质量策略（Enhanced Indoor Air Quality Strategies）

目的在于通过提高室内空气质量改善驻户的舒适、健康和生产效率。

要求在"EQ 先决条件：最低室内空气质量"表现的基础上，进一步采取措施提高室内空气质量，如设立入口通道系统捕捉进入建筑的灰尘和颗粒物、为新风系统加装过滤器、提高换气量等措施。

4. EQ 得分点：低逸散材料（Low-Emitting Materials）

目的在于减少能影响空气质量、人体健康、生产效率和环境的化学污染物的浓度。

该得分点包括对产品制造商和项目团队的要求。它涵盖了排放到室内空气中的 VOC、材料的 VOC 含量，以及确定室内 VOC 逸散的测试方法。不同的材料必须符合该得分点规定的不同要求。

5. EQ 得分点：施工期室内空气质量管理计划（Construction Indoor Air Quality Management Plan）

目的在于尽量减少与施工和改造相关的室内空气质量问题，改善施工工人和建筑用户的健康。

要求在建筑的施工和入驻前阶段编制与实施室内空气质量管理计划。

6. EQ 得分点：室内空气质量评估（Indoor Air Quality Assessment）

目的在于在施工后及入驻期间在建筑物中形成更好的室内空气质量。

要求在施工结束、建筑完全被清洁之后对建筑提供吹洗（以提供新风的方式）。或者进行空气测试，对于污染物浓度超出限值的每个采样点，采取纠正措施并在相同的采样点上重新测试不符合标准的污染物。

7. EQ 得分点：热舒适（Thermal Comfort）

目的在于提供优质的热舒适，改善驻户的生产效率、舒适性和健康。

要求满足热舒适设计和热舒适控制的要求。例如，供暖、通风和空调系统和建筑外围护结构符合对应标准的要求，至少为 50％的个人使用空间提供独立的热舒适控制装置等。

8. EQ 得分点：室内照明（Interior Lighting）

目的在于提供高质量照明，改善驻户的生产效率、舒适性和健康。

要求采用照明控制，为至少 90％的个人使用空间提供独立照明控制，可以让驻户调节照明以适合他们各自的任务和偏好，并且具有至少 3 种照明等级或场景（开、关、中等）。或者提高照明质量，如使用多角度的光源、寿命更高更稳定的灯具，提高空间表面的光反射率。

9. EQ 得分点：自然采光（Daylight）

目的在于将建筑驻户与室外相关联，加强昼夜节律，并将自然光引入空间以减少电力照明的使用。

要求在所有常用空间中提供手动或自动防眩光控制设备。通过计算机模拟来证明实现每年至少 55％、75％或 90％的空间全自然光照明。或者通过计算机建模证明指定的建筑面积在春分（且为晴天）当天的照度等级在 9 点～15 点为 300～3000lux。或者经多次测量，指定的建筑面积实现 300～3000lux 的照度等级。

10. EQ 得分点：优良视野（Quality Views）

目的在于通过提供优良视野，让建筑驻户与室外自然环境相关联。

要求为全部常用空间建筑面积的 75％提供观景窗，从而能够直接看到室外。相关区域的观景窗必须提供清楚的室外视野，不会受到各种陶瓷玻璃、纤维、压花玻璃或添加色彩的阻挡。

11. EQ 得分点：声环境表现（Acoustic Performance）

目的在于通过有效的声学效果设计，提供改善用户健康、生产效率和沟通的空间。

要求对于所有使用空间来说，满足关于暖通空调背景噪声、隔音、混响时间，以及扩音和掩蔽的要求。

10.3.8　创新

"创新"指标类别的得分表及指标属性如图 10-14 所示。

0	0	0	创新		6
		得分点	创新		5
		得分点	LEED AP		1

图 10-14　"室内环境质量"部分得分表

1. IN 得分点：创新（Innovation）

目的在于鼓励项目实现优良表现或创新表现。

要求项目团队使用创新（使用 LEED 体系中没有涉及的策略实现突出的环境表现）、试点（从 LEED 试行得分点库中获得一个试行得分点）和优良表现（从已有的 LEED 先决条件或得分点中实现优良表现，一般可通过实现双倍得分点要求或下一个增量百分比阈值来获得优良表现分数）策略的任意组合。

2. IN 得分点：LEED AP

目的在于鼓励 LEED 项目要求的团队整合，以及简化应用和认证过程。

要求项目团队中至少有一个主要参与者是适合该项目所申请认证的 LEED AP。

10.3.9　地域优先

"地域优先"指标类别的得分表及指标属性如图 10-15 所示。

0	0	0	地域优先		4
		得分点	地域优先：具体得分点		1
		得分点	地域优先：具体得分点		1
		得分点	地域优先：具体得分点		1
		得分点	地域优先：具体得分点		1

图 10-15　"室内环境质量"部分得分表

RP 得分点：地域优先（Regional Priority）。

目的在于为解决特定地域环境、社会公平和公众健康等重点问题提供激励。

最多可获得 6 个地域优先得分点中的 4 个。这些得分点在之前的指标中已包含，只要超过阈值就能额外获得地域优先的分数，但各地区的地域优先得分点条件并不相同，需要经过 USGBC 地区委员会和分会确定条件的满足对项目所在地有额外的区域重要性。

例如，山东青岛的地域优先得分点条件："EA 得分点：能源效率优化"达到 10 分；"EQ 得分点：增强室内空气质量策略"达到 2 分；"LT 得分点：优良公共交通可达"达到 3 分；"SS 得分点：雨水管理"达到 2 分；"SS 得分点：降低热岛效应"达到 4 分；"WE 得分点：室内用水减量"达到 4 分。

10.4　LEED 前沿

LEED 认证体系在世界范围内得到推广应用，作为一个市场化运营的认证体系，随着行业发展和市场反馈，USGBC 不断更新评价体系的结构、评价标准及适用范围。在 LEED v4 的基础上，LEED v4.1 作为 LEED 的升级版本，将执行层面作为核心关注点，升级了评级系统的适用性、用户体验感及敏捷度。另外，还以新增家族成员、开发应用平台的方式扩展了适用范围，它们包括城市与社区评级系统、住宅评级系统、交通站点评级系统（LEED for Transit）、LEED Zero 和 Arc 的应用。

10.4.1　城市与社区评级系统

城市与社区评级系统是针对城市与社区的规划、建设及管理的评级系统。其中：城市是指由政府公共部门界定、治理的政治管辖范围或区域；而社区是城市内的区域（如街道），包括住宅区、商业区、混合开发区、产业园区等（除非项目自己定义此区域为特殊文化定义下的"城市"）。

城市与社区评级系统分为"规划与设计"和"既有"两个认证类型，分别对应新建城区的开发和老旧城区的更新改造、既有城区的运营管理。这套系统通过系统化地梳理、整合评估项目的总规划与各子系统（自然系统和生态、交通和土地利用、水效率、能源和温室气体排放、材料和资源、生活品质 6 类指标）的内容，强调通过数据分析城市发展决策，借鉴全球城市最佳实践经验，为项目开发及运营提供策略引导。

城市与社区评级系统在 2019 年 4 月发布正式版，并开放注册，这意味着它已正式成为LEED 认证体系的家族成员。截至 2019 年 4 月已有 90 个项目通过该认证，北京大兴国际机场临空经济区（北京部分）在 2019 年获得该评级系统"规划与设计"全球首个铂金级认证。

10.4.2　住宅评级系统

在住宅评级系统中，以住宅单元为单位将住宅评级系统分为单住户住宅、多住户住宅、多住户住宅核心与外壳 3 个认证类别。其中，住宅单元必须满足"生活、睡眠、饮食、烹饪和卫生的永久性功能规定"。

在住宅评级系统中：单住户住宅适用于新建的单住户住宅；多住户住宅适用于拥有两个以上住宅单元的多住户住宅；多住户住宅核心与外壳适用于多住户住宅涉及外围护结构、内部核心机电、管道和消防系统的设计与施工。

10.4.3　交通站点评级系统

交通站点是实体基础设施中的重要组成部分，它拥有通过节能、节水等措施对环境产生积极影响的巨大潜力。交通站点评级系统旨在加快实现全球交通站点项目的可持续发展。

交通站点评级系统是在 LEED BD＋C 和 LEED O＋M 的框架下开发的，所有新建交通站点及既有交通站点都可以应用该评级系统。该系统分为"LEED BD＋C：交通站点"和"LEED O＋M：交通站点"两个认证类别，对应交通站点的新建或重大改造和既有站点的绿色转型。

10.4.4　LEED Zero

随着"净零—Net Zero""零碳建筑""零能耗建筑"等概念的兴起，USGBC 在 2018 年11 月开始推出 LEED Zero 认证，旨在让建筑物通过自身产生的可再生能源，替代甚至大于其自身的耗能，由此实现零能耗甚至负能耗。该认证面向所有通过 LEED BD＋C 或 LEEDO＋M 认证的项目，以及正在申请 LEED O＋M 认证的项目。

要获得 LEED Zero 认证，项目必须实现零碳、零能耗、零水耗、零废弃物 4 项标准中的至少一项：零碳是指在 12 个月内，能耗和居民交通的碳排放为零或者被抵消；零能耗是指在 12 个月内达到能源平衡，使项目的能源总消耗为零或者被抵消；零水耗是指在 12 个月内达到水使用平衡，使水耗为零或者被抵消；零废弃物是指达到 LEED 铂金级认证级别，废弃物指标结果为零或被抵消。

中国汉能清洁能源展示中心（见图 10-16）成为全球首个获得 LEED Zero：零碳认证的项目。全球首个 LEED Zero：零能耗认证项目、零水耗项目分别被位于巴西的 Petinelli 总部和 Eurobusiness 办公大楼摘得。

图 10-16　中国汉能清洁能源展示中心

10. 4. 5　Arc

由 GBCI 推出的 Arc 是一个技术、信息及成果共享的动态数据平台。Arc 平台可以通过联网的方式追踪建筑性能表现并建立评分系统，允许建筑物和空间基于自身的运行数据同全球同类建筑的性能指标进行比较，并将它们与绿色建筑优化策略联系起来。

LEED Dynamic Plaque 动态奖牌（见图 10-17）可被视为 Arc 平台的第一个应用。LEED Dynamic Plaque 被建筑物用作实时测量工具和 LEED 认证工具。当新数据进入系统时，它会自动生成与 LEED 认证相关的最新 LEED 分数，量化建筑物、空间或社区的整体性能表现。

图 10-17　LEED Dynamic Plaque 动态奖牌

作为用户与 LEED 之间的对接者，无论是已通过认证的建筑还是希望获得认证的建筑，甚至是城市与社区，都可以通过 Arc 平台追踪、评估建筑自身的运营表现，让建筑、社区和城市之间进行性能比较，从而优化绿色建筑整体策略。获得 LEED 认证的建筑可以使用 Arc 平台来优化自身建筑的运行，并与同类建筑进行基准测试、验证建筑性能，以使其认证保持最新。非认证建筑可以使用 Arc 平台进行可持续性改进，最终获得 LEED 认证。

10.5　LEED 与《绿色建筑评价标准》

10.5.1　对比

随着全球能源危机及环境问题日益显著，越来越多的国家注重建筑的可持续发展。从 20 世纪 90 年代开始，很多国家根据国情制定相应的绿色建筑评价标准、体系。美国 LEED 评价体系发行较早，对我国各版本《绿色建筑评价标准》的编制影响较大，两者 2019 年最新版本比较见表 10-4。

表 10-4　　　　　　　　　　　LEED 和中国《绿色建筑评价标准》比较

评价体系	LEED	《绿色建筑评价标准》
版本号	LEED v4.1	GB/T 50378—2019
国家	美国	中国
标准性质	市场推广	国家标准
颁布机构	USGBC	住房和城乡建设部
机构性质	民间	政府
推广手段	自愿＋强制（偏自愿）	自愿＋强制（偏强制）
政府推广手段	政策强制、税收减免、建筑密度奖励、退税政策、加速审批、减少审批收费、退还评价费	政策强制、领导考核内容、评奖门槛奖金、低息贷款、税收优惠、消费者购房、贷款优惠、土地使用权转让优惠、容积率奖励、建筑面积奖励、审批优先、资质加分
应用对象	几乎所有种类建筑，以办公、零售、教育类建筑居多	民用建筑
典型指标类别	整合过程；选址与交通；可持续场址；用水效率；能源与大气；材料与资源；室内环境质量；创新；地域优先	安全耐久、健康舒适、生活便利、资源节约、环境宜居，以及提高与创新加分项
标识级别	认证级、银级、金级、铂金级	基本级、一星级、二星级、三星级

10.5.2　分析

LEED 对评级系统的框架和指标体系考虑比较全面。作为一个认证体系，LEED 针对不同项目类别都有对应的评价分支，指标的评分细则侧重定量化评价，先决条件和得分点的属性值搭配为项目的设计和实施提供了灵活性和拓展性，对建筑的运营和管理也有较大的指导性。其评价理念不局限于项目的选址、设计、施工、运营、维护、翻新、改造和拆除的单阶段控制，贴近建筑全寿命周期管理的理念，在综合衡量采购、运营成本，以及寿命周期内的运输、能源、运营、维护等成本后，引导选择初始成本更高但可能降低整个项目寿命周期成本的设计方案、材料和设备。而其市场化机制和兼顾不同利益主体的定位，使绿色建筑通过市场化行为得到推广。通过有策略的市场宣传、第三方认证的公信力，引导市场认可通过

LEED 认证的建筑并给予更高的市场价格。而对健康、安全、舒适、便利等特质的关注，受到关注企业社会责任和品牌形象，关注员工健康和工作效率的驻户青睐。

但 LEED 也有其不足之处。申请 LEED 认证只需要通过网上递交申请材料（设计图纸、现场照片、竣工资料、能源模拟报告），不需要实地考察或评估，这就不能保证建成后建筑环境性能达到实际设计性能，可能出现与预期差距较大的情况。而且由于得分点有较大的灵活性，人们可能更关注那些容易得分而对建筑整体性能提升不大的评价指标。

美国在自身国情背景下，更倾向强调通过高技术手段，促进可持续性的实现。在我国现阶段发展条件下，盲目追求满足 LEED 所有的评价指标，尚不满足条件。我国绿色建筑评价体系尚处于完善阶段，除 2019 年最新修订的《绿色建筑评价标准》外，还有之前发布的《建筑工程绿色施工评价标准》《绿色工业建筑评价标准》《绿色办公建筑评价标准》《既有建筑绿色改造评价标准》《绿色商店建筑评价标准》《绿色医院建筑评价标准》《绿色博览建筑评价标准》《绿色饭店建筑评价标准》《绿色生态城区评价标准》等，正逐渐形成完整的绿色建筑评价体系，LEED 对我国绿色建筑评价体系的完善有着重要的参考意义。

10.6　LEED 认证项目案例

10.6.1　侨福芳草地项目

1. 项目概况

侨福芳草地（见图 10-18）位于北京市朝阳区朝外街道东大桥路 9 号，是集写字楼、购物中心、艺术中心、酒店于一体的综合建筑，是中国第一个获得 LEED 铂金级认证的综合性商业体。

图 10-18　侨福芳草地宣传图（右侧为门前 LEED 标识）

2. 可持续措施

侨福芳草地利用创新的环保技术及对建筑材料的斟酌使用，使能源使用量为同等规模建筑标准的 50%，比 LEED 基准能耗线低 35.7%。

结合玻璃幕墙及钢架结构（见图 10-19 和图 10-20），组成独特的节能环保罩，将两座 18 层、两座 9 层建筑罩在其中，形成独立的微气候环境。透明的 ETFE 透明罩和 3 层结构的玻璃罩可以隔离外部的冷热空气，能有效保持建筑物内部的恒定温度，不受外界恶劣天气的影响。通过底部的进气设计吸入新鲜空气，再利用热空气上升的原理，把脏热空气从上方排出，可以做到自然的空气对流，不仅做到了冬暖夏凉，也节省了空调系统的使用。金字塔形的外观虽然牺牲了一定的使用面积，并且间接提高了单位面积的建筑成本，却可以保证周边居民的自然光照，与周边环境自然融合。

　　顶部采用的 ETFE 膜材料（四氟乙烯与乙烯共聚物，与水立方同样的材质），使用寿命至少为 25 年。ETFE 透明膜达到 B1、DIN4102 防火等级标准，燃烧时也不会滴落，并且重量只有玻璃的 10%。透光率可达 95%，不阻挡紫外线等光的透射，以保证建筑内部自然光线。ETFE 透明膜也是优秀的可再循环利用材料。另外，ETFE 也具有防静电的特点，可以大幅减少空气中颗粒物的吸附，相应减少了频繁的清洗，保证稳定自然光照的同时节省了运维成本、降低了水电消耗。在 ETFE 透明罩上还设计了特别的排水槽结构，辅助金字塔斜面结构，可以有效收集雨水，雨水将被引入地下蓄水池，回收处理后循环利用于冷却系统或用作卫生间清理用水，减少能耗的同时降低了整体能源成本。

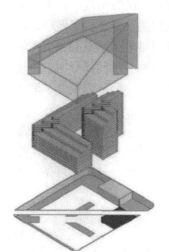

图 10-19　侨福芳草地结构示意图

图 10-20　侨福芳草地外部及内部视图

　　从内在来说，稳定的内部微循环系统，结合楼群变风量（VAV）冷水吊顶系统和智能 BMS（Building Management System，楼宇管理系统），进一步降低了整体能耗，提高了整个室内空间的舒适度。侨福芳草地楼宇室内空间的天花板有特殊的冷吊顶设计，在天花板内部敷设了许多细小的水管，利用水的循环带走热量，地面部分也进行了隔空垫高，有利于空气的循环，进一步减少了空调的使用，使温度调节更加自然环保。搭配的楼宇管理系统可以调节 ETFE 环保外罩底部的通风口，导入自然空气，利用内部对流在高处排出，实现可控的自然通风。三重玻璃内的电动百叶也可通过管理系统控制，根据整体室内气候数据，对不同区域的温度、湿度、空气清新度、采光等进行控制，维持整体室内空间的舒适度。侨福芳草地的室内空气质量达到 MERV（Minimum Efficiency Reporting Value，最低效率报告值）标准的第 11 级，是综合性建筑所能达到的最高级别（国内建筑的 MERV 水平通常在 7 级左右）。

采用地板送风，与传统方式相比可以至少节约 60％的能源使用率，最高达到 80％的比率。传统的空调风口位于室内空间上部，风从顶棚送出至少要覆盖到 2.5m 的高度，而从地板送出却只需要覆盖 1.8m 左右侨福芳草地的空调系统出风口就设置在地面，减少了覆盖高度，也就减少了空调的能耗，这种方式还会提高用户的舒适度。由于地面是隔空垫高的，空调出风口的位置可以灵活更改，这为商业室内空间的改造提供了便利。

此外，项目室内的节水设备非常丰富，不仅包括电子水龙头、卫生间节水洁具及低流量淋浴设施等，雨水过滤后也可被循环用作绿化灌溉和卫生间部分用水，从而提高水使用率。

侨福芳草地也增设了自行车室内停车场，在各层办公区都设置了淋浴区，供骑乘自行车的用户使用。

侨福芳草地与公众分享当代艺术（见图 10-21）。身为西班牙境外最大的达利作品收藏馆，除了丰富的达利作品外，还典藏了国内及世界其他地区的当代艺术作品，全馆收藏品超过 500 件，它们散落在商场、写字楼、酒店里。在这里，艺术不再是遥不可及的观赏，而是一种与空间互动的有趣元素。

图 10-21　侨福芳草地内部艺术品展示

3. LEED 认证

侨福芳草地首先在 2013 年获得了 LEED v2.0：核心与外壳铂金级认证，分数为 48 分（总分 62 分，见图 10-22）。随后分别在不同年份使用 LEED v4 的评级系统进行了重新认证：2017 年认证分数为 83 分-铂金级；2018 年认证分数为 84 分-铂金级；2019 年认证分数为 91 分-铂金级。

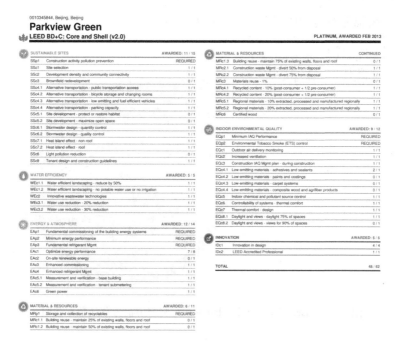

图 10-22　侨福芳草地 LEED v2.0 BD+C：核心与外壳认证得分表

位于芳草地 9 楼的总部办公室，还获得了 LEED v2009 ID+C：商业内部环境铂金级认证，认证分数为 92 分（见图 10-23）。

图 10-23　侨福芳草地 LEED v2009 ID+C：商业内部环境认证得分表

4. LEED Dynamic Plaque 动态奖牌

侨福芳草地于 2017 年获得了亚太地区首个 LEED Dynamic Plaque 动态奖牌（见图 10-24），作为 Arc 平台的第一个版本，该奖牌可以通过自动收集或输入能源数据，直接显示各指标的得分和总分，侨福芳草地 2019 年 4 月得分为 88 分。

Parkview Green
NO.9, Dongdaqlao Road,Chaoyang Dlst，Beijing. China
Last certification date;Apr 08,2019
Certification level: Platinum

ENERGY
WATER
WASTE
TRANSPORTATION
HUMAN EXPERIENCE

33 15 8 14 20

88
PLATINUM

31   13

17

6

11

图 10-24　LEED Dynamic Plaque 动态奖牌侨福芳草地数据截图

习　　题

1. LEED 的英文及中文全称是什么？它是由什么机构建立的评价体系？
2. USGBC 的指导性原则有哪些？LEED 认证的特质是什么？
3. LEED 包含几大评级系统？它们各自主要适用什么样的项目？
4. LEED 认证根据什么划分认证级别？认证级别有哪些？
5. 获得 LEED Zero 认证的前置条件是什么？其余必备条件是什么？
6. 试阐述 Arc 的概念，以及它与 LEED 的关系。
7. 列举 LEED 评级系统的指标类别，试阐述它们各自关注的范围。
8. 如何计算项目的 LEED 认证得分？
9. 试阐述 LEED 的认证流程。
10. 试对比 LEED 与中国绿色建筑评价标准的不同，并尝试分析两者的优缺点。
11. 中国申请 LEED 哪 3 个评级系统的认证最多？
12. 结合本章所学，阐述你对 LEED 评价体系的认识，试着提出完善 LEED 评价体系的建议。

第 11 章　国际绿色建筑评价体系

鼓励和推动绿色建筑发展已经成为世界各国建筑业的潮流。建立绿色建筑评价体系是发展绿色建筑的重要手段和工具，很多国家和地区结合自身特点引入或者建立了自己的绿色建筑评价体系。本章将介绍在世界范围内有代表性的英国、德国及日本 3 个国家的现行绿色建筑评价体系，并将其与中国绿色建筑评价体系进行对比。

11.1　英国 BREEAM

11.1.1　BREEAM 简介

BREEAM 全称是 Building Research Establishment Environmental Assessment Method，即（英国）建筑研究院环境评价法。BREEAM 是由英国建筑研究院（Building Research Establishment，BRE）推出的世界上第一个绿色建筑评价体系。英国由于自身的地理特点（如国土资源相对狭小、四面环海等）及工业发展较早等因素，对环境问题甚为关注，是发展绿色建筑起步最早的国家之一。自 1990 年 BREEAM 首次推出以来，基本每 2 年更新一次。它的推出与发展对包括美国 LEED、中国《绿色建筑评价标准》在内的许多绿色建筑评价标准、体系的编制有深远的影响。

截至 2019 年，BREEAM 最新的版本是 BREEAM 2018，已有累计超过 57 万个项目获得了 BREEAM 评价认证，超过 228 万个项目已经注册申请认证，在 85 个国家和地区得到应用。在中国有超过 150 个注册项目及超过 100 座已认证的建筑，经培训认可的专业从业人员超过 150 人。

11.1.2　BREEAM 体系构成

BREEAM 体系由 BREEAM New Construction（新建建筑评级系统）、BREEAM Communities（社区开发评级系统）、BREEAM Refurbishment and Fit-out（改造和装修评级系统）、BREEAM In Use（既有建筑评级系统）、BREEAM Infrastructure（基础设施系统）五大系统组成，每个系统适用不同的建筑类型或建筑寿命周期阶段（见表 11-1）。

表 11-1　　　　　　　　　　　　　　　BREEAM 体系构成

序号	BREEAM	适用范围
1	BREEAM New construction（新建建筑系统）	侧重除单户住宅外的所有新建建筑，对建筑寿命周期环境影响进行评估
1.1	Office（办公建筑）	办公建筑的新建或重大改造
1.2	Retail（零售业建筑）	普通货品的陈列和销售场所、食品零售建筑、食品准备和服务场所、生活服务场所
1.3	Industrial（工业建筑）	工业建筑的新建、旧建筑翻新改造、室内装修
1.4	Healthcare（医疗保健建筑）	专科医院、普通急诊医院、社区医院、心理医院、全科诊疗室、保健站和诊所等医疗机构

续表

序号	BREEAM	适用范围
1.5	Education（教育建筑）	小学、中学和高等院校的教学建筑
1.6	Prison（监狱建筑）	监狱中的居住建筑、隔离区、会客室、工作坊、教育与培训机构、警卫室、接待处、厨房、健身房等建筑
1.7	Law Court（法院建筑）	适用于各级法院
1.8	Multi-residential（多单元住宅建筑）	学校宿舍、老年公寓、保障房、军营等长期住宅建筑
1.9	Others（其他）	图书馆、美术馆、短期住宅建筑、影院、展览、交通枢纽、游客中心等项目
2	BREEAM Communities（社区开发系统）	主要针对规划设计阶段的可持续问题和机遇进行框架梳理，突出关注城市或社区等大规模的环境、社会、经济问题（如居民的工作、购物、学习和休闲等）
3	BREEAM Refurbishment and Fit-out（改造和装修系统）	基于既有建筑性能促进可持续改造和装修，减轻对环境影响的同时控制成本
4	BREEAM In Use（既有建筑系统）	旨在通过对既有建筑的运营维护管理，降低运行能耗
5	BREEAM Infrastructure（基础设施系统）	市政共用工程项目

另外，因为原来适用于普通住宅的 BREEAM Ecohomes（生态住宅评级系统）被英国政府发布的《可持续住宅规范》替代（该规范类似于 BREEAM Ecohomes 的更新版，由英国政府委托 BRE 研究，2015 年废止，法案中建筑能效表现通过能耗及碳排放、水、材料、地表水径流、废弃物、污染物、健康与舒适度、管理、生态性九大类进行评价），BRE 推出 HQM（Home Quality Mark，家居质量标志，由英国政府委托 BRE 研究，可视为《可持续住宅规范》的更新版）为普通住宅提供评价标准，但尚未正式纳入体系之内。

下面以 BREEAM：新建建筑评级系统为例对 BREEAM 做进一步介绍。

11.1.3 BREEAM：新建建筑指标类别和权重

BREEAM：新建建筑有 9 个指标类别（见表 11-2），包括管理（Management）、能源（Energy）、健康宜居（Health & Wellbeing）、交通（Transport）、水耗（Water）、材料（Materials）、垃圾处理（Waste）、土地使用及生态环境（Land Use & Ecology）、污染（Pollution）等。

表 11-2 **BREEAM：新建建筑指标类别和权重表**

序号	指标类别	指标概述	分值
1	管理	鼓励采用与设计、施工、调试、移交和运营维护相关的可持续管理实践	21
2	能源	鼓励通过合理设计能源系统、增加可再生能源用量来降低能耗和 CO_2 排放，是最重要也是最复杂的一项	31
3	健康宜居	强调使用者舒适度、健康和安全指数的提升，强调室内外的相关因素（噪声、光照、空气质量等）	20+
4	交通	鼓励提供、改善公共交通或建筑用户的其他替代交通解决方案。目的是减少私人汽车的使用，减少建筑物使用寿命期间的拥堵和 CO_2 排放	12
5	水耗	鼓励建筑物及其场址的可持续用水，明确建筑物寿命周期内减少饮用水消耗（内部和外部）的方法，并最大限度地减少泄漏造成的损失	9
6	材料	鼓励减少建筑材料在制造、设计、采购、安装、使用和拆除等阶段对环境和社会的影响	14

续表

序号	指标类别	指标概述	分值
7	垃圾处理	鼓励减少整个建筑寿命周期的浪费。鼓励可持续的废物管理，通过考虑当前和未来的需求并响应功能需求及适应气候变化来优化设计	11
8	土地使用及生态环境	鼓励可持续的土地利用、栖息地保护和创造，以及改善建筑物场地和周围土地的长期生物多样性	13
9	污染	旨在减少建筑物造成的光、噪声、空气、水等污染的排放，以及因土地开发造成的水土流失所产生的环境影响	12

各指标类别下的得分点及得分点的评分细则因建筑类型不同会有所调整（见表 11-3）。根据项目具体情况，得分点分布在这 9 个指标类别中。每个指标类别都有自己的权重，指标权重根据认证类别有所不同，认证类别包括 Shell only（仅外壳建筑）、Shell and Core only（外壳与核心建筑）、Simple Building（简单建筑）、Weighting-Fully Fitted out（完全竣工建筑）。另外，还设立了"创新（Innovation）"附加得分项，鼓励建筑在有条件的情况下努力取得更好的环境和生态效益（见图 11-1）。

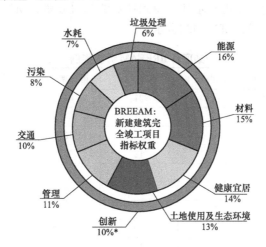

图 11-1　BREEAM：新建建筑完全竣工项目指标权重

* 潜在创新提升 10%，尽管总分不能超过 100 分。

表 11-3　　　　　　　　　　**BREEAM：新建建筑各指标类别权重表**

指标类别	Shell only（%）	Shell and Core only（%）	Simple Building（%）	Weighting-Fully Fitted out（%）
管理	12	11	7.5	11
能源	7	8	16.5	14
健康宜居	9.5	14	11.5	16
交通	14.5	11.5	11.5	10
水耗	2	7	7.5	7
材料	22	17.5	17.5	15
垃圾处理	8	7	7	6
土地使用及生态环境	19	15	15	13
污染	6	9	6	8
创新	10	10	10	10

11.1.4 BREEAM 认证结果

BREEAM 的认证评价由获得从业资格的评估员进行。认证等级根据项目总得分率从低到高分为合格（Pass）、良好（Good）、优良（Very Good）、优秀（Excellent）、杰出（Outstanding）5 个等级（见表 11-4）。

表 11-4　　　　　　　　　　　　BREEAM 认证等级

认证等级	星级	总得分率（%）
合格（Pass）	一星级	≥30
良好（Good）	二星级	≥45
优良（Very Good）	三星级	≥55
优秀（Excellent）	四星级	≥75
杰出（Outstanding）	五星级	≥85

见表 11-5，要计算项目总得分率（或称大于基准值），需将 9 个指标类别的得分率（实际得分/该项总分×100%）与对应的指标权重进行相乘，得到每个指标类别的总得分率，然后将每个指标类别的总得分率汇总求和，得到项目的总得分率。项目总得分率代表并衡量了其超出基准建筑（或称一般建筑）的综合水平。

表 11-5　　　　　　　　　　　某项目 BREEAM 计算实例

指标类别	实际得分	该项总分	得分率（%）	权重（%）	总得分率（%）
管理	14	21	66.67	11	7.33
健康宜居	12	22	54.55	14	7.64
能源	15	31	48.39	16	7.74
交通	8	12	66.67	10	6.67
水耗	4	10	40.00	7	2.80
材料	8	14	57.14	15	8.57
垃圾处理	3	6	50.00	6	3.00
土地使用及生态环境	5	10	50.00	13	6.50
污染	8	12	66.67	8	5.33
创新	2	10	20.00	10	2.00
BREEAM 最终评分	57.58%				
BREEAM 认证等级	优良（Very Good） 三星				

另外，要申请特定的认证等级，需要满足认证等级对应的某得分点最低分数要求或特定条例规定（见表 11-6）。

表 11-6　　　　　　　　　　　BREEAM 最低认证要求

得分点	认证等级最低分数要求				
	Pass	Good	Very Good	Excellent	Outstanding
Management-03 可靠的施工方法	无	无	无	1分	2分
Management-04 调试与交接	无	无	1分或满足条例11	1分或满足条例11	1分或满足条例11
Management-05 运营维护	无	无	无	1分	1分
Energy-01 降低能耗和碳排放	无	无	无	4分	6分

续表

得分点	认证等级最低分数要求				
	Pass	Good	Very Good	Excellent	Outstanding
Energy-02 能源监控	无	无	1分	1分	1分
Water-01 水耗	无	1分	1分	1分	2分
Water-02 水监控	无	满足条例1	满足条例1	满足条例1	满足条例1
Materials-03 负责的材料来源	满足条例1	满足条例1	满足条例1	满足条例1	满足条例1
Waste-01 建筑垃圾管理	无	无	无	无	1分
Waste-03 运营垃圾管理	无	无	无	1分	1分

评价结束后需提交完整的评价报告给 BRE（或者其合作机构），BRE 将根据报告给出最终的认证结果并颁发证书。需要注意的是，BREEAM 认证分为预认证和正式认证。与 LEED 相似，预认证象征着项目希望成为可持续发展群体一员的态度，而正式认证则代表了可持续发展理念的切实运用。从预认证到正式认证，项目团队还有很长的道路要走。

值得一提的是，BREEAM 依据各国国别差异积极研发，推广和实施了针对英国、德国、荷兰、挪威、西班牙、瑞典、奥地利等国家的评价标准，中国也成为其海外的重点市场之一。

11. 2　日本 CASBEE

11. 2. 1　CASBEE 简介

CASBEE 全称是 Comprehensive Assessment System for Built Environment Efficiency，即（日本）建筑物环境性能效率综合评价体系。在可持续发展观的大潮流背景下，随着世界范围内对绿色建筑的普遍关注，日本于 2001 年由产（企业）、政（政府）、学（学者）联合成立了可持续建筑协会，并合作开展研发出 CASBEE。CASBEE 的第一个版本 CAS-BEE：办公建筑分册发布于 2002 年，其更新发展迅速，目前已形成一个较为完整的评价体系。

CASBEE 的一个独特之处在于该体系拥有两套独立的评价系统，一个是 CASBEE 认证系统，另一个是地方政府的报告系统——SBRS（Sustainable Building Reporting System，可持续建筑报告系统）。后者是地方政府通过 CASBEE 工具在建筑物施工前对项目进行环境绩效评估，通常被认为是半认证系统。截至 2018 年，在日本有 674 个项目通过了 CASBEE 认证，申请数超过 2.1 万，有超过 14 000 余名专业人员。另外，使用 SBRS 系统的地方政府数量超过 20 个。

11. 2. 2　CASBEE 体系构成

1. CASBEE 认证系统

CASBEE 认证系统分为独立住宅（Housing）和建筑物（Building）、城区（Urban）、城市（City）3 个层面（见图 11-2）。

见表 11-7，CASBEE 认证系统的每一个层面都有从属的评价标准和评分工具，它们针对不同的建筑类型。

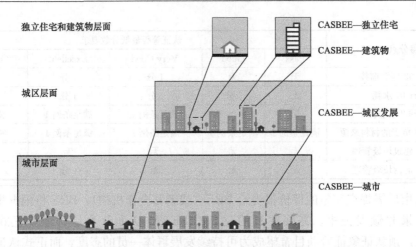

图 11-2　CASBEE 层面界定示意图

表 11-7 日本 CASBEE 评价体系

序号	评价标准和工具	代号	适用对象
1	Housing Scale（独立住宅层面）		
1.1	CASBEE for New Detached Houses	DH/NC	新建独立式住宅
1.2	CASBEE for Existing Detached Houses	DH/EB	既有独立式住宅
1.3	CASBEE for Housing Units	无	住宅单元
1.4	CASBEE for Housing Renovation Checklist	无	住宅装修评分表
1.5	CASBEE Housing Health Checklist	无	住宅健康评分表
2	Building Scale（建筑物层面）		
2.1	CASBEE for New Construction	BD/NC	新建建筑
2.2	CASBEE for Existing Buildings	BD/EB	既有建筑
2.3	CASBEE for Renovation	BD/RN	翻新改造建筑
2.4	Locally Customized Edition for Municipalities	无	各地区定制版本
2.5	CASBEE for Interior Space	IS	室内空间
2.6	CASBEE for Temporary Construction	TC	临时建筑
2.7	CASBEE for Heat Island Relaxation	HI	热岛效应
2.8	CASBEE for Schools	School	学校
2.9	CASBEE for Real Estate（Formerly Named as CASBEE for Market Promotion）	RE	市场推广
3	Urban Scale（城区层面）		
3.1	CASBEE for Urban Development	UD	城市街区规划建设
3.2	CASBEE Community Health Checklist	无	社区健康评分表
4	City Scale（城市层面）		
4.1	CASBEE for Cities	City	城市规划建设
4.2	CASBEE for Cities -Pilot Version for Worldwide Use	无	城市规划建设世界版

2. SBRS 系统

SBRS 系统主要用作政府规划审批。对于建筑物而言，规划很重要，因为一旦建成它们就会存在很长时间。该系统要求大型建筑业主提交建筑环境计划，政府结合建筑物在施工前的环境绩效评价方法对项目进行评估。政府会在网站上公布该计划，以鼓励建筑物所有者为降低环境负荷做出自愿性努力，推动市场实现进一步的可持续性发展。运作流程如下。

（1）建筑物所有者根据政府提供的指导方针，结合自身考虑环境的措施对建筑物进行评估。

（2）政府在网站上发布建筑物业主应采取的环保措施及其评估方法。

（3）政府可能会提供一些激励措施，以激励建筑业主采取自愿措施。

11.2.3　CASBEE：BEE

CASBEE 认证系统的核心是依据生态效率——BEE（Building Environment Efficiency，建筑环境性能效率）对建筑物进行评价。BEE 是建筑物本身的环境质量（Quality，Q）和建筑物外部环境负荷（Load，L）的比值。

如图 11-3 所示，CASBEE 明确划定了建筑物环境效率评价的空间范围，提出以用地边界和建筑最高点之间的假想封闭空间作为评价的空间范围。假想空间内是可控空间，空间外是公共空间，认为公共空间几乎不能控制。在此基础上，将建筑物本身的环境质量分为室内环境、服务设施质量和占地内的室外环境 3 类指标，建筑物外部的环境负荷分为能源、资源与材料、占地以外的环境 3 类指标。

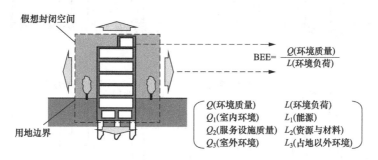

图 11-3　CASBEE 分界示意图

图 11-3 中，BEE 可以理解为每单位环境负荷的建筑产品和建筑服务的价值，体现了通过最少的环境负荷达到最大舒适性的理念。在 BEE 的概念下，Q 可理解为对假想空间内部建筑使用者生活舒适性的改善，L 可理解为对假想空间外部公共区域的负面环境影响。CASBEE 将这两个方面的内容分别定义并严格划分，分别进行评价。通过使用 BEE，可以简单、清晰地呈现建筑环境绩效评估结果。

11.2.4　CASBEE 指标类别和权重

CASBEE 的评价基于 6 个二级指标（见表 11-8）：环境质量类的 Q_1——室内环境、Q_2——服务质量、Q_3——室外环境；环境减负类的 LR_1——能源、LR_2——资源和材料、LR_3——场外环境。二级指标下还可设置三、四级指标，权重从低到高可分为 A、B、C、D 4 个层级，其中 A 层级管控最小的每一个得分项的权重，D 层级管控最大的评分板块（即二级指标）的权重。按其结构，每个层级的评分都要进行权重计算，从最低等级的得分条款一直到最后的空间内外总分。其中 D 层级的权重标准是明确给出的，在计算时需按照该固定权重数值计算，其他层级的权重需要根据申请项目的特性进行设置。

表 11-8   **CASBEE 分数设置与 D 级权重**

指标类别	最低分数要求	分数设置	C 级加权后满分	D 级权重（%）	一级指标汇总
Q_1（室内环境）	无	24	5	40	SQ 环境质量总分
Q_2（服务质量）	无	30	5	30	
Q_3（室外环境）	无	4	5	30	
LR_1（能源）	无	8	5	40	SLR 环境减负总分
LR_2（资源和材料）	无	13	5	30	
LR_3（场外环境）	无	15	5	30	

如图 11-4 所示，C 级加权后的得分为：Q_1 为 3.6 分，Q_2 为 3.0 分，Q_3 为 3.4 分，LR_1 为 4.1 分，LR_2 为 3.2 分，LR_3 为 3.4 分。D 级加权后 SQ 为 3.4 分，SLR 为 3.6 分。

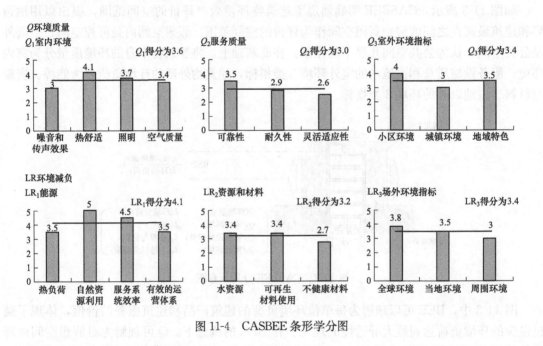

图 11-4　CASBEE 条形学分图

11.2.5　CASBEE 认证结果

CASBEE 的认证等级基于 BEE 的值（见式 11-1），认证等级从高到低依次分为 S、A、B+、B−、C5 个等级（见图 11-5），S 级和 A 级被认定为绿色建筑。

$$BEE = Q/L = 25 \times (SQ-1)/25 \times (5-SLR) \tag{11-1}$$

式中　Q——建筑环境质量，评估在假设的封闭空间（私有财产）内建筑用户的生活舒适度；

　　　L——建筑环境负荷，评估超出假设的封闭空间到外部（公共财产）的环境影响的负面影响；

　　　SQ——环境质量指标类累计加权求和的分数；

　　　SLR——环境减负指标类累计加权求和的分数。

CASBEE 通过环境标签（见图 11-6）的形式展示其认证结果。通过在 x 轴上绘制 L[$L=$

$25\times(5-SLR)$] 和在 y 轴上绘制 $Q[Q=25\times(SQ-1)]$，在图表上表示 BEE 值的评价结果。BEE 值评价结果表示为通过原点（0，0）的直线的斜率。Q 值越高，L 值越低，坡度越陡，表明建筑物越可持续。使用这种方法，可以使用受这些梯度限制的区域以图形方式显示建筑环境评估的结果。

Ranks	Valuation	BEE value,etc.	Indication
S	Excellent	BEE = 3.0 or more and Q= 50 or more	★★★★★
A	Very Good	BEE=1.5-3.0 BEE = 3.0 or more and Q is less than 50	★★★★
B+	Good	BEE =1.0-1.5	★★★
B-	Fairy Poor	BEE = 0.5-1.0	★★
C	Poor	BEE = less than 0.5	★

图 11-5　CASBEE 评价等级示意图

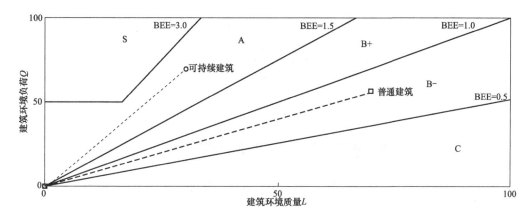

图 11-6　CASBEE 环境标签

自 2008 年以来，CASBEE 认证包括了单独的 LCCO$_2$（Life Cycle CO$_2$，寿命周期 CO$_2$ 排放率）评价，最终的认证证书中将包含 LCCO$_2$ 标签（见图 11-7）。LCCO$_2$ 用于评价项目从建筑和运营到拆除和处置的整个建筑寿命周期中的 CO$_2$ 排放，根据已在 CASBEE 电子表格中输入的数据可自动获取 LCCO$_2$ 的简化估算。基于 LCCO$_2$ 排放及现有的 BEE 评估，将授予 1～5 颗绿星来表示 LCCO$_2$ 性能，排放率越低获得的星数越多。

完整的 CASBEE 认证证书如图 11-8 所示。

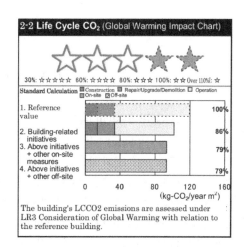

图 11-7　CASBEE LCCO$_2$ 标签示意图

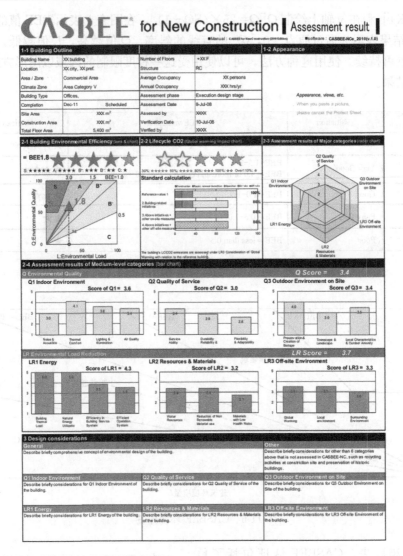

图 11-8　CASBEE 认证证书样式

11.3　德国 DGNB System

11.3.1　DGNB System 简介

DGNB（Deutsche Gesellschaft für Nachhaltiges Bauen），即德国可持续建筑委员会。它是 2007 年成立的一个注册协会，由来自建筑和房地产行业不同专业背景的 16 位发起者组成的非营利非政府组织。目前 DGNB 在世界各地约有 1200 名会员。成员代表建筑及房地产产业链的各个阶段，包括建筑师、规划师、房地产开发商、建筑材料生产商、投资者、科学家等，致力于提高公众对可持续建筑的必要性认知。截至 2019 年，DGNB 在全球 35 个国家拥有 3500 多名合格的审计人员、顾问和注册专业人员。

DGNB 在 2009 年开发了 DGNB System——德国可持续建筑评价体系，用以对建筑进行评价认证。DGNB System 是在德国政府的大力支持下，基于德国的高质量建筑工业水准而研发的评价标准体系，提供了对建筑物和城市区域可持续性的客观描述、规划和评估标准。与 LEED 和 BREEAM 体系相比，DGNB System 属于第二代绿色建筑评估体系，该体系强调从可持续性的 3 个基本维度（生态、经济和社会）出发，在减少项目对环境和资源压力的同时，发展适合用户服务导向的指标体系，指导更好的建筑项目规划设计，塑造更好的人居环境。

DGNG System 一方面体现了以德国为代表的欧洲高质量设计标准，另一方面致力于构建适合世界上不同地区制度、经济、文化和气候特征的认证模式，以利于可持续建筑标准的推广和国际化进程。通过对系统不断改进和扩充，DGNG System 由最初针对办公建筑的单一评价标准，逐渐发展成为能够对包括办公、商业、工业、学校和医疗等在内的大多数类型的单个建筑、建筑群及城区进行评价的综合性评价体系。截至 2019 年，体系的最新版本是 DGNB System 2018，认证项目分布在 29 个国家和地区，认证项目总数超过 4800 个，在中国有超过 20 个项目获得了 DGNB 认证。

11.3.2　DGNB System 体系构成

无论项目是关于新建筑物还是现有建筑物、单个建筑物还是整个区域，DGNB System 都基于统一的评估方法，该方法将可持续建筑的各个方面都考虑在内，还可以进行调整以匹配单个建筑物类型或不同要求。DGNB System 为不同种类项目提供了若干评价标准，这些组成体系的标准可以归纳为新建建筑（New Construction）、既有建筑（Existing Buildings）、内饰（Interiors）、区域（Districts）四大类（见表 11-9）。

表 11-9　　　　　　　　　　　　　　　DGNB System 评价体系

序号	评价系统		适用对象	最新版本
1	新建建筑	1.1	办公室、教育、住房、酒店、大型超市、购物中心、商业建筑、物流、生产	2018
		1.2	会场	2012
		1.3	健康建筑	2013
		1.4	体育馆	2017
		1.5	小型住宅楼	2013
		1.6	实验楼	2014
2	既有建筑	2.1	装修	2016
		2.2	建设运营	2015
3	内饰	3.1	室内设计	2018
4	区域	4.1	城区、办公室和商业区	2016
		4.2	工业用地	2014

下面以 DGNB System：新建建筑为例对 DGNB System 做进一步介绍。

11.3.3　DGNB System：新建建筑指标类别和权重

DGNB System：新建建筑的指标体系由三级构成（见表 11-10）：一级指标类别包括环境质量（Environmental Quality）、经济质量（Economic Quality）、社会文化和功能质量（Sociocultural & Functional Quality）、技术质量（Technical Quality）、过程质量（Process Quality）、场地质量（Site Quality）6 类。每个一级指标下又分为不同数量的二级指标类别（一级指标下设分组，分组只为了统计方便，不影响评分结果，故不作为级别考虑，见图 11-9）；二级指标下是具体的评价条目（即三级指标）。最终的评价结果基于三级指标的评分。

表 11-10   **DGNB System：新建建筑指标汇总表**

指标类别	权重（%）	二级指标类别数	二级指标名称（三级指标数）
环境质量	22.5	6	建筑物寿命周期评估（6）；对当地环境的影响（1）；可持续资源开采（2）；饮用水需求和废水量（3）；土地使用（2）；现场生物多样性（7）
经济质量	22.5	3	寿命周期成本（3）；灵活性和适应性（8）；商业可行性（4）
社会文化和功能质量	22.5	8	热舒适性（8）；室内空气质量（2）；声学舒适度（6）；视觉舒适度（7）；用户控制（6）；室内和室外空间质量（7）；安全和保障（1）；公共设计（5）
技术质量	15	7	隔音（5）；建筑维护结构的质量（4）；建筑技术的使用和整合（4）；易于清洁的建筑构件（7）；易于回收和再循环（3）；排放控制（2）；移动基础设施（4）；自行车基建；租赁系统；电动汽车；用户舒适度）
过程质量	12.5	9	综合项目简介（3）；投标阶段的可持续性方面（1）；可持续管理文件（4）；城市规划和设计程序（3）；施工现场和施工过程（4）；系统调试（4）；用户通信（3）；设备管理（3）
场地质量	5	4	当地环境（14）；对区域的影响（4）；运输通道（5）；使用设施（3）；社会基础设施；商业基础设施；建筑物各种用途相关的基础设施）

完整的指标体系以环境质量指标类别为例（见图 11-9），环境质量指标分为 ENV1-Effects on the Global and Local Environment（对全球环境和当地环境影响）和 ENV2-Resource Consumption and Waste Generation（资源消耗和废物产生）两组指标，ENV1 组分为 ENV1.1-Building life cycle assessment（建筑物寿命周期评估）、ENV1.2-Local environmental impact（对当地环境的影响）、ENV1.3-Sustainable resource extraction（可持续资源开采）3 个二级指标类别，ENV1.1 下设置了 Life cycle assessments in planning（规划中的寿命周期评估）、Life cycle assessment optimisation（寿命周期评估优化）、Life cycle assessment comparison calculation（寿命周期评估比较计算）、Agenda 2030 Bonus—Climate Protection Goals（2030 气候保护目标）、Circular Economy（循环经济）、Halogenated hydrocarbons in refrigerants（制冷剂中的卤代烃）6 个三级指标。

TOPIC	CRITERIA GROUP	CRITERIA NAME
ENVIRONMENTAL QUALITY (ENV)	EFFECTS ON THE GLOBAL AND LOCAL ENVIRONMENT (ENV1)	**ENV1.1** Building life cycle assessment
		ENV1.2 Local environmental impact
		ENV1.3 Sustainable resource extraction
	RESOURCE CONSUMPTION AND WASTE GENERATION (ENV2)	**ENV2.2** Potable water demand and waste water volume
		ENV2.3 Land use
		ENV2.4 Biodiversity at the site
ECONOMIC QUALITY (ECO)	LIFE CYCLE COSTS (ECO1)	**ECO1.1** Life cycle cost
	ECONOMIC DEVELOPMENT (ECO2)	**ECO2.1** Flexibility and adaptability
		ECO2.2 Commercial viability

图 11-9 DGNB System 指标结构示意图

通过指标的设置可以看出 DGNB System 除了强调生态和社会功能方面的因素，同时强调项目的经济性。在经济质量指标维度中推出了建筑全寿命周期成本的计算、优化方法，通过进行寿命周期成本计算，能在项目初期阶段为业主提供准确可靠的建筑建造和运营成本分析。除了考虑生产和开发成本，建筑物的经济可行性还取决于项目经济高效的运营方式，设置了促进空间多样化用途转换的"灵活性和适宜性"指标、识别建筑物市场潜力的"商业可行性"指标。这些关注建筑经济性的指标展示了如何通过提高可持续性获得更大的经济回报，使绿色建筑在保证达到既定的建筑性能优化和环保节能目标的同时增加投资稳定性。

DGNB System 以花园图（见图 11-10）的形式展示了其指标类别及评价结果：花园图中每个颜色区域表示一个一级指标类别；一级指标扇形范围内，按照对实现建筑总体可持续目标的相关度大小，划分了不同面积的二级指标区；在每一个二级指标区内，由外向内划分了10 个刻度，最终的得分结果越高，向内填充的刻度越多。花园图总填充面积形象地展示了认证项目对标准的满足程度，填充面积越大，表明建筑超出一般建筑（或称基准建筑）要求的水平越高，也表明该项目与评级体系的标准要求及理念导向越契合。

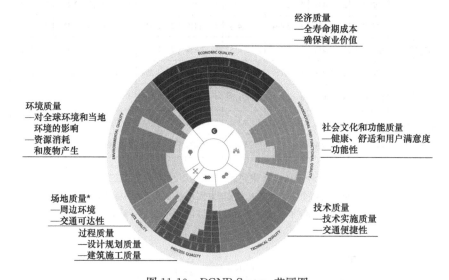

图 11-10　DGNB System 花园图

　＊　场地质量的评价穿插在其他指标的评价条目中，不单独计算，不会显示在最终认证的花园图中。

另外，如图 11-11 所示，DGNB System 考虑了二级指标对提升不同类型建筑整体性能的重要程度不一样，指标权重有所调整。

11.3.4　DGNB System 认证结果

DGNB System 使用综合性能指数对建筑物进行评级，综合性能指数是使用 6 个一级指标的性能指数加权求和，这一计算方法类似于 BREEAM。DGNB System 不可以查看为满足某一得分点要求而可选的单独采取的措施，强调尝试提高建筑物的整体性能。评价结果将根据已采取的措施对建筑物的实际影响进行评估，不会因为已采取特定的措施而直接获得评价指标的分数。这要求投资者和建筑师有责任找到合适的解决方案或确定最佳行动方案，这为人们提出新的创新想法提供了足够的余地。

以某项目 DGNB System 2015 花园图中的综合性能指标计算为例（见图 11-12），该项目的综合性能指数为 67.5%。在 DGNB System 2015 中，环境质量权重为 22.5%，经济质量权重为 22.5%，社会文化和功能质量权重为 22.5%，技术质量权重为 22.5%（2018 版为 15%），过程质量权重为 10%（2018 年版为 12.5%），场地质量权重为不单独计算（5%）。则该项目综合性能指标=∑（一级指标性能指数×对应权重）=环境质量 76.5%×22.5%＋经济质量 57.1%×22.5%＋社会文化和功能质量 63.1%×22.5%＋技术质量 72.7%×22.5%＋过程质量 68.8%×10%＝67.5%，其中各一级指标性能指数=一级指标总得分/一级指标最大分数×100%。另一种计算方法为根据二级指标的达标率乘各自权重，也可以得到相同的综合性能指标。与 BREEAM 的得分率概念类似，达标率可理解为该二级指标的实际得分与最大可得分数的比值，在花园图中表示为该指标区域的实体刻度。例如，经济指标的第一条二级指标，达标度为 80%，计算时要乘该二级指标权重 9.5%，以此类推。

指标体系		准则	办公室		教育培训		居住区		酒店		消费市场		购物中心		商业建筑		后勤服务		生产公司	
环境质量(ENV)	对全球和当地环境的影响	ENV1.1	8	9.5%	8	9.5%	8	9.5%	8	9.5%	8	9.5%	8	9.0%	8	9.5%	8	9.5%	8	9.5%
		ENV1.2	4	4.7%	4	4.7%	4	4.7%	4	4.7%	4	4.7%	4	4.5%	4	4.7%	4	4.7%	4	4.7%
		ENV1.3	2	2.4%	2	2.4%	2	2.4%	2	2.4%	2	2.4%	2	2.3%	2	2.4%	2	2.4%	2	2.4%
	资源消耗和废物产生	ENV2.1	2	2.4%	2	2.4%	2	2.4%	2	2.4%	2	2.4%	2	2.3%	2	2.4%	2	2.4%	2	2.4%
		ENV2.2	2	2.4%	2	2.4%	2	2.4%	2	2.4%	2	2.4%	3	3.4%	2	2.4%	2	2.4%	2	2.4%
		ENV2.3	1	1.2%	1	1.2%	1	1.2%	1	1.2%	1	1.2%	1	1.1%	1	1.2%	1	1.2%	1	1.2%
经济质量(ECO)	生命周期成本(ECO1)	ECO1.1	4	10.0%	4	10.0%	4	10.0%	4	10.0%	4	10.0%	4	10.0%	4	10.0%	4	10.0%	4	12.9%
	经济发展(ECO2)	ECO2.1	3	7.5%	3	7.5%	3	7.5%	3	7.5%	3	7.5%	3	7.5%	3	7.5%	3	7.5%	3	9.6%
		ECO2.2	2	5.0%	2	5.0%	2	5.0%	2	5.0%	2	5.0%	2	5.0%	2	5.0%	2	5.0%	0	0.0%

图 11-11　DGNB System：新建建筑中环境、经济质量类二级指标权重

注：单元格中有两个数字，左边为指标对实现整体可持续目标的相关度，
右边为该指标的权重，两个数字都反映其对整体可持续目标的重要程度。

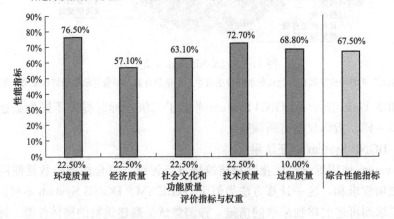

图 11-12　DGNB 评分结果

按照 DGNB System 综合性能指数的值，DGNB 将最终的认证由低到高分为 Bronze（青铜级，仅适用既有建筑，综合性能指数≥35%）、Silver（白银级，综合性能指数≥50%）、Gold（黄金级，综合性能指数≥65%）、Platinum（铂金级，综合性能指数≥80%）4 个等级（见图 11-13）。

Total-Performance Index	Minimum Performance Index	Awards	
from 35 %	— %	Bronze*	DGNB
from 50 %	35 %	Silver	DGNB
from 65 %	50 %	Gold	DGNB
from 80 %	65 %	Platinum	DGNB

*This award is valid only for existing buildings

图 11-13　DGNB System 认证等级示意图

值得注意的是，项目个别指标类别的性能表现优异，对于获得高级别 DGNB 认证并不具有决定性作用。DGNB 认证要求所有一级指标类别必须各自达到最低性能指数要求：要获得铂金认证，必须均达到≥65％的最低性能指数；要获得黄金证书，必须均达到≥50％的最低性能指标；对于白银认证，必须均达到≥35％的最低性能指标；在授予既有建筑时，没有最低性能指数要求。2018 年 11 月 16 日，青岛中德生态园成为亚洲首个获得 DGNB 区域认证金级证书的项目。

11.4　主要国家绿色建筑评价体系对比

11.4.1　整体比较

现阶段，除了在世界范围内广泛使用的 LEED、BREEAM、DGNB 等评价认证体系，很多国家研发了自己的绿色建筑评价标准、体系。绿色建筑具有很强的地域性，不同的气候、资源、地理位置和生活习惯的影响，加上经济水平不同导致的发展绿色建筑的路径也有国别特殊性，全球范围内并未出现统一的评价体系。个别国家和地区在开发本国绿色建筑评价体系的基础上，尝试建立和推广在国际范围内广泛使用的版本。对于中国而言，绿色建筑及绿色建筑评价体系起步相对较晚，通过不断学习与借鉴不同体系的先进经验，随着技术的发展和经济水平的提升，不断构建、改进现有绿色建筑评价体系显得尤为重要。下面将英国 BREEAM、美国 LEED、日本 CASBEE、德国 DGNB System 和中国绿色建筑评价体系进行对比（见表 11-11），以加深对绿色建筑评价理念的理解。

表 11-11　主要国家评价标准比较

体系	BREEAM	LEED	CASBEE	DGNB System	绿标
国家	英国	美国	日本	德国	中国
颁布时间	1990	1998	2002	2009	2014
当前版本（2019 年）	BREEAM 2018	LEED V4.1	各家族成员 2007～2015	各家族成员 2012～2018	各家族成员 2013～2019

续表

体系	BREEAM	LEED	CASBEE	DGNB System	绿标
颁布机构	BRE	USGBC	JSBC	DGNB	住房和城乡建设部
机构性质	民间	民间	政府＋民间	民间	政府
参与性质	自愿	自愿＋强制	自愿＋强制	自愿	自愿＋强制
标准特点	是世界上第一个也是世界范围内广泛使用的体系之一	世界上最受欢迎、应用最广的评价体系之一	由日本学术界、企业界专家、政府三方联合研发	第二代评价体系	中国最权威的评价标准
推广手段	税收减免 低息贷款 财政补贴	政策强制 税收减免 建筑密度奖励 退税政策 加速审批 减少审批收费 退还评价费	政策强制 结果公示 低息贷款 成本补贴 财政补贴 用户补助金 环保积分制 针对性宣传 学校课程 咨询服务	信息咨询 经济补贴 低息贷款	政策强制 领导考核内容 评奖门槛 低息贷款 税收优惠 消费者购房贷款优惠 土地使用权转让优惠 容积率奖励 建筑面积奖励 审批优先 资质加分
家族成员	新建建筑 社区开发 改造和装修 既有建筑 住宅（HQM）	建筑设计与施工 室内设计与施工 建筑运营和维护 社区开发 住宅 城市与社区 交通站点 LEED Zero	独立住宅 建筑物 城区 城市	新建建筑 既有建筑 内饰 区域	《绿色建筑评价标准》 《建筑工程绿色施工评价标准》 《绿色工业建筑评价标准》 《既有建筑绿色改造评价标准》等
典型指标类别及权重	9类： 管理11%； 能源16%； 健康宜居14%； 交通10%； 水耗7%； 材料15%； 垃圾处理6%； 土地使用及生态环境13%； 污染8% （创新附加10%）	9类： 整合过程0.9%； 选址与交通14.5%； 可持续场址9.1%； 用水效率10%； 能源与大气30%； 材料与资源11.8%； 室内环境质量14.5%； 创新5.5%； 地域优先3.6%	6类： 建筑环境质量类： 室内环境40%； 服务质量30%； 室外环境30%； 建筑环境负荷类： 能源40%； 资源和材料30%； 场外环境30%	6类： 环境质量22.5%； 经济质量22.5%； 社会文化和功能质量22.5%； 技术质量15%； 过程质量12.5%； 场地质量5%	6类： 基础分值40%； 安全耐久10%； 健康舒适10%； 生活便利10%； 资源节约20%； 环境宜居10% （创新附加10%）
认证级别	Pass Good Very Good Excellent Outstanding	Certified Silver Gold Platinum	C B- B+ A S	Bronze Gold Silver Platinum	基本级 一星级 二星级 三星级
计算方法	Σ（板块得分÷板块总分×板块权重）	Σ（板块得分）	$BEE = Q/L$ $= 25 \times (SQ-1)/25 \times (5-SLR)$	Σ（板块得分÷板块总分×板块权重）	Σ（板块得分）÷10

注　板块＝指标类别。

通过比较可以看出：在适用的项目类型上，都是从有限的建筑类别向各类型建筑发展；在评价内容上，各个指标体系几乎是同质的，结果的不同是由于具体指标的值和数学算法的不同；在评价目标上，都带有推动可持续建筑发展的目的；在评价方法上，DGNB System 的指标最全面也最为复杂，绿标次之，LEED 最为简单。另外，各个体系拥有自身独有的分类维度，但是各个分类中总有一些交集，其所包含的内容是相近的，都是针对建筑的功能特点进行了改进。而有一些标准特有的部分，要么是其自身地区状况所致，要么是标准的革新部分，都值得其他体系借鉴。

11.4.2　其他国家绿色建筑评价体系对中国发展绿色建筑的启示

发展绿色建筑，可以从以下方面展开。

（1）应倡导城乡统筹、循环经济的理念和紧凑型城市空间的发展模式，全社会参与。挖掘建筑节能、节地、节水、节材的潜力，正确处理节能、节地、节水、节材、环保与满足建筑功能之间的关系。

（2）应坚持技术创新，走科技含量高、资源能耗低与环境污染少的可持续发展道路。

（3）应注重经济性，从建筑全寿命周期角度综合测算效益与成本，引导市场发展需求，适应地方经济状况。

（4）应注重地域性，依据当地的自然资源条件、经济状况、气候特点等，因地制宜地创造出具有时代特点和地域特色的绿色建筑。

（5）应注重历史性和文化特色，加强对已建成环境和历史文脉的保护与再利用。

（6）绿色建筑必须符合国家的法律法规与相关标准规范，实现经济效益、社会效益和环境效益的统一。

习　题

1. 列举本章重点介绍的 3 个绿色建筑评价体系，包括中英文全称。

2. 世界上第一个绿色建筑评价体系是什么？它包含哪几大评级系统？

3. BREEAM：新建建筑的指标类别是什么？各指标类别侧重方向是什么？

4. BREEAM 根据什么划分认证级别？认证级别有哪些？

5. 如何计算项目的 BREEAM 认证得分（率）？

6. 与 LEED 和 BREEAM 等评价体系相比，DGNB System 有什么主要特点？它包含哪几大评级系统？

7. 列举 DGNB System：新建建筑的一级指标类别，试阐述各指标类别关注的重点。

8. DGNB System 根据什么划分认证级别？认证级别有哪些？

9. 如何计算项目的 DGNB System 综合性能指标？

10. CASBEE 的评价体系分为哪几个层面？

11. CASBEE 的核心是什么？试阐述其含义。

12. 列举 CASBEE 的指标类别，试阐述其与最终认证结果的关系。

13. 对比 BREEAM、LEED、CASBEE、DGNB System、中国绿色建筑评价标准，分析各评价体系的优缺点，尝试提出完善我国绿色建筑评价体系的建议。

第12章 绿色建筑与能效管理法律法规

12.1 中国相关法律法规

我国的绿色建筑发展开始于20世纪80年代。当时国际社会经历了70年代的全球能源危机后，一些发达国家开始重视能源问题，在建筑领域表现为建筑节能技术的研发和应用。我国当时正值改革开放初期，人口和经济快速增长，每年建造大量的建筑。但与此同时，我国公共建筑和民用建筑的能耗逐步上升，建筑能耗水平普遍偏高。我国地处北半球，地域辽阔，地形复杂，南北跨越严寒、温、热3个气候带，各地气候相差较大。因此，针对不同的气候条件，各地建筑的设计需要考虑不同的特点。例如，炎热地区的建筑需要遮阳、隔热和通风，以防室内过热；寒冷地区的建筑则要防寒和保温，让更多的阳光进入室内。从20世纪80年代后期开始，我国开始关注建筑的节能策略，根据气候特点相继颁布了不同地区的节能设计标准，由此开始了我国绿色建筑与能效管理的发展历程。

我国30年来从节能建筑到绿色建筑的发展历程，也是一个绿色建筑与能效管理法律法规体系不断完善的过程。法律法规具有权威性、技术适用性和公平性，尊重公民的生存权利和创造可持续的生存环境，是经济社会、科学技术发展到一定阶段的归纳和总结，从不同侧面约束着社会健康有序发展。我国用了30多年的时间，逐步将绿色建筑与能效管理的法律法规体系从20世纪80年代的节能设计提升为注重全寿命周期管理的、可持续性的绿色建筑综合评价，随着技术应用、观念进步在不断增加和完善内容，成为指导文明进步和国家经济发展的制度文化，走上了系列化、标准化、法治化的管理进程，构成了覆盖全国不同气候区、多用途的法规、技术体系。所有这些法律、政令、规范、标准体现了我国几代人的技术成果和智慧结晶，从时间节点上可分为2006年以前、2006～2015年、2016年至今3个阶段。

12.1.1 中国相关法律法规框架

我国绿色建筑与能效管理相关的法律法规、设计规范、技术标准等政策经过多年的完善已经形成一套较为完整的体系，贯穿资源与能源利用、建筑围护结构设计与设备节能、建筑施工及验收、建筑评价标准等方面（见表12-1）。

表 12-1 　　中国绿色建筑与能效管理相关法律法规、政策、标准框架

类型	名称	现行版本号或文件号
国家法律	《中华人民共和国环境保护法》	2014年版
	《中华人民共和国节约能源法》	2018年版
	《中华人民共和国建筑法》	2019年版
	《中华人民共和国可再生能源法》	2005年版
法令	《民用建筑节能条例》	国务院令第530号
	《公共机构节能条例》	国务院令第531号

续表

类型	名称	现行版本号或文件号
不同气候区节能标准	《建筑气候区划标准》	GB 50178—1993
	《夏热冬冷地区居住建筑节能设计标准》	JGJ 134—2010
	《夏热冬暖地区居住建筑节能设计标准》	JGJ 75—2012
	《严寒和寒冷地区居住建筑节能设计标准》	JGJ 26—2018
不同建筑类型节能规范标准	《民用建筑绿色设计规范》	JGJ/T 229—2010
	《农村居住建筑节能设计标准》	GB/T 50824—2013
	《绿色保障性住房技术导则》（试行）	建办〔2013〕195 号
	《建筑工程绿色施工规范》	GB/T 50905—2014
	《公共建筑节能设计标准》	GB 50189—2015
	《绿色建筑运行维护技术规范》	JGJ/T 391—2016
	《近零能耗建筑技术标准》	GB/T 51350—2019
	以及 GB 50176—2016《民用建筑热工设计规范》、GB 50118—2010《民用建筑隔声设计规范》、GB 50099—2011《中小学校设计规范》、GB 50096—2011《住宅设计规范》、JGJ 67—2006《办公建筑设计规范》、GB 50314—2015《智能建筑设计标准》、GB 50033—2013《建筑采光设计标准》、GB 3096—2008《声环境质量标准》、GB/T 18883—2002《室内空气质量标准》等一系列建筑相关规范标准	
绿色建筑评价标准	《绿色建筑评价标准》	GB/T 50378—2019
	《建筑工程绿色施工评价标准》	GB/T 50640—2010
	《可再生能源建筑应用工程评价标准》	GB/T 50801—2013
	《节能建筑评价标准》	GB/T 50668—2011
	《绿色工业建筑评价标准》	GB/T 50878—2013
	《绿色办公建筑评价标准》	GB/T 50908—2013
	《城市照明节能评价标准》	JGJ/T 307—2013
	《绿色铁路客站评价标准》	TB/T 10429—2014
	《既有建筑绿色改造评价标准》	GB/T 51141—2015
	《绿色商店建筑评价标准》	GB/T 51100—2015
	《绿色医院建筑评价标准》	GB/T 51153—2015
	《绿色博览建筑评价标准》	GB/T 51148—2016
	《绿色饭店建筑评价标准》	GB/T 51165—2016
	《绿色生态城区评价标准》	GB/T 51255—2017
	《绿色校园评价标准》	GB/T 51356—2019
"十三五"规划	《"十三五"节能减排综合工作方案》	国发〔2016〕74 号
	《建筑节能与绿色建筑发展"十三五"规划的通知》	建科〔2017〕53 号
	《"十三五"装配式建筑行动方案》	建科〔2017〕77 号
	《建筑业发展"十三五"规划》	建市〔2017〕98 号
	《住房城乡建设科技创新"十三五"专项规划》	建科〔2017〕166 号
其他	《关于发展节能省地型住宅和公共建筑的指导意见》	建科〔2005〕78 号
	《国务院关于印发节能减排综合性工作方案的通知》	国发〔2007〕15 号
	《绿色建筑评价标识管理办法（试行）》	建科〔2007〕206 号
	《绿色建筑评价标识实施细则（试行）》	建科综〔2008〕61 号
	《关于加快推动我国绿色建筑发展的实施意见》	财建〔2012〕167 号

类型	名称	现行版本号或文件号
其他	《关于推进夏热冬冷地区既有居住建筑节能改造的实施意见》	建科〔2012〕55 号
	《关于转发发展改革委 住房城乡建设部绿色建筑行动方案的通知》	国办发〔2013〕1 号
	《能源生产和消费革命战略（2016—2030）》	发改基础〔2016〕2795 号
	《关于促进建筑业持续健康发展的意见》	国办发〔2017〕19 号

12.1.2　中国相关法律法规的发展历程

1. 第一阶段：2006 年以前

1986 年，我国颁布了第一部试行版建筑节能设计标准——JGJ 26—1986《民用建筑节能设计标准（采暖居住建筑部分）》，将建筑节能目标量化和提高居住热舒适度指标列入设计标准。要求新建住宅采用符合节能要求的围护结构，提高建筑围护性能，住宅围护结构节能设计降低能耗 30%，并在 1995 年进行了修订［JGJ 26—1995《民用建筑节能设计标准（采暖居住建筑部分）》］，将节能指标提升到 50%。在此期间，少数北方城市开始了居住建筑节能试点工程，但由于高效保温材料品种少、墙体材料负荷工艺不成熟、外门窗材料和组合结构单一、供热管网和设备能效比较低等因素，建筑节能还处在粗放型的初始阶段，发展缓慢。实践证明，必须投资研发新材料、新技术、新工艺，实现产品升级换代和系列化才能有效推动建筑节能。在此基础上，我国随后开始了新一轮庞大的建筑节能工程，政府强力推动，颁布了多项政策法律法规。

20 世纪 90 年代前后，国家颁布了《中华人民共和国环境保护法》（1989 年）、《中华人民共和国节约能源法》（1997 年）和《中华人民共和国建筑法》（1998 年）3 部基本法律及 GB 50178—1993《建筑气候区划标准》（1993 年），进一步强调了建筑节能应与节约资源、保护环境、开发和利用可再生能源有机结合、同步实施，确立了节约能源的国家战略地位和法律地位，使节约能源和保护环境扩展至全社会层面。

21 世纪初，建设部颁发了 JGJ 134—2001《夏热冬冷地区居住建筑节能设计标准》（2001 年）、JGJ 75—2003《夏热冬暖地区居住建筑节能设计标准》（2003 年）、GB 50189—2015《公共建筑节能设计标准》（2005 年）等节能标准，这些节能标准给出了不同气候区的围护结构热传系数限制，规定了建筑体形系数、不同朝向的窗墙面积、空调能效比等，将建筑节能范围锁定到所有公共和居住建筑。

2005 年，建设部发布《绿色建筑技术导则》（建科〔2005〕199 号，2017 年失效），指出绿色建筑除满足传统建筑的一般要求，还应遵循关注建筑的全寿命周期、适应自然条件并保护自然资源、创建使用与健康的环境、加强资源节约与综合利用并减轻环境负荷等原则，系统地阐述了绿色建筑的指标体系、规划设计要点、施工技术要点、智能技术要点、运营管理要点，明确要推进绿色建筑技术产业化，为后来陆续颁布的建筑节能和绿色建筑设计及评价标准建立了框架体系。

我国 2006 年以前的绿色建筑与能效管理相关法律法规、政策、标准发展进程见表 12-2。

表 12-2　　　　我国 2006 年以前相关法律法规、政策、标准发展历程

实施时间	政策文件	发布机构	主要内容
1986 年	JGJ 26—1986《民用建筑节能设计标准（采暖居住建筑部分）》	建设部	要求新建居住建筑，在 1980 年当地通用设计能耗水平基础上节能 30%

实施时间	政策文件	发布机构	主要内容
1989 年	《中华人民共和国环境保护法》	全国人大常委会	规定了环境保护法的适用范围及应防治的污染；通过规定排污标准、建立环境监测、防污设施建设、环保制度，保护和改善生活环境与生态环境，防治污染和其他公害
1993 年	GB 50178—1993 《建筑气候区划标准》	建设部	区分我国不同地区气候条件对建筑影响的差异性，明确各气候区建筑的基本要求，提供建筑气候参数，从总体上做到合理利用气候资源，防止气候对建筑的不利影响。建筑气候区划包括 7 个主气候区、20 个子气候区
1995 年	JGJ 26—1995 《民用建筑节能设计标准（采暖居住建筑部分)》	建设部	将第二阶段的建筑节能指标提高到 50%
1997 年	《中华人民共和国节约能源法》	全国人大常委会	用法律的形式明确了"节能是国家发展经济的一项长远战略方针"，首次给节能赋予法律地位
1998 年	《中华人民共和国建筑法》	全国人大常委会	国家扶持建筑业的发展，支持建筑科学技术研究，提高房屋建筑设计水平，鼓励节约能源和保护环境，提倡采用先进技术、先进设备、先进工艺、新型建筑材料和现代管理方式
2001 年	JGJ 134—2001 《夏热冬冷地区居住建筑节能设计标准》	建设部	对夏热冬冷地区建筑从建筑、热工和暖通空调设计方面提出节能措施要求，对采暖和空调能耗规定了控制指标，标志着我国的建筑节能开始向中部地区推进
2003 年	JGJ 75—2003 《夏热冬暖地区居住建筑节能设计标准》	建设部	对夏热冬暖地区建筑从建筑、热工和暖通空调设计方面提出节能措施要求，对采暖和空调能耗规定了控制指标，标志着我国的建筑节能开始向南部地区推进
2005 年	GB 50189—2015 《公共建筑节能设计标准》	建设部	改善公共建筑的室内环境，提高能源利用效率，促进可再生能源的建筑应用，降低建筑能耗
2005 年	《关于发展节能省地型住宅和公共建筑的指导意见》（建科〔2005〕78 号）	建设部	到 2010 年，强制执行建筑节能 50% 的标准，北京、天津、大连、青岛、上海、深圳 6 个发达地区率先试点节能 65% 标准；2020 年全国所有城市强制执行节能 65% 标准。到 2020 年，我国住宅和公共建筑建造和使用的能源资源消耗水平要接近或达到现阶段中等发达国家的水平
2005 年	《绿色建筑技术导则》（建科〔2005〕199 号）	建设部	提出绿色建筑概念，指出绿色建筑的基本原则

2. 第二阶段：2006～2015 年

2006 年，我国颁布了绿色建筑评价体系的第一部标准——GB/T 50378—2006《绿色建筑评价标准》，对建筑全寿命周期内节能、节地、节水、节材、保护环境等性能进行综合评价，绿色建筑等级分别为一星级、二星级、三星级。在这一阶段还对体系进行了完善和更新，相继颁布实施了 GB/T 50640—2010《建筑工程绿色施工评价标准》（2010 年）、GB/T 50668—2011《节能建筑评价标准》（2011 年）、GB/T 50878—2013《绿色工业建筑评价标准》（2013 年）、GB/T 50908—2013《绿色办公建筑评价标准》（2014 年）、GB/T 50378—2014《绿色建筑评价标准》（2014 年）、GB/T 51141—2015《既有建筑绿色改造评价标准》（2015 年）、GB/T 51153—2015《绿色医院建筑评价标准》（2015 年）等建筑评价标准。这样将绿色建筑的理念和标准涵盖至更多领域，使建筑领域各个环节都有规可循。

2010 年发布实施了 JGJ 26—2010《严寒和寒冷地区居住建筑节能设计标准（含光盘）》，同年修订发布 JGJ 134—2010《夏热冬冷地区居住建筑节能设计标准》，与重新修订的 JGJ 75—2012《夏热冬暖地区居住建筑节能设计标准》（2012 年）、GB 50189—2015《公共建筑节能设计标准》（2015 年）一起，为不同地区的绿色建筑设计提供了明确的设计标准。

2013 年，国务院办公厅以国办发〔2013〕1 号转发国家发展和改革委员会（以下简称国家发改委）、住房和城乡建设部制定的《绿色建筑行动方案》。该行动方案充分认识开展绿色建筑行动的重要意义，倡导开展绿色建筑行动：要求城镇新建建筑严格落实强制性节能标准，规划在"十二五"期间完成新建绿色建筑 10 亿 m^2，到 2015 年末，20% 的城镇新建建筑达到绿色建筑标准要求；对既有建筑实施节能改造，到 2020 年末，基本完成北方采暖地区有改造价值的城镇居住建筑节能改造。2008 年，国家以政府令的形式发布了《民用建筑节能条例》（国务院令第 530 号）和《公共机构节能条例》（国务院令第 531 号），旨在保证民用和公共机构建筑在保证使用功能和室内热环境质量的前提下，合理降低能源使用过程中的能耗，明确了各级政府的监管责任、处罚措施和激励政策，对建筑节能的测评、标识及合同能源管理做出初步的规定。

修订后的《中华人民共和国环境保护法》于 2015 年实施，增加的法律条文更进一步强调了环境污染企业的排放控制和责任追究条款，还增加了环境公益诉讼条款，其专业技术含量、法律处罚、追责力度都有所提高。

在这一阶段，结合"十二五"的总体布局和建设，绿色建筑的概念得到标准化并广泛普及开来，取得了重大进展（见表 12-3）。建筑节能标准不断提高，绿色建筑呈现跨越式发展态势，既有居住建筑节能改造在严寒及寒冷地区全面展开，公共建筑节能监管力度进一步加强，节能改造在重点城市及学校、医院等领域稳步推进，可再生能源建筑应用规模进一步扩大。

表 12-3　　　　　　　　"十三五"时期建筑节能和绿色建筑主要发展指标

指标	2010 年基数	规划目标		实现情况	
		2015 年	年均增速［累积］	2015 年	年均增速［累积］
城镇新建建筑节能标准执行率（%）	95.4	100	［4.6］	100	［4.6］
严寒、寒冷地区城镇居住建筑节能改造面积（亿 m^2）	1.8	8.8	［7］	11.7	［9.9］
夏热冬冷地区城镇居住建筑节能改造面积（亿 m^2）	—	0.5	［0.5］	0.7	［0.7］

续表

指标	2010 年基数	规划目标		实现情况	
		2015 年	年均增速［累积］	2015 年	年均增速［累积］
公共建筑节能改造面积（亿 m²）	—	0.6	［0.6］	1.1	［1.1］
获得绿色建筑评价标识数量（个）	112	—	—	4071	［3959］
城镇浅层地能应用面积（亿 m²）	2.3	—	—	5	［2.7］
城镇太阳能光热应用面积（亿 m²）	14.8	—	—	30	［15.2］

我国 2006～2015 年的绿色建筑与能效管理相关法律法规、政策、标准发展历程见表 12-4。

表 12-4　　　　我国 2006～2015 年相关法律法规、政策、标准发展历程

实施时间	政策文件	发布机构	主要内容
2006 年	GB/T 50378—2006《绿色建筑评价标准》	建设部	适用于评价住宅建筑和公共建筑中的办公建筑、商场建筑和旅馆建筑。提出在评价绿色建筑时要统筹考虑全寿命周期、因地制宜
2006 年	《中华人民共和国可再生能源法》	全国人大常委会	通过对促进可再生能源的开发利用、增加能源供应、改善能源结构等方面的规定来保障能源安全，保护环境
2007 年	《国务院关于印发节能减排综合性工作方案的通知》（国发〔2007〕15 号）	国务院	对新建建筑实施建筑能效专项测评，节能不达标的不得办理开工和竣工验收备案手续，不准销售使用
2007 年	《中华人民共和国节约能源法》（修订版）	全国人大常委会	专设建筑节能章节，调整范围扩大，增加了建设、交通、公共机构等，强调建筑节能是民用建筑工程的必需内容；法律明确了国家实行促进节能的财政、税收、价格、信贷和政府采购政策
2007 年	《绿色建筑评价标识管理办法（试行）》（建科〔2007〕206 号）	建设部	评价标识由低到高分为一星级、二星级、三星级
2008 年	《绿色建筑评价标识实施细则（试行）》（建科综〔2008〕61 号）	住房和城乡建设部	绿色建筑评价标识分为绿色建筑设计评价标识和绿色建筑评价标识
2008 年	《民用建筑节能条例》（国务院令第 530 号）	国务院	对新建建筑节能、既有建筑节能和建筑用能系统运行节能提出了较为具体的要求，并明确了相关部门的工作要点和法律责任
2008 年	《公共机构节能条例》（国务院令第 531 号）	国务院	推动公共机构节能，提高公共机构能源利用效率，发挥公共机构在全社会节能中的表率作用
2010 年	JGJ 26—2010《严寒和寒冷地区居住建筑节能设计标准》	住房和城乡建设部	严寒和寒冷地区居住建筑的室内热环境，提高能源利用效率。JGJ 26—1995《民用建筑节能设计标准》同时废止
2010 年	JGJ 26—2010《夏热冬冷地区居住建筑节能设计标准》	住房和城乡建设部	增加绿色设计内容

续表

实施时间	政策文件	发布机构	主要内容
2010 年	JGJ/T 229—2010《民用建筑绿色设计规范》	住房和城乡建设部	绿色设计应统筹考虑建筑全寿命周期内，满足建筑功能和节能、节地、节水、节材、保护环境之间的辩证关系，体现经济效益、社会效益和环境效益的统一
2010 年	GB/T 50640—2010《建筑工程绿色施工评价标准》	住房和城乡建设部	推进绿色施工，规范建筑工程绿色施工评价方法
2011 年	《国务院关于印发"十二五"节能减排综合性工作方案的通知》（国发〔2011〕26 号）	国务院	提出单位 GDP 能耗在 2010 年的基础上下降 16％的节能目标，北方采暖地区既有居住建筑供热计量和节能改造 4 亿 m² 以上，夏热冬冷地区既有居住建筑节能改造 5000 万 m²，公共建筑节能改造 6000 万 m²
2011 年	《"十二五"建筑节能专项规划》（建科〔2012〕72 号）	住房和城乡建设部	到"十二五"末，城镇新建建筑执行不低于 65％的节能标准，鼓励北京等有条件的地区实施节能 75％的节能标准，完成 4 亿 m² 的既有建筑改造任务，开始实施农村建筑的节能改造试点
2011 年	《中华人民共和国建筑法》	全国人大常委会	修改了与绿色建筑不直接相关的内容
2011 年	GB/T 50668—2011《节能建筑评价标准》	住房和城乡建设部	针对建筑节能效果进行评价
2012 年	《关于加快推动我国绿色建筑发展的实施意见》（财建〔2012〕167 号）	财政部、住房和城乡建设部	2012 年在建筑节能方面的投入将超过 40 亿元；提高绿色建筑在新建建筑中的比例；到 2015 年，新增绿色建筑面积 10 亿 m² 以上；到 2020 年，绿色建筑占新建建筑比例超过 30％。二星级绿色建筑每平方米建筑面积可获得财政奖励 45 元，三星级绿色建筑每平方米奖励80 元
2012 年	《关于推进夏热冬冷地区既有居住建筑节能改造的实施意见》建科〔2012〕55 号	财政部、住房和城乡建设部	中央财政设立专项资金，支持夏热冬冷地区既有居住建筑节能改造工作，地方各级财政要把节能改造作为节能减排资金安排的重点
2012 年	JGJ 75—2012《夏热冬暖地区居住建筑节能设计标准》	住房和城乡建设部	增加绿色设计内容
2012 年	《"十二五"节能环保产业发展规划》（国发〔2012〕19 号）	国务院	提出到 2015 年我国节能环保产业总产值达 4.5 万亿元，增加值占 GDP 的比例为 2％左右的总体目标
2013 年	GB/T 50824—2013《农村居住建筑节能设计标准》	住房和城乡建设部	改善农村居住建筑室内热环境，提高能源利用效率
2013 年	GB/T 50878—2013《绿色工业建筑评价标准》	住房和城乡建设部	将工业建筑纳入绿色建筑评价体系
2013 年	GB/T 50801—2013《可再生能源建筑应用工程评价标准》	住房和城乡建设部	增强社会应用可再生能源的意识，促进我国可再生能源建筑应用事业的健康发展，指导可再生能源建筑应用工程的测试与评价。用于应用太阳能热利用系统、太阳能光伏系统、地源热泵系统的新建、扩建和改建工程的节能效益、环境效益、经济效益的测试与评价

续表

实施时间	政策文件	发布机构	主要内容
2013 年	《关于转发发展改革委 住房城乡建设部绿色建筑行动方案的通知》（国办发〔2013〕1 号）	国家发改委、住房和城乡建设部	切实抓好新建建筑节能工作；大力推进既有建筑节能改造；开展城镇供热系统改造；推进可再生能源建筑规模化应用；加强公共建筑节能管理；加快绿色建筑相关技术研发推广；大力发展绿色建材和推动建筑工业化
2014 年	GB/T 50908—2013《绿色办公建筑评价标准》	住房和城乡建设部	适用于新建、改建和扩建的各类政府办公建筑、商用办公建筑、科研办公建筑、综合办公建筑，以及功能相近的其他办公建筑的设计阶段和运行阶段的绿色评价
2014 年	JGJ/T 307—2013《城市照明节能评价标准》	住房和城乡建设部	为城市规划区内公共基础设施的功能照明和景观照明提供评价标准
2014 年	GB/T 50905—2014《建筑工程绿色施工规范》	住房和城乡建设部	为绿色施工提供指导
2014 年	TB/T 10429—2014《绿色铁路客站评价标准》	国家铁路局	用于衡量铁路客站建筑在全寿命周期内实现节约能源和保护环境的目标所达到程度的标准
2015 年	《中华人民共和国环境保护法》（2014 年修订版）	全国人大常委会	落实政府和排污单位责任，完善环境管理基本制度，进一步明确企业责任
2015 年	GB/T 50378—2014《绿色建筑评价标准》	住房和城乡建设部	适用范围扩展至各类民用建筑，增加施工管理类指标，更新评价范围和细则
2015 年	GB/T 51141—2015《既有建筑绿色改造评价标准》	住房和城乡建设部	针对既有建筑改造的绿色建筑评价标准
2015 年	GB/T 51153—2015《绿色医院建筑评价标准》	住房和城乡建设部	针对医院的绿色建筑评价标准
2015 年	GB 50189—2015《公共建筑节能设计标准》	住房和城乡建设部	2005 年版同时废止

3. 第三阶段：2016 年至今

"十三五"时期（2016～2020 年）是我国全面建成小康社会决胜阶段。我国经济发展进入新常态，增速放缓，经济结构转型升级进程加快，人民群众改善居住生活条件需求强烈，住房城乡建设领域能源资源利用模式亟待转型升级，推进建筑节能与绿色建筑发展面临大有可为的机遇期，潜力巨大，同时困难和挑战也比较突出。这一阶段，相关政策牢固树立创新、协调、绿色、开放、共享的新发展理念，紧紧抓住国家推进新型城镇化、生态文明建设、能源生产和消费革命的重要战略机遇期，以提高建筑节能标准促进绿色建筑全面发展为工作主线，落实"适用、经济、绿色、美观"建筑方针，完善法规、政策、标准、技术、市场、产业支撑体系，全面提升建筑能源利用效率，优化建筑用能结构，改善建筑居住环境品质，为住房城乡建设领域绿色发展提供支撑。

2016 年，国家发改委、国家能源局发布《能源生产和消费革命战略（2016—2030）》（发改基础〔2016〕2795 号），涉及绿色建筑。要求建立健全建筑节能标准体系，大力发展绿色建筑，推行绿色建筑评价、建材论证与标识制度，提高建筑节能标准，推广超低能耗建筑，提高新建建筑能效水平，增加节能建筑比例。加快既有建筑节能和供热计量改造，实施公共建筑能耗限额制度，对重点城市公共建筑及学校、医院等公益性建筑进行节能改造，推广应用绿色建筑材料，大力发展装配式建筑。严格建筑拆除管理，遏制不合理的"大拆大建"。全面优化建筑终端用能结构，大力推进可再生能源建筑应用，推动农村建筑节能及绿色建筑发展。推广超低能耗建筑技术，以及绿色家居、家电等生活节能技术，发展新型保温材料、反射涂料、高效节能门窗和玻璃、绿色照明、智能家电等技术，鼓励发展近零能耗建筑技术和既有建筑能效提升技术，积极推广太阳能、地热能、空气热能等可再生能源建筑规模化应用技术，推行合同能源管理和重点用能行业能效"领跑者"制度。

国务院在 2016 年印发《"十三五"节能减排综合工作方案》（国发〔2016〕74 号），2017 年印发《关于促进建筑业持续健康发展的意见》（国办发〔2017〕19 号），设立了到 2020 年的节能减排总量目标，指出建筑节能为重点的节能领域；同时为后续绿色建筑相关规划指明了方向和要求，相继出台了多个"十三五"专项规划。

《建筑节能与绿色建筑发展"十三五"规划的通知》（建科〔2017〕53 号）于 2017 年发布，这是"十三五"时期首次将绿色建筑和建筑节能一起设立为专项规划，提出建筑节能与绿色建筑发展的总体目标：建筑节能标准加快提升；城镇新建建筑中绿色建筑推广比例大幅提高；既有建筑节能改造有序推进；可再生能源建筑应用规模逐步扩大；农村建筑节能实现新突破；使我国建筑总体能耗强度持续下降；建筑能耗结构逐步改善；建筑领域绿色发展水平明显提高（见表 12-5）。

表 12-5　　　　　　"十三五"时期建筑节能和绿色建筑主要发展指标

指标	2015 年	2020 年	年均增速〔累积〕	性质
城镇新建建筑能效提升	—	—	〔20%〕	约束性
城镇绿色建筑占新建建筑比例	20%	50%	〔30%〕	约束性
城镇新建建筑中绿色建材应用比例	—	—	〔40〕	预期性
实施既有居住建筑节能改造（亿 m²）	—	—	〔5〕	约束性
公共建筑节能改造面积（亿 m²）	—	—	〔1〕	约束性
北方城镇居住建筑单位面积平均采暖能耗强度下降比例	—	—	〔−15%〕	预期性
城镇既有公共建筑能耗强度下降比例	—	—	〔−5〕	预期性
城镇建筑中可再生能源替代率	4%	6%	〔2%〕	预期性
城镇既有居住建筑中节能建筑比例	40%	60%	〔20%〕	预期性
经济发达地区及重点发展区域农村居住建筑采用节能措施比例	—	10%	〔10%〕	预期值

随着建筑节能经历三十余年的发展，现阶段建筑节能 65% 的设计标准已经普及，超低能耗及近零能耗建筑逐渐得到推广。在 2019 年，GB/T 51350—2019《近零能耗建筑技术标准》发布。以 JGJ 26—2018《严寒和寒冷地区居住建筑节能设计标准》、JGJ 134—2010《夏热冬冷地区居住建筑节能设计标准》、JGJ 75—2012《夏热冬暖地区居住建筑节能设计标准》、GB 50189—2015《公共建筑节能设计标准》为基准，给出相对节能水平。对不同气候区近零能耗建筑提出不同能耗控制指标：严寒和寒冷地区，近零能耗居住建筑能耗降低 75% 以上，不再需要传统的供热方式；夏热冬暖和夏热冬冷地区近零能耗居住建筑能耗降低 60% 以上；不同气候区近零能耗公共建筑能耗平均降低 60% 以上。提出的围护结构和能源

设备与系统等技术指标，较国内现行标准大幅提升，整体上达到了国际先进水平。

我国 2016 年至今的绿色建筑与能效管理相关法律法规、政策、标准发展历程见表 12-6。

表 12-6　　　　　　　　　我国 2016 年至今相关法律法规、政策、标准发展历程

实施时间	政策文件	发布机构	主要相关内容
2016 年	《能源生产和消费革命战略（2016—2030）》（发改基础〔2016〕2795 号）	国家发改委、国家能源局	建立健全建筑节能标准体系，大力发展绿色建筑，推行绿色建筑评价、建材论证与标识制度，提高建筑节能标准，推广超低能耗建筑，提高新建建筑能效水平，增加节能建筑比例。推行合同能源管理
2016 年	GB/T 51100—2015《绿色商店建筑评价标准》	住房和城乡建设部	针对商店的绿色建筑评价标准
2016 年	GB/T 51148—2016《绿色博览建筑评价标准》	住房和城乡建设部	针对博物馆类的绿色建筑评价标准
2016 年	GB/T 51165—2016《绿色饭店建筑评价标准》	住房和城乡建设部	针对饭店的绿色建筑评价标准
2016 年	《"十三五"节能减排综合工作方案》（国发〔2016〕74 号）	国务院	开展超低能耗及近零能耗建筑建设试点。到 2020 年，城镇绿色建筑面积占新建建筑面积比例提高到 50%。实施绿色建筑全产业链发展计划，推行绿色施工方式，推广节能绿色建材。强化既有居住建筑节能改造，2020 年前基本完成北方采暖地区有改造价值城镇居住建筑的节能改造
2016 年	JGJ/T 391—2016《绿色建筑运行维护技术规范》	住房和城乡建设部	为绿色建筑的运行维护提供指导和约束
2017 年	GB/T 51255—2017《绿色生态城区评价标准》	住房和城乡建设部	针对生态城区的绿色建筑评价标准
2017 年	《关于促进建筑业持续健康发展的意见》（国办发〔2017〕19 号）	国务院	建筑设计突出建筑使用功能及节能、节水、节地、节材和环保等要求，提供功能适用、经济合理、安全可靠、技术先进、环境协调的建筑设计产品
2017 年	《公共机构节能条例》（修订版）	国务院	明确节能审批和惩罚措施
2017 年	《建筑节能与绿色建筑发展"十三五"规划的通知》（建科〔2017〕53 号）	建设部	在 5 年规划中首次设立绿色建筑专题规划。设立了量化的发展目标，明确了发展方向。详见附录
2017 年	《"十三五"装配式建筑行动方案》（建科〔2017〕77 号）	住房和城乡建设部	装配式建筑要与绿色建筑、超低能耗建筑等相结合，鼓励建设综合示范工程。装配式建筑要全面执行绿色建筑标准，并在绿色建筑评价中逐步加大装配式建筑的权重
2017 年	《建筑业发展"十三五"规划》（建市〔2017〕98 号）	住房和城乡建设部	城镇新建民用建筑全部达到节能标准要求，能效水平比 2015 年提升 20%。到 2020 年，城镇绿色建筑占新建建筑比例达到 50%，绿色建材应用比例达到 40%

续表

实施时间	政策文件	发布机构	主要相关内容
2017 年	《住房城乡建设科技创新"十三五"专项规划》（建科〔2017〕166 号）	住房和城乡建设部	重点突破建筑节能与绿色建筑的关键核心技术
2018 年	《中华人民共和国节约能源法》（修订版）	全国人大常委会	修订了与绿色建筑不直接相关的内容
2019 年	《中华人民共和国建筑法》（修订版）	全国人大常委会	修订了与绿色建筑不直接相关的内容
2019 年	GB/T 51350—2019《近零能耗建筑技术标准》	住房和城乡建设部	界定了我国超低能耗建筑、近零能耗建筑、零能耗建筑等相关概念，明确了室内环境参数和建筑能耗指标的约束性控制指标
2019 年	JGJ 26—2018《严寒和寒冷地区居住建筑节能设计标准》	住房和城乡建设部	2010 年版同时废止
2019 年	GB/T 50378—2019《绿色建筑评价标准》	住房和城乡建设部	将指标体系更新为基础分值、安全耐久、健康舒适、生活便利、资源节约、环境宜居、创新附加
2019 年	GB/T 51356—2019《绿色校园评价标准》	住房和城乡建设部	适用于新建、改建、扩建，以及既有中小学校、职业学校和高等学校绿色校园的评价工作
/	地方政策、标准	地方政府及相关部门	各省、自治区、直辖市均发布了相关政策。

12.2 美国相关法律法规

12.2.1 美国相关法律法规基础

美国少有专门针对绿色建筑的法律法规，但很多法案在税收、节能等方面对绿色建筑与能效管理起到促进作用。在 20 世纪 70 年代末，能源危机就促使美国政府开始制定并实施建筑物及家用电器的能源效率标准。1975 年美国颁布的《能源政策和节约法案》为能源利用、节能减排提供了法律依据，提出最低能效标准（Minimum Energy Performance Standards，MEPS），并且近年来涵盖的产品种类越来越多，标准经过 3～5 年/次的更新速度也越来越严格。1978 年的《节能政策法案和能源税法》规定在 1977～1985 年民用节能投资和可再生能源投资的税收优惠为 15%，以此鼓励节能。

与此同时，各州也相继制定了适合本地的建筑节能标准，个别经济较发达的州的节能标准比联邦政府发布的还要严格。1992 年的《能源政策法》实现了节能标准从规范性到强制性要求的转变，同时对新能源和可再生能源制定了激励措施，鼓励调整用能结构，减少常规能源使用。例如，规定太阳能和地热能项目永久减税 10%；对风能和生物质能发电实行为期 10 年的产品减税。2001 年的《安全法案》继续对满足要求的建筑物实施免税政策。

2005 年，《能源政策法案》的出台对提高能源利用效率、更有效地节约能源起到了非常重要的作用，它是美国自 1992 年《能源政策法》颁布以来最重要的一部能源政策法律，成为美国新阶段实施绿色建筑、建筑节能的主要法律依据。该法案主要通过能源战略、降低联邦建筑能耗、制定资助计划、经济激励、支持可再生能源应用等方式推动建筑节能。

另外，很多州将 LEED 认证作为强制性标准执行，在地方立法中规定当地的某类建筑要达到 LEED 中的评价标准或者与 LEED 评级等效的其他评价标准。

美国绿色建筑与能效管理主要相关法律法规见表 12-7。

表 12-7 美国绿色建筑与能效管理主要相关法律法规

实施时间	法律法规名称	主要内容
1975 年	《能源政策和节约法案》	美国能源部修订。首次提出了最低能效标准的概念，更重要的是，这项法律是一个重要的引子，陆续地演化成为其他具有重大影响的法律条文
1978 年	《节能政策法案和能源税法》	主要对民众日常生活的家用电器进行严格的规定。对节能投资实行税收优惠
1992 年	《能源政策法》	提出了技能标准的强制性法规，将以往的"目标"定性为"要求"
2001 年	《安全法案》	对满足节能要求的住宅和商业建筑实施免税
2005 年	《能源政策法案》	修改强制性节能标准的同时，提出了对绿色建筑的激励性政策，如税收方面的优惠政策，通过此手段，利用市场的方式促进绿色建筑的发展
2009 年	第 13514 号总统令	要求联邦政府所有新办公楼设计从 2020 年起，贯彻 2030 年实现零能耗建筑的要求

12.2.2 美国相关激励政策

为贯彻国家法律法规提出的要求和发展目标，美国政府出台了针对绿色建筑和能效管理相关技术的推动激励政策，对引导绿色建筑发展起到了积极作用。一方面，制定相关产品、设备、系统的最低能源效率标准，在法律法规中体现。另一方面，通过基于市场的经济激励政策取得了很好的效果。美国联邦、各级州政府及公用事业单位等采取了一系列经济激励措施来促进高效节能产品、建筑节能和绿色建筑的推广普及工作，主要包括节能基金、财政补贴、审批绿色通道、税收减免、优惠贷款、"能源之星"计划、低收入家庭改造计划等（见表 12-8）。

表 12-8 美国相关激励政策

激励政策	主要内容
节能基金	创立节能公益基金，用于支持各种节能相关的活动，也让更多的人关注节能活动。目前美国已有 30 多个州建立了节能公益基金
财政补贴	政府通过财政支付企业或个人因节能或绿色建筑投资、研发而发生的银行贷款利息，对高效节能产品及建筑物进行直接补贴
审批绿色通道	对实施绿色建筑的开发商给予额外的建筑密度奖励或者加快审批手续，用以抵销开发商采用先进节能设备或工艺材料增加的费用
税收减免	对节能产品或建筑减免部分税收是美国政府促进节能的重要措施
优惠贷款	用户购买、租用绿色建筑，其贷款利息相对降低
"能源之星"计划	由美国政府主导，获得"能源之星"认证的将获得一些特权，如税收减免、优惠贷款
低收入家庭改造计划	帮助低收入家庭进行节能改造，不仅节约了能源，通过改造也降低了这些家庭 13%～34% 的能源费用

还有其他一些推动措施，一方面提供技术支持，许多城市提供免费的绿色建筑开发计划编制或认证培训，主要为缺乏绿色建筑建设经验的开发商提供支持。另一方面提供市场支持，如一些城市对获得 LEED 认证的绿色建筑，提供免费的宣传，以激励开发商开发绿色建筑。

12.3　英国相关法律法规

12.3.1　英国相关法律法规基础

英国作为欧盟成员方之一（1973～2020 年），欧盟以"国际条约＋自主立法"的形式制定了一整套有机联系且相当完备的相关法律法规体系。相应的，英国的绿色建筑与能效管理相关法律法规体系由国际条约和国内法两部分构成，国际条约包括全球性条约（如《京都议定书》《巴黎协定》等）和欧盟法令；国内法由基本法案、行政法规及专门法规和规范标准3 个层次组成。这些法律法规构成了自上而下十分完善的法律法规体系，从各方面规定了绿色建筑与能效管理的要求和标准，为绿色建筑发展奠定了良好的法律基础。

国际条约和欧盟指令主要对建筑减碳、家庭用能效率、家电节能性和建材产品质量等方面提出明确要求，其中：《巴黎协定》作为联合国应对气候变化的国际性公约，英国也是缔约国之一，要求在宏观角度应对气候变化，减少碳排放；《节能指令》提出 13 项节能行动，有 10 项与建筑节能相关，包括建筑能源证书、取暖热水和空调系统分类收费、允许第三方对公共节能领域融资、建筑热保温、锅炉定期检查、大型工业设施能源审查等方面；《建筑节能性能指令》旨在削弱消费者的能耗、提高建筑物节能标准，增加可再生能源应用比例，同时将向成员方提供节能资金以支持成员方提高建筑节能标准；《能效标识指令》，要求对家用电器、商用和工业设备、建筑产品和能源相关产品进行标识，并要求在广告中要显示产品能效标识等级；《建筑产品指令》规定了欧盟市场销售的建筑产品必须进行建材安全认证，鼓励环保建材的使用等。

英国国内主要的绿色建筑相关法律法规分为 3 级（见表 12-9），分别是法案、法规、规范和标准，其中法案和法规具有强制性，规范和标准除《可持续住宅规范》外大部分具有倡议性。

表 12-9　　　　　　　　　英国国内主要的绿色建筑相关法律法规

实施时间	法律法规名称	主要内容
1984 年	《建筑法案》	适用于英格兰和威尔士地区的建筑节能减排
1990 年	《环境保护法案》	规定污染物的排放和污染土地的治理
1995 年	《家庭节能法案》	要求当地政府为居民家庭节能提供帮助
2001 年	《建筑法规》	针对建筑的节能性、可再生能源的利用和碳减排等方面规定了最低的性能标准
2003 年	《苏格兰建筑法案》	适用于苏格兰地区的建筑节能减排
2004 年	《可持续和安全建筑法案》	赋予《建筑法规》更多的权利，包括能源、用水、生物多样性等方面
2004 年	《住宅法案》	引入住宅建筑能效证书（Energy Performance Certificates，EPCs）和公共建筑展示能效证书（Display Energy Certificate，DECs），规定了英国住宅在出售之前要申请能效证书

续表

实施时间	法律法规名称	主要内容
2004 年	《可持续和安全建筑法案》	赋予《建筑法规》更多的权利，包括能源、用水、生物多样性等方面
2006 年	《气候变化与可持续能源法案》	旨在推动家庭和商户根据自身需要利用可再生能源进行独立发电，减少碳排放
2006 年	《可持续住宅规范》	在 BREEAM：住宅评级系统的基础上提出，2010 年起强制所有住宅建筑和社区建筑都必须达到四星标准，2016 年前所有新建住宅达到六星标准——零排放
2008 年	《气候变化法案》	规定政府必须致力于削减 CO_2 及其他温室气体的排放，到 2050 年，基于 2005 年减排 80%，2020 年减排 34%
2010 年	《能源法》	规定了碳捕获与存储、减少化石燃料和规范电气市场等相关方面法规的权利范围和内容
2010 年	《建筑能效法规（能源证书和检查制度）》	对建筑能效证书制度实行强制推行，要求所有的建筑在施工期，对建筑的能效性能进行评价，或者每 10 年更新时进行重新评价，建筑能效证书包括 EPCs 和 DECs 两种

另外，英国还有《环境损害和责任法规》《建筑材料法规》《工程设计和管理法规》，分别从环境污染治理责任、建材、设计角度促进绿色建筑的发展。而除《可持续住宅规范》，《环境白皮书》《能源白皮书》《零碳建筑标准》、HQM 等标准和规范，通过政府倡导、使用者自愿的方式，与法案、法规一道共同推动英国节能减排、绿色建筑的发展。

12.3.2　英国相关激励政策

英国是目前世界上政府强制实行绿色建筑的国家之一。英国政府动用行政力量，从政府办公建筑和其他公共建筑的强制性节能入手，有效地推动了本国绿色建筑的发展。此外，政府还以各种形式，如强制节能和经济手段，将绿色建筑渗入英国家庭的日常生活中。为了鼓励绿色建筑和能效管理，英国政府利用公共财政支持绿色建筑，制定了多种多样的经济激励政策，较好地推进了绿色建筑的发展（见表 12-10）。

表 12-10　　　　　　　　　　　　英国相关激励政策

激励政策	主要内容
节能基金	政府为住宅节能改造计划提供补助，鼓励企业和家庭购买带有节能标志的产品，帮助企业和家庭自主发电，对节能设备投资和技术开发项目提供优惠贷款
加速折旧	制定了节能设备目录，如果购买目录中的设备，就可以对该设备 1 年内加速折旧，相当于抵免了 7% 的所得税
征收能源税	在电费中征收 2.2% 的化石燃料税，用于可再生能源发电补贴
税收优惠	凡高于国家标准的节能建筑，将享受 40% 的印花税优惠，而零碳建筑则免征印花税。2006 年推出的"绿色家庭计划"，规定凡是在家中安装太阳能装置、屋顶风机等设备的家庭，都可以将产品的附加税从 17.5% 减少至 5%

12.4　德国相关法律法规

12.4.1　德国相关法律法规基础

德国是能源匮乏国之一，很多能源依赖进口才能满足内部需求。1973 年石油危机爆发，石油价格暴涨，让德国改变了能源政策。德国一方面重视节约能源，另一方面着手开发可再生资源。德国政府早在 1935 年就制定了《能源经济法》，保障电力、燃气等能源的安全、经济供给，石油危机后将节能和发展可再生能源作为国家能源发展的长期战略。作为欧盟成员方之一，德国和欧洲其他国家形成战略伙伴，在法规标准和政策制定、示范项目运作等诸多方面建立了欧洲一体化的合作模式。除了遵守国际公约和欧盟的指令，德国政府多年来通过制定有针对性的政策措施，提高建筑节能标准，发展先进节能技术，大幅降低了建筑物能耗。

德国绿色建筑与能效管理主要相关法律法规见表 12-11。

表 12-11　　　　　　　　　德国绿色建筑与能效管理主要相关法律法规

实施时间	法律法规名称	主要内容
1935 年	《能源经济法》	明确保障能源供应是地方政府的责任，每个地区和城市都设立单独的能源公司保障该地区与城市供应。1998 年、2005 年分别进行修订，以保持与欧盟要求一致，即要求保障安全供给、自由竞争，并实行政府批准的定价制度，电网价格公开透明，实行电力公司厂网分离，结算透明
1976 年	《建筑节能法》	以法律条文规定了新建建筑的节能措施和建筑设备节能的相关条例
1977 年	《建筑物热保护条例》	对建筑围护结构的热导系数提出了硬性指标，要求所有新建建筑必须满足该法定的指标。通过 1982 年、1994 年和 2001 年的 3 次修改，逐渐提高了参数要求
2002 年	《节约能源条例》	在《建筑物热保护条例》的基础上修改并取代。对新建建筑的能耗提出具体标准，限制了供暖设备的温室气体排放量。2004 年和 2006 年经过两次修改后，加入了被动式建筑的采暖能耗，限额下降到 15KW·h/(m^2·a)，这是目前环保节能建筑的最高标准，基本实现建筑的"零能耗"。规范的 2012 年版和支持政策涉及很多进步方面，包括与气候有关的低化最大 U 值、强制计算机模拟、气密性要求、激励方案、频繁锅炉和 HVAC（Heating Ventilating and Air Conditioning，暖通空调系统）测试、严格的 EPC 计划、自愿性低能耗分类。制定了在 2020 年前建造气候友好型建筑物的国家目标

12.4.2　德国相关激励政策

德国在建筑节能方面取得的巨大成就，一是政府的大力引导和政策支持的结果，二是通过税收补贴和低息贷款给予资金支持，三是充分调动全社会力量参与节能降耗。为推广节能，防止自然资源过度利用和减少温室气体，提高能效和促进可再生能源的使用，德国政府积极使用了多种激励政策与措施（见表 12-12）。

表 12-12　　　　　　　　　　德国相关激励政策

激励政策	主要内容
优惠贷款	使用低能耗、可再生技术的设备可获得较低的贷款利息
征收能源税	对汽油和建筑采暖用油征收能源税，提高化石能源的价格
中小企业能源效率特别基金	联邦政府经济与技术部与德国复兴信贷银行设立了帮助中小企业提高能效的特别基金，对其提供信息和资金支持

续表

激励政策	主要内容
油量标签	新车油料消耗量标签，规定只有达到油料消耗标准的车才可以获得节油标签上市销售。另外，加强对驾驶员节能驾驶的培训，经过培训的驾驶员平均可节省 10％的油料损耗。在汽车使用过程中鼓励公众使用低阻力轮胎和汽油
改进基础设施	大力改进自行车的基础设施，鼓励短程乘客使用自行车出行
财政补贴	对"绿色建筑"领域的研发工作提供经济上的补助，最高可获得总投资的 35％

另外，德国的非营利性机构在节能政策的贯彻执行方面发挥了巨大作用。例如，德国国家消费者中心，免费为有需要者专门提供有关节能方面的信息及提供相应的咨询服务，同时联合其下属各州分支机构，面向公众积极宣传政府关于建筑节能方面的方针政策及相关的建筑节能知识。为方便公众、解答人们在节约能源相关方面碰到的问题，德国能源局还特意开设了 24 小时的免费电话服务。

德国政府还通过各种大量的节能宣传、开展新技术新材料推广示范活动等方式向人们展示最新节能科学技术及其应用，更将保护环境、可持续发展的观念植入人民日常生活。没有采用环保节能技术的房屋在德国房产市场上已经得不到消费者的认可，这也促使更多的开发商在新建建筑时采用环保节能技术。

12.5　日本相关法律法规

12.5.1　日本相关法律法规基础

日本能源、资源十分匮乏，解决能源安全问题一直是政府的头等大事。因此，日本政府很早就通过法律法规、制度政策等引导全国的建筑节能工作与绿色建筑推广。日本未颁布针对绿色建筑的专门法律法规，但很多法律法规对国家应对环境变化的措施、建筑业节能减排、低碳建筑、城市低碳发展等绿色建筑相关内容提出了要求，为绿色建筑的发展提供了法律支撑和依据。

日本绿色建筑与能效管理主要相关法律法规见表 12-13。

表 12-13　　　　　　　　　日本绿色建筑与能效管理主要相关法律法规

实施时间	法律法规名称	主要内容
1979 年	《节能法》	由日本在 1979 年提出，经过中间数次修改后，最终在 2008 年重新修订成为日本节能环保管理工作的权威法。它主要针对温室气体排放和新建建筑的节能性能提出要求
1998 年	《地球温暖化对策推进法》	减少日本温室气体排放量的法规。提出要普及与推进节能性能优良的住宅与建筑、公共建筑，实施节能改造
2000 年	《促进住宅品质保证法》	主要包括住宅的保修期、住宅性能标识制度、纠纷处理机关
2008 年	《长期优良住宅普及促进法》	普及可供几代人居住的"200 年高品质住宅"，从而减少废旧房屋拆除造成的建材垃圾量，并提供税收优惠
2012 年	《低碳住宅与公共建筑路线图》	推动低碳住宅与公共建筑，推行既有建筑的节能改造
2012 年	《低碳城市推广法》	针对建筑物低碳化、都市技能集约化、公共交通低碳、城市绿化、水资源优化利用、太阳能灯可再生能源利用等提出了具体要求

12.5.2　日本相关激励政策

日本对于绿色建筑的推广既有法律的强制性规定，又有大量相关的经济激励政策与补贴制度，无论是对建造者还是对业主都有着很大的吸引力。日本政府相继制定了住宅环保积分、财政补贴、税收优惠等经济奖励制度（见表12-14）。

表 12-14　　　　　　　　　　　　　　　　日 本 相 关 激 励 政 策

激励政策	主要内容
住宅环保积分	对环保翻修或新建环保住宅的业主给予可交换各种商品的生态积分。环保积分可用于兑换商品券、预付卡
财政补贴	对满足一定条件的环境共生示范街区、高效能源系统应用、CO_2 减排、可再生能源利用、长寿命住宅等给予财政补贴，并且很多补贴政策与绿色建筑相关的标准挂钩
贷款利率优惠	对满足节能标准的住宅，获得 CASBEE 认证的项目提供贷款优惠
税收优惠	在节能产品名单内的设备、长寿命优良住宅、节能装修等实行税收减免优惠
Top Runner 计划	找出市场上最高效的产品，并要求一定时间内同类产品必须达到该水准
CASBEE 强制要求	部分地区强制推行 CASBEE 认证
表彰制度	通过设立新能源大奖、节能大奖等奖项，对具有优良生态性能的建筑及开发商给予表彰，向社会推广宣传

12.6　中国相关激励政策

12.6.1　各国相关法律法规、激励政策对中国的启示

1. 完善法律法规体系，引导绿色建筑健康发展

目前我国中央和很多地方提出了很多绿色建筑的发展目标和规划，但尚未组成结构严密、条理清晰的体系。因此，应在现有法律法规的基础上，建立完善法律法规体系，使我国的绿色建筑发展真正成为一盘棋。出台的法律法规需要事先进行顶层设计，提出合理的目标、可行的方向，围绕目标和方向制定完善的配套制度，根据实际情况围绕长期规划调整短期配套政策，对绿色建筑的发展将起到重要的引导、规范作用。

2. 加强对绿色建筑经济性的关注，带动市场发展

在改善建筑环境的同时应关注成本的增加。通过强制、经济刺激并举的手段使市场对绿色建筑更容易接受，刺激绿色建筑的建设和购买。我国目前还是以政府为主导推动绿色建筑发展，虽然在各种规范标准中提到经济性问题，但缺乏具体的补偿和激励措施。推进绿色建筑，存在理念、技术和成本等方面的问题，其中成本是制约绿色建筑在我国均衡发展的关键因素之一。据测算，以 2019 年全国平均水平公共建筑为例，一星级、二星级和三星级绿色建筑平均约增加 29、137 元/m^2 和 163 元/m^2。制定并细化对绿色建筑的经济激励政策，对于推进我国绿色建筑发展十分必要。

3. 加强政府引导，充分发挥引领作用

公共机构节能是全社会节能减排的一个重要组成部分，政府部门是节能减排的倡议者、领导者、管理者，更应该成为先行者。很多国家开始实施强制政策，大多以公共建筑为突破口。一是因为体制内执行自己制定的政策阻力较小，二是公共机构建筑具有政府形象。公共机构在充分利用新型建筑墙体材料、地（水）源热泵、节能智能控制系统、太阳能光热

（电）技术、节能电机系统等先进节能技术和设备的同时，应在科、教、文、卫、体、政等公共机构通过节能示范工程推动新技术、新产品的使用和推广。

4. 通过市场激励政策培育绿色建筑市场发展

通过科学合理的经济激励政策，可以调动市场的需求和企业生产相关产品、建设绿色建筑、实施能效管理的积极性，从而培育绿色建筑市场。大多数国家和地区制定了相应的经济激励政策，而且实践证明确实取得了良好的效果。多数激励政策包括财政补贴、建筑密度奖励、税收减免、低息贷款、快速审批等，并根据不同情况单独或组合使用。我国目前的经济激励政策还处于探索阶段，对市场的调动作用还有待加强。

5. 加快完善绿色建筑评价体系

多种评价方法和完善的评价体系使绿色建筑的评定和能效运行优化管理有规律可循。我国虽然制定了绿色建筑评价体系，但仍不完善，今后应加快体系的更新速度，与技术进步和社会需求的提高相一致。以评价体系为引导，结合强制性标准规范，促进绿色建筑的实施。

6. 完善第三方认证机制，规范绿色市场

我国绿色建筑发展较晚，但速度很快，如何通过有力的监管制度保证绿色建筑的发展质量成为问题。除政府的行政干预和强制质检，还需要完善第三方机制以实现社会监管，提高监督效率。同时应提升绿色建筑职业资格的认证制度，提高其技术水平和服务水平，进一步保障绿色建筑市场的质量。

12.6.2 中国相关激励政策的发展阶段

综合世界各国的绿色建筑激励政策发展情况，我国相关激励政策的发展可大致分为 3 个阶段（见表 12-15）。第一阶段为起步阶段，以政府引导为主，通过各种法律法规和政策来约束开发商、设备材料供应商等供给端对象，促进其对绿色建筑的认识和实施。第二阶段为发展阶段，政府与市场激励政策并重，这一阶段开始采用一些市场激励政策，开始注重对消费者的引导。第三阶段为成熟阶段，使绿色建筑的购买者和使用者、设备材料的消费者成为绿色建筑市场的选择主体，由之前的被动选择转变为主动选择，倒逼开发商和设备材料制造商生产能效更高、更加节能、环保的建筑产品。

表 12-15   我国绿色建筑激励政策阶段划分

绿色建筑市场	主导	激励对象	激励模式
起步阶段	政府	地方政府；供给端（开发商、设计单位、设备材料供应商等）； 需求端（绿色建筑的购买者和使用者、设备材料的消费者）	以供给端为主
发展阶段	政府与市场		供给端与需求端激励并重
成熟阶段	市场		以需求端为主

我国目前还处于发展阶段，正在探索向成熟阶段转型的实践方法。政府不仅要实施绿色建筑经济激励措施，包括对供给端的激励和对需求端的激励，还要落实对绿色建筑供给端的监管机制，严格控制绿色建筑产品的评价标识和等级评定，避免滥竽充数者扰乱市场秩序。此外，随着绿色建筑市场的逐步成熟和人民收入水平的不断提高，政府需要降低对绿色建筑的扶持力度，加大对非节能建筑的惩罚力度，提高对绿色建筑市场培育的重视程度，倡导大众自觉进行能效管理，让市场成为自发调节和配置资源的主要手段。

12.6.3 中国绿色建筑激励政策

我国从 21 世纪初到 2020 年，平均每年约有 20 万 m² 新建筑的建成（其中 90% 新建筑是城市建筑），这一新增建筑面积相当于欧盟现有建筑面积总和。随着居民生活水平的不断提高，建筑行业消耗的能源将会继续提高。在《中华人民共和国国民经济和社会发展第十三个五年规划纲要》中，阐述了加快生态文明体制改革、推进绿色发展、建设美丽中国的战略部署。在这一大背景下，我国正在加大力度支持绿色建筑的发展。

我国省市级地方政府也陆续出台了关于绿色建筑的各种财政激励政策和法律法规文件（见表12-16），各个省级地方政府基本明确了将绿色建筑指标和标准作为约束性条件纳入总体规划、控制性详细规划、修建性详细规划和专项规划，并落实到具体项目。

表 12-16　　　　　　　　　　　我国省级地方政府绿色建筑激励政策

地区	省份	类别												
		土地使用权转让	土地规划	财政补贴	税收	信贷	容积率	城市配套费优惠	审批	评奖	企业资质	科研	消费引导	其他
东北	吉林	○	●	○	○	○	○				●		○	○
北部沿海	北京	○		●			○						○	
	天津			●										
	河北			○										
	山东		○	●	○	○	○	○		●			○	
东部沿海	上海	○	○	●					○					○
	江苏	○		●			○							
	浙江		○	○				●						○
南部沿海	福建			●		○			●					●
	广东		●	●								○		
	海南							●						
黄河中游	山西		○	○	○									●
	内蒙古							●	●		●			
	河南	○	●	○			○			○				
	陕西	○	●	●			○			●				
长江中游	安徽	○				○	○					○	●	
	江西	○		○	○					●				
	湖北			○					●		●		○	
	湖南			○						●				
西南	广西	●	●	○		○				●				
	重庆			○						●				
	四川	○		○										
	贵州	○	●				●			●			○	●
西北	青海	○	●				○							●
	宁夏			○	●				●			○		○
	新疆	○		○									○	○

注　未列出省份及地区目前尚缺乏资料。
○　表示激励政策尚未落地；
●　表示激励政策已落地。

在我国绿色建筑激励政策中，财政补贴是最受欢迎的激励政策。在财政补贴方面，主要基于星级标准、建筑面积、项目类型和项目上限等组合方式予以实施。

国家层面规定，新建建筑将全面执行《绿色建筑评价标准》中的一星级及以上的评价标准，并明确财政奖励政策，对二星级绿色建筑每平方米奖励 45 元，对三星级绿色建筑每平方米奖励 80 元，对绿色生态城区以 5000 万元为基准进行补助。

在地方政府层面，有 12 个省份地区明确了对星级绿色建筑的财政补贴额度（见表 12-17），资助范围为 10～100 元/m²。例如，北京、上海和广东从二星级开始资助，有利于引导当地绿色建筑的星级结构水平；江苏和福建对一星级绿色建筑的激励提出了明确的奖励标准，但关于二星级和三星级的奖励标准未发布；陕西作为黄河中游的经济欠发达地区，在发展星级绿色建筑方面，提出了阶梯式量化财政补贴政策，奖励为 10～20 元/m²。

表 12-17　　　　　　　　　　　2018 年我国各省份绿色建筑财政补贴标准

地区	一星级（元/m²）	二星级（元/m²）	三星级（元/m²）	补贴上限（万元）
北京	—	22.5	40	—
天津	—	—	—	5
上海	—	50	100	—
吉林	—	15	25	—
辽宁	—	45	80	—
山东	15	30	50	500
河南	—	45	80	—
江苏	15	—	—	—
安徽	—	45	80	—
福建	10	—	—	—
广东	—	25	45	二星级 150 三星级 200
陕西	—	10	15	20

习　　题

1. 试阐述我国现行法律法规、政策、标准等的类型结构。

2. 我国颁布的第一部建筑节能设计标准是什么？第一部与绿色建筑相关的法律是什么？第一个绿色建筑评价标准是什么？

3. 我国建筑地区按照节能设计标准的划分方法分为哪几类？

4. 试阐述《能源生产和消费革命战略（2016—2030）》《"十三五"节能减排综合工作方案》《建筑节能与绿色建筑发展"十三五"规划》与发展绿色建筑的关系。

5. 对比美国、英国、德国、日本这 4 个国家绿色建筑相关的主要法律法规基础，试分析各个国家的法律法规的特点，并针对不同国家相关法律法规的特点提出我国绿色建筑相关法律法规建设的建议。

6. 我国绿色建筑激励政策的发展分为哪几个阶段？各阶段有什么特点？

7. 对比美国、英国、德国、日本这 4 个国家对发展绿色建筑的主要激励政策，谈谈你对我国完善绿色建筑激励政策制度的启发。

8. 结合本章知识，查阅法律法规影响绿色建筑发展方面的文献，梳理绿色建筑相关法律法规与绿色建筑发展里程碑的关系。

附录 A 绿色施工项目自评价表

附表 A-1 绿色施工要素评价表

工程名称		工程所在地	
施工单位名称		填表编号	
施工阶段		填表日期	

控制项	标准编号及要求	评价标准	结论	
控制项		措施到位，全部满足要求，进入一般项和优选项评价流程；否则，为非绿色施工要素		

一般项	标准编号及要求	计分标准	应得分	实得分
一般项	要素应符合下列规定：	每一条目得分据现场实际，在0～2分之间选择： (1) 措施到位，达到优秀标准，满足考评指标要求。得分：2.0 (2) 措施基本到位，达到合格标准，部分满足考评指标要求。得分：1.0 (3) 措施不到位，不满足考评指标要求。得分：0	2	
	要素应符合下列规定：			

优选项	标准编号及要求	计分标准	应得分	实得分
优选项		每一条目得分据现场实际，在0～1分之间选择： (1) 措施到位，满足考评指标要求。得分：1.0 (2) 措施基本到位，部分满足考评指标要求。得分：0.5 (3) 措施不到位，不满足考评指标要求。得分：0	1	
			1	
			1	
			1	
			1	
			1	
			1	
			1	

评价结果	一般项得分 $A=(B/C)\times100=$ 式中　A——折算分； 　　　B——实际发生项目实得分之和； 　　　C——实际发生项目应得分之和。 　优选项得分 $D=$ 式中　D——优选项实际发生条目加分之和。 　要素评价得分 $F=$ 式中　$F=$一般项得分 $A+$优选项得分 D。

签字栏	建设单位	监理单位	施工单位
签字栏			

附表 A-2　　　　　　　　　　**绿色施工批次评价表**

工程名称		工程所在地	
施工单位名称		检查编号	
施工阶段		检查日期	
评价要素	要素评价得分	权重系数	权重后得分
环境保护			
节材与材料资源利用			
节水与水资源利用			
节能与能源利用			
节地与土地资源保护			
人力资源保护			
合计			
评价结论	说明：权重后得分＝要素评价得分×权重系数 该项目过程检查批次得分＝		
签字栏	建设单位	监理单位	施工单位

附表 A-3　　　　　　　　　　**绿色施工阶段评价表**

工程名称		工程所在地	
施工单位名称		检查编号	
地基与基础/主体结构/装饰装修与机电阶段		检查日期	
评价批次	批次得分	评价批次	批次得分
1		7	
2		8	
3		9	
4		10	
5		11	
6		…	
合计			
评价结论	阶段评价得分 $G=\dfrac{\sum E}{N}=$ 式中　G——阶段评价得分； 　　　E——各批次评价得分； 　　　N——批次评价次数。		
签字栏	建设单位	监理单位	施工单位

附表 A-4　　　　　　　单位工程绿色施工评价表

工程名称		工程所在地	
施工单位名称		填表日期	
评价阶段	评价得分	权重系数	权重后得分
地基与基础			
结构工程			
装饰装修与机电安装			
合计		1.0	
评价结论	1. 不合格 (1) 单位工程总得分 $W<65$ 分。 (2) 权重最大阶段得分<65 分。 2. 合格 (1) 单位工程总得分 65 分$\leqslant W<85$ 分，权重最大阶段得分$\geqslant65$ 分。 (2) 至少每个评价要素各有一项优选项得分，优选项总分$\geqslant5$ 分。 3. 优良 (1) 单位工程总得分 $W\geqslant85$ 分，权重最大阶段得分$\geqslant85$ 分。 (2) 至少每个评价要素中有两项优选项得分，优选项总分$\geqslant10$ 分。 单位工程绿色施工管理评价得分＝			
签字栏	建设单位	监理单位	施工单位

附录 B　LEED v4 BD＋C 项目得分表

附表 B-1　　　　　　　　　　　LEED v4 BD＋C 项目得分表

 LEED v4 BD+C：新建建筑与重大改造(New Constructionand Major Renovation)
项目得分表

项目名称：
日期：

满足	?	不满足			
			得分点	整合过程	1
0	0	0		**选址与交通**	16
			得分点	LEED社区开发选址	16
			得分点	敏感型土地保护	1
			得分点	高优先场址	2
			得分点	周边密度和多样化土地使用	5
			得分点	优良公共交通可达	5
			得分点	自行车设施	1
			得分点	停车面积减量	1
			得分点	绿色车辆	1
0	0	0		**可持续场址**	10
满足			先决条件	施工污染防治	必要项
			得分点	场址评估	1
			得分点	场址开发-保护和恢复栖息地	2
			得分点	开放空间	1
			得分点	雨水管理	3
			得分点	降低热岛效应	2
			得分点	降低光污染	1
0	0	0		**用水效率**	11
满足			先决条件	室外用水减量	必要项
满足			先决条件	室内用水减量	必要项
满足			先决条件	建筑整体用水计量	必要项
			得分点	室外用水减量	2
			得分点	室内用水减量	6
			得分点	冷却塔用水	2
			得分点	用水计量	1
0	0	0		**能源与大气**	33
满足			先决条件	基本调试和校验	必要项
满足			先决条件	最低能源表现	必要项
满足			先决条件	建筑整体能源计量	必要项
满足			先决条件	基础冷媒管理	必要项
			得分点	增强调试	6
			得分点	能源效率优化	18
			得分点	高阶能源计量	1
			得分点	需求响应	2
			得分点	可再生能源生产	3
			得分点	增强冷媒管理	1
			得分点	绿色电力和碳补偿	2

续表

				材料与资源	13
满足			先决条件	可回收物存储和收集	必要项
满足			先决条件	营建和拆建废弃物管理计划	必要项
			得分点	降低建筑寿命周期中的影响	5
			得分点	建筑产品的分析公示和优化——产品环境要素声明	2
			得分点	建筑产品的分析公示和优化——原材料的来源和采购	2
			得分点	建筑产品的分析公示和优化——材料成分	2
			得分点	营建和拆建废弃物管理	2

				室内环境质量	16
满足			先决条件	最低室内空气质量表现	必要项
满足			先决条件	环境烟控	必要项
			得分点	增强室内空气质量策略	2
			得分点	低逸散材料	3
			得分点	施工期室内空气质量管理计划	1
			得分点	室内空气质量评估	2
			得分点	热舒适	1
			得分点	室内照明	2
			得分点	自然采光	3
			得分点	优良视野	1
			得分点	声环境表现	1

				创新	6
			得分点	创新	5
			得分点	LEED AP	1

				地域优先	4
			得分点	地域优先：具体得分点	1
			得分点	地域优先：具体得分点	1
			得分点	地域优先：具体得分点	1
			得分点	地域优先：具体得分点	1

0	0	0	总计	可获分数：	110

认证级：40~49分，银级：50~59分，金级：60~79分，铂金级：80~110分

参 考 文 献

[1] 张建国，谷立静. 我国绿色建筑发展现状、挑战及政策建议 [J]. 中国能源，2012，34 (12)：19-24.

[2] 桂智刚，吴海西，沈波，等. 探求绿色建筑的研究概况和前沿热点——基于 CNKI 的统计分析 [J]. 西安建筑科技大学学报（自然科学版），2019，51 (4)：610-616.

[3] YUAN J H，KANG J G，ZHAO C H，et al. Energy consumption and economic growth：evidence from China at both aggregated and disaggregated levels [J]. Energy economics，2008，30 (6)：3077-3094.

[4] 雷祺，袁家海. 解析中国能源革命战略 2030 [J]. 中国国情国力，2018 (1)：49-51.

[5] YUAN J H，XU Y，HV Z，et al. Peak energy consumption and CO_2 emissions in China [J]. Energy Policy，2014，68：508-523.

[6] 杨洪兴，姜希猛. 绿色建筑发展与可再生能源应用 [M]. 北京：中国铁道出版社，2016.

[7] YUAN J H，KANG J J，YU C，et al. Energy conservation and emissions reduction in China-progress and prospective [J]. renewable and sustainable energy reviews，2011，15 (9)：4334-4347.

[8] 袁家海，张军帅. 我国煤电发展的宏观政策和资源环境约束 [J]. 中国能源，2019，41 (9)：20-24.

[9] 中国建筑节能协会能耗统计专业委员会. 中国建筑能耗研究报告（2018）[R]. 上海：中国建筑节能协会能耗统计专业委员会，2018.

[10] 中国建筑节能协会能耗统计专业委员会，重庆大学可持续建设国际研究中心建筑能源大数据研究所. 中国建筑能耗研究报告（2019）[R]. 上海：中国建筑节能协会能耗统计专业委员会，2019.

[11] 刘睿. 绿色建筑管理 [M]. 北京：中国电力出版社，2013.

[12] 李倩. 绿色建筑全寿命周期评价研究 [D]. 大连：大连理工大学，2013.

[13] 卢海涛. 春田产业园绿色建筑技术应用与设计管理 [D]. 大连：大连理工大学，2018.

[14] 中国能效经济委员会. 中国能效 2018 [R]. 北京：中国能效经济委员会，2018.

[15] 国网能源研究院. 2018 中国节能节电分析报告 [M]. 北京：中国电力出版社，2018.

[16] 清华大学建筑节能研究中心. 中国建筑节能年度发展研究报告 2018 [M]. 北京：中国建筑工业出版社，2018.

[17] 朱彩霞，杨瑞梁. 建筑节能技术 [M]. 湖北：湖北科学技术出版社，2012.

[18] 龙惟定，武涌. 建筑节能技术 [M]. 北京：中国建筑工业出版社，2009.

[19] 刘庆伟. 建筑节能技术及应用 [M]. 北京：中国电力出版社，2011.

[20] 杨丽. 绿色建筑设计：建筑节能 [M]. 上海：同济大学出版社，2016.

[21] 齐康，杨维菊. 绿色建筑设计与技术 [M]. 南京：东南大学出版社，2011.

[22] 罗忆，刘忠伟. 建筑节能技术与应用 [M]. 北京：化学工业出版社，2007.

[23] 中华人民共和国住房和城乡建设部. 近零能耗建筑技术标准：GB/T 51350—2019 [S]. 北京：中国建筑工业出版社，2019.

[24] 孟庆林，任俊. 夏热冬暖地区住宅围护结构隔热构造技术及其效果评价 [J]. 新型建筑材料，2001 (2)：27-30.

[25] 刘念雄，秦右国. 建筑热环境 [M]. 北京：清华大学出版社，2005.

[26] 李俊鸽，杨柳. 夏热冬暖地区人体热舒适气候适应模型研究 [J]. 暖通空调，2008，38 (7)：20-24.

[27] 王健，周志华，吕强. 天津市节能管理中心绿色建筑设计 [J]. 中国建设信息，2007 (5)：28-30.

[28] 孙大明，邵文晞，汤民. 绿地集团总部大楼：黄浦江边的"绿·地标"[J]. 建设科技，2010 (19)：65-67.

[29]　王若竹，莫畏，钱永梅．节水及水资源利用措施在绿色建筑设计中的应用 [J]．中国给水排水，2009，25 (14)：22-24.

[30]　杨志达．建筑采光设计的几个误区 [J]．山西建筑，2007 (13)：29-30.

[31]　YANG L，HE B J，YE M．The application of solar technologies in building energy efficiency：BISE design in solar-powered residential buildings [J]．Technology in society，2014 (38)：111-118.

[32]　YANG L，HE B J，YE M．Application research of ECOTECT in residential estate planning [J]．Energy and buildings，2014，72：195-202.

[33]　陈浩．建筑工程绿色施工管理 [M]．北京：中国建筑工业出版社，2015.

[34]　苗冬梅，张婷婷．建筑工程绿色施工实践 [M]．北京：中国建筑工业出版社，2017.

[35]　何雯．绿色建筑运营管理综合评价研究 [D]．重庆：重庆大学，2016.

[36]　黄莉，王建廷．绿色建筑运营管理研究进展述评 [J]．建筑经济，2015，36 (11)：25-28.

[37]　刘晓君．绿色建筑运营管理过程中的利益主体的诉求和矛盾分析 [A/C]．中国城市科学研究会、广东省住房和城乡建设厅、珠海市人民政府、中美绿色基金、中国城市科学研究会绿色建筑与节能专业委员会、中国城市科学研究会生态城市研究专业委员会、北京邦蒂会务有限公司，2018：5.

[38]　王建廷，程响．《绿色建筑运营管理标准》的编制思考与框架设计 [J]．建筑经济，2014，35 (11)：19-23.

[39]　赵玉红，闫文哲，穆恩怡．绿色建筑运营管理的现状及对策分析 [J]．建筑节能，2017，45 (11)：123-127.

[40]　陶鹏鹏．绿色建筑全寿命周期的费用效益分析研究 [J]．建筑经济，2018，39 (3)：99-104.

[41]　陈偲勤．从经济学视角分析绿色建筑的全寿命周期成本与效益以及发展对策 [J]．建筑节能，2009，37 (10)：53-56.

[42]　周梦．绿色建筑全生命周期的费用效益分析研究 [D]．成都：西南交通大学，2014.

[43]　王锦．基于增量成本效益的绿色建筑综合评价研究 [D]．西安：西安理工大学，2018.

[44]　叶祖达，李宏军，宋凌．《中国绿色建筑技术经济成本效益分析》解读 [J]．建设科技，2013 (6)：44-45.

[45]　戴臻．ESCO 服务成渝地区大型公共建筑市场前景研究 [D]．重庆：重庆大学，2008.

[46]　邓艳娟．绿色建筑增量成本构成及影响因素分析 [J]．居舍，2018 (5)：151.

[47]　中国城市科学研究会．中国低碳生态城市发展战略 [M]．北京：中国城市出版社，2009.

[48]　中华人民共和国住房和城乡建设部．公共建筑节能设计标准：GB 5189—2015 [S]．北京：中国建筑工业出版社，2005.

[49]　李连龙，韩丽莉，单进．屋顶绿化在城市节能减排中的作用及实施对策 [A/C]．2007 北京市建设节约型园林绿化论文集．北京：北京市园林科学研究所，2007：144-147.

[50]　赵定国，薛伟成．轻型屋顶绿化的节电效果 [J]．上海农业学报．2008 (1)：99-101.

[51]　中华人民共和国住房和城乡建设部．绿色建筑评价标准：GB/T 50378—2019 [S]．北京：中国建筑工业出版社，2014.

[52]　李惠玲，张资慧，冯雪．基于全寿命周期的绿色建筑增量效益分析与估算 [J]．建筑与预算，2016 (5)：5-9.

[53]　李瑞萍．合同能源管理模式在企业的应用 [J]．冶金财会，2018，37 (6)：49-54.

[54]　李建森，张真．以合同能源管理推进居住建筑节能改造 [J]．环境经济，2018 (12)：50-52.

[55]　刘戈，魏明．绿色建筑市场发展激励理论与实践研究 [J]．天津城建大学学报，2019，25 (1)：40-45＋64.

[56]　李金花．推进绿色建筑工程管理的关键问题研究 [J]．居舍，2019 (2)：128.

[57]　王云霞，高晓丽．北京市推进合同能源管理发展新思路 [J]．节能与环保，2018 (5)：53-57.

［58］　邹苒. 绿色建筑规模化推广困境的经济分析［D］. 济南：山东大学，2017.

［59］　吴志炯，董秀成. 我国合同能源管理（EPC）发展前景预测［J］. 中国统计，2017（4）：26-29.

［60］　中华人民共和国国家质量监督检验检疫总局，中国国家标准化管理委员会. 合同能源管理技术通则：GB/T 24915—2010［S］. 北京：中国标准出版社，2011.

［61］　国家能源局. 电力企业合同能源管理技术导则：DL/T 1644—2016［S］. 北京：中国电力出版社，2017.

［62］　国家节能中心，中国节能协会节能服务产业委员会. 《2017 合同能源管理优秀项目案例集》［EB/OL］.（2018-02-09）［2019-08-07］. http：//www. nbjnw. com/page120? article_id＝879.

［63］　节能服务产业研究中心. 2019 节能服务产业发展报告［EB/OL］.（2019-01-13）［2019-08-09］. https：//mp. weixin. qq. com/s/mNI1fAchOzMY11Cqn0cbzw.

［64］　住房和城乡建设部科技发展促进中心，中国建筑节能协会建筑节能服务专业委员会. 建筑节能合同能源管理实施导则［M］. 北京：中国建筑工业出版社，2015.

［65］　程杰，郝斌. 建筑能效标识理论与实践［M］. 北京：中国建筑工业出版社. 2015.

［66］　尹波. 建筑能效标识管理研究［D］. 天津：天津大学，2006.

［67］　曹云峰. 我国建筑能效测评与绿色建筑标识［J］. 认证技术，2013（9）：46-47.

［68］　龚红卫，高兴欢，许丹菁，等. 民用建筑能效标识的节能率与标识等级［J］. 建筑节能，2013，41（6）：68-70.

［69］　程杰，骆静文，彭琛，等. 基于建筑能效标识数据的研究与分析［J］. 建筑科学，2015，31（12）：97-103.

［70］　ZHU Y，HINDS W C，KRUDYSZ M，et al. Penetration of freeway ultrafine particles into indoor environments［J］. Journal of aerosol science，2005，36（3）：303-322.

［71］　王建玉. 基于绿色建筑的能效测评推进机制研究［J］. 浙江建筑，2018，35（12）：39-41.

［72］　韩继红，廖琳，张改景. 我国绿色建筑评价标准体系发展历程回顾与趋势展望［J］. 建设科技，2017（8）：10-13.

［73］　励志俊. 解析香港 HK-BEAM 绿色建筑认证体系［J］. 绿色建筑，2015，7（4）：65-66，75.

［74］　陈益明，徐小伟. 香港绿色建筑认证体系 BEAM Plus 的综述及启示［J］. 绿色建筑，2012，4（6）：35-37.

［75］　王静，郭夏清. 美国 LEED 绿色建筑评价标准 V4 版本修订的解读与比较［J］. 南方建筑，2017（5）：104-108.

［76］　张亚举. 中美绿色建筑评价指标体系比较研究［D］. 大连：大连理工大学，2017.

［77］　周心怡. 世界主要绿色建筑评价标准解析及比较研究［D］. 北京：北京工业大学，2017.

［78］　高歌. 中外绿色建筑评价标准研究［D］. 长春：吉林建筑大学，2017.

［79］　张斌. 中外绿色建筑法律规制比较研究［D］. 广州：广东外语外贸大学，2017.

［80］　邢雅熙. 美国 LEED 绿色节能认证标准在中国的适用性研究［D］. 北京：北京建筑大学，2015.

［81］　冀媛媛，GENOVESE P V，车通. 亚洲各国及地区绿色建筑评价体系的发展及比较研究［J］. 工业建筑，2015，45（2）：38-41.

［82］　邱万鸿，张凯华，甘咏芝，等. "北京侨福芳草地"的可持续发展设计［J］. 建筑创作，2015（1）：148-157.

［83］　束伟农，靳海卿，许嘉. "侨福芳草地"项目结构设计的几个特点［J］. 建筑创作，2015（1）：174-179.

［84］　尹双权. 国内外绿色公共建筑评价标准对比研究［D］. 长春：吉林大学，2014.

［85］　黄辰勰，彭小云，陶贵. 美国绿色建筑评估体系 LEED V4 修订及变化研究［J］. 建筑节能，2014，42（7）：96-100.

[86]　欧阳生春. 美国绿色建筑评价标准 LEED 简介 [J]. 建筑科学，2008 (8)：1-3＋14.

[87]　人社部中国就业培训技术指导中心，绿色建筑工程师专业能力培训用书编委会. 绿色建筑相关法律法规与政策 [M]. 北京：中国建筑工业出版社，2015.

[88]　住房和城乡建设部科技与产业化发展中心，清华大学，中国建筑设计研究院. 世界绿色建筑政策法规及评价体系 2014 [M]. 北京：中国建筑工业出版社，2014.

[89]　张楠，江向阳，杨建坤，等. 国内绿色建筑发展现状与立法的必要性研究 [J]. 建筑节能，2016，44 (1)：125-128.

[90]　赵星. 寒冷地区绿色建筑标准体系研究 [D]. 西安：西安建筑科技大学，2015.